普通高等教育"十二五"规划教材

功能性食品学

周才琼　唐春红　主编
阚建全　丁晓雯　主审

化学工业出版社

·北京·

本教材是全国高等学校食品类专业系列教材之一。教材编写依据国家保健（功能）食品相关法规与标准，系统地介绍了保健（功能）食品的发展概况、保健（功能）食品中的功效成分、保健（功能）食品的原料、保健（功能）食品的功能作用、保健（功能）食品评价的基本原理和方法以及中国保健（功能）食品的法律法规体系等，尽可能反映出保健（功能）食品开发与管理中的新政策、新理论、新方法以及新成果。

本教材适用于食品科学与工程专业、食品质量与安全专业学生，也可作为保健（功能）食品生产企业及有关研究开发单位的管理人员及技术人员的参考书。

图书在版编目（CIP）数据

功能性食品学/周才琼，唐春红主编 . —北京：化学工业
出版社，2015.2（2022.2 重印）
普通高等教育"十二五"规划教材
ISBN 978-7-122-22616-7

Ⅰ.①功… Ⅱ.①周…②唐… Ⅲ.①疗效食品-高等
学校-教材 Ⅳ.①TS218

中国版本图书馆 CIP 数据核字（2014）第 301656 号

责任编辑：赵玉清　　　　　　　　文字编辑：何　芳
责任校对：宋　玮　　　　　　　　装帧设计：关　飞

出版发行：化学工业出版社（北京市东城区青年湖南街 13 号　邮政编码 100011）
印　　装：北京国马印刷厂
787mm×1092mm　1/16　印张 10¼　字数 245 千字　　2022 年 2 月北京第 1 版第 9 次印刷

购书咨询：010-64518888　　　　　　　　售后服务：010-64 18899
网　　址：http://www.cip.com.cn
凡购买本书，如有缺损质量问题，本社销售中心负责调换。

定　　价：30.00 元

本书编审人员

主　编　　周才琼（西南大学）
　　　　　唐春红（重庆工商大学）
副主编　　李继斌（重庆医科大学）
　　　　　郑晓吉（新疆石河子大学）
　　　　　郑　理（重庆文理学院）
编　者　　周玉林（南京农业大学）
　　　　　张宁宁（福建农林大学）
　　　　　周　琼（陕西安康学院）
　　　　　周才琼（西南大学）
　　　　　唐春红（重庆工商大学）
　　　　　李继斌（重庆医科大学）
　　　　　郑　理（重庆文理学院）
　　　　　郑晓吉（新疆石河子大学）
主　审　　阚建全（西南大学）
　　　　　丁晓雯（西南大学）

序

食品的本质要素一是营养，二是感觉，即人们摄食食物是为了满足机体正常的营养素需要和能量需要，以及对食品色、香、味、形和质地的享受。但有些食品也具有第三种功能，即生理调节功能。

随着生产力的迅速发展和人们消费水平的提高，伴随饮食所带来的一些疾病，特别是肥胖症、糖尿病以及心血管疾病如高血脂、高血压等现代文明病发病率上升。另一方面，社会文明与科技进步也给人类带来生存环境的日益恶化，空气和水源的污染使各种恶性疾病发病率提高。此外，由于社会的进步，闲时和享乐必然伴随对生命的重视、对健康和长寿的追求、对后代优生优育的关怀，健康人群也开始关注饮食保健。而科学技术的飞速发展也使得通过改善饮食条件和食品组成、发挥食品本身的生理调节功能以达到提高人类健康水平成为可能。保健（功能）食品应运而生。

我国保健（功能）食品的发展起步于20世纪80年代中期，到20世纪90年代中期已有长足的发展，但整个保健（功能）食品体系的建立和相关的法律、法规和标准的建设还在不断完善。保健（功能）食品主要研究食品中的功能成分及作用原理，是现代营养学一个重要组成部分。

西南大学食品科学学院食品科学系周才琼老师和重庆工商大学唐春红老师多年从事保健（功能）食品有关的教学和科研工作，积累了宝贵的资料。在此基础上，联合各兄弟院校同仁共同撰写了这本《功能性食品学》。本书对食品的各种功能因子、保健（功能）食品原料来源、保健（功能）食品的功能作用及保健（功能）食品相关的法律法规都作了比较系统的介绍，内容丰富全面，论述严谨，文笔流畅，是一本很好的适合本科学生使用的教材，也可作为从事保健（功能）食品开发和生产人员的参考书。

值此书即将问世之际，乐以为序。

阚建全
西南大学食品科学学院教授、博士生导师
重庆市营养学会常务理事

前　言

　　随着科学技术的进步和公共卫生事业的发展，各种传染病已得到有效的控制。但是，随着人们生活水平的提高，伴随饮食所带来的一些疾病，特别是心血管疾病、肥胖症、糖尿病等慢性非传染性疾病发病率上升，疾病模式的改变促使人们增强预防保健意识，并重新认识饮食与现代疾病的关系。另外，由于社会的进步，伴随对健康和长寿的追求，对新生一代优生优育的关怀，健康人群希望得到某些特殊食品以提高工作效率、健美或能有效防御现代社会"文明病"，特殊人群如老人希望得到能延年益寿的特殊食品等。因此，近几十年来，在世界范围内掀起一股研究与开发保健（功能）食品的热潮，使保健（功能）食品得以蓬勃发展，各种功能和形态的保健（功能）食品涌向市场，迎合了现代人提高生活品质的要求。在美国有膳食补充剂，日本有特定健康用食品，欧盟有功能食品，我国的台湾地区则称健康食品。

　　本教材在编写过程中，编者收集了大量文献资料，并结合食品相关专业本科教学实际组织材料。全书共分八章，周才琼老师编写第一章绪论，郑晓吉老师编写第二章保健（功能）食品功能因子（一），周玉林老师编写第三章保健（功能）食品功能因子（二），周琼老师编写第四章保健（功能）食品的原料资源，李继斌老师编写第五章保健（功能）食品的功能作用（一），郑理老师编写第六章保健（功能）食品的功能作用（二），唐春红老师编写第七章保健（功能）食品评价的基本原理和方法，张宁宁老师编写第八章中国保健（功能）食品法律法规体系。全书由周才琼教授和唐春红教授统稿，阚建全教授和丁晓雯教授主审。

　　在本书编写过程中，承蒙西南大学食品营养与安全专家阚建全教授和丁晓雯教授的悉心指教，提出了许多宝贵意见，并进行了认真的审查和修改，对保证本书的质量起到了重要的作用，在此深表感谢。

　　由于本教材涉及内容广泛，加上编写时间有限，书中疏漏和不当之处敬请各位同仁和读者指正。

编　者

2014 年 9 月

目 录

第一章 绪 论

教学目标：

掌握保健（功能）食品相关概念及特点，了解保健（功能）食品作用的营养学基础及国际国内保健（功能）食品发展概况。

随经济的迅速发展和人们消费水平的提高，伴随生活方式改变所带来的一些疾病，特别是肥胖症、高血脂、高血压及糖尿病等现代文明病发病率迅速上升。另一方面，由于收入水平的增加、生活的改善，健康人群也开始关注饮食对健康的影响。于是，具有"食疗"作用的保健（功能）食品便成为现代生活消费的新潮流。

一、保健（功能）食品相关概念及特点

1. 保健（功能）食品相关概念

2005 年 7 月，国家食品药品监督管理总局（SFDA）发布实施《保健食品注册管理办法（试行）》，第 2 条规定：保健食品是指具有特定保健功能或者以补充维生素、矿物质为目的的食品。即适宜于特定人群食用，具有调节机体功能，不以治疗疾病为目的，并且对人体不产生任何急性、亚急性或慢性危害的一类食品。由于这类食品强调食品的第三种功能，又称功能性食品（functional foods），即一种食品如果有一个或多个与保持人体健康或减少疾病危险性相关的靶功能，能产生适当和良性的影响，就是功能食品。功能性食品的提出是以西医体系和西方饮食文化为背景，以"病"为靶，强调功能因子的量效和构效关系。但是在世界范围内，不同国家、不同地区对强调食品的第三种功能——生理调节功能的这一类食品有不同的定义和适宜范围。

1990 年日本厚生省将"功能性食品"改为"特定健康用食品"（food for specified health use；FSHU），认为凡附有特殊标志说明、适用于特定人群食用、以补充特定的营养成分为目的的营养功能食品均属于特定健康用食品。要求所声称的功能必须在医学上、营养学上得到证明。其中营养成分的种类及含量必须符合厚生劳动省制定的标准。

1994 年美国 FDA《膳食补充剂健康与教育法》将这一类食品称为"膳食补充剂"（dietary supplement）。美国的膳食补充剂是指含一种或多种膳食成分、维生素、矿物质、氨基酸、草药或其他植物，用以增加每日摄入量来补充膳食的食物成分或以上成分的浓缩品、提取物或这些成分的混合物。即含补充膳食的某种成分的物质。要求源于天然食品或草药；具有遏制疾病的特定生理功能；不必是传统食品的形态；食用对象有人群选择性。

欧盟将这一类食品归为食品补充剂，即具有营养或生理作用的营养素及其他营养成分，不含有太多热量的食品。目的是补充正常膳食供给不足，但不能替代正常膳食。

2. 保健（功能）食品的特点

尽管世界各国对保健（功能）食品的定义和范围不尽相同，但基本看法是一致的，即保健（功能）食品属于食品的一个特殊类别，具备一般食品的共性（营养、感官、安全），但

在营养学上有特殊的要求，即具有调节人体的某些功能，能增进、维持健康或有利于疾病的痊愈或机体的康复，并应具有以下特点。

（1）是食品而不是药品　保健（功能）食品具有一般食物的共性，重在调节机体内环境平衡与生理节律，增强机体的防御功能，达到保健康复的目的；保健（功能）食品不以治疗疾病为目的，不追求临床治疗效果，也不能宣传治疗作用。药品用来治疗疾病，允许有一定程度的毒副作用。

（2）具有功能性　保健（功能）食品至少应具有调节人体功能作用的某一种功能。其功能必须经必要的动物和（或）人群功能实验，证明其功能明确可靠。具有一般食品不强调的第三种功能——生理调节功能。

（3）适于特定人群食用　保健（功能）食品与一般食品另一个重要的不同是一般需按产品说明规定的人群食用，对该功能良好的人食用这种保健（功能）食品就没有必要，甚至会产生不良作用。例如，减肥的保健（功能）食品适宜于肥胖人群食用，消瘦人不宜食用。一般食品提供给人体维持生命活动所需要的各种营养素，男女老幼均可。

二、保健（功能）食品的营养学基础

1. 保健（功能）食品溯源

保健（功能）食品的概念可追溯到人类长期以来药食同源的饮食文化生活中，其早已融入世界各地民众日常饮食。古希腊名医希波克拉底曾说"请让食物成为你的药物，让药物成为你的食物"。东方则有"药食同源"、"药膳"、"食疗"的传统。

我们的祖先在很早就认识到饮食营养在保健和医疗中的重要作用。公元341年，东晋葛洪在《肘后备急方》中提出用动物肝脏治疗维生素A缺乏引起的"雀目症"（即夜盲症），用海藻酒治疗因缺碘引起的甲状腺肿。唐朝孙思邈在《备急千金要方》中论述用动物肝脏治疗夜盲症；用海藻、昆布治瘿瘤；用谷皮防治脚气病等。明朝李时珍在其《本草纲目》中对近2千种天然动植物原料进行了详细注释，对指导人们进行营养选择和食疗有重要价值。我国传统医学和营养学强调预防在先、人整体观念、辨证论治和注意饮食宜忌等，具有现代保健（功能）食品相似的内涵。

2. 食物中各营养素及主要功能作用

人体为了生存，必须摄取食物以维持正常的生长发育、新陈代谢等生命活动。营养是人类从外界摄取食物满足自身生理需要的过程，食物中含有的各种满足人体需要的成分就是营养素。人体所需营养素约40多种，包括蛋白质、脂肪、碳水化合物、无机盐、维生素、水和膳食纤维。它们各自具有特殊的生理功能，但在代谢过程中又相互联系，共同参与生命活动。

（1）碳水化合物（含膳食纤维）及主要生理功能　食物中的碳水化合物包括可利用多糖和不可利用多糖。人类消化系统可利用的多糖包括淀粉、糊精和糖原，其主要功能是供给能量、构成身体组织、维持脂肪的正常代谢和提高蛋白质的利用率等。不可消化的非淀粉多糖是一类不被小肠消化利用的多糖类，但可在结肠发酵分解并能诱发好氧菌群，同时可通过强的吸水性增加肠内容物体积以及刺激肠道蠕动以改善肠道功能，有利于肠道健康，这一类多糖属于第七大营养素——膳食纤维。

（2）蛋白质及主要生理功能　蛋白质是由氨基酸通过肽键连接起来的生物大分子，由于氨基酸组成不同及含人体需要的必需氨基酸的情况而分为完全蛋白质、半完全蛋白质和不完全蛋白质。蛋白质提供人体生长、更新和修补组织的材料，参与酶、激素等生理物质的合成，维持神经系统的正常功能并提供部分热量等。蛋白质所含必需氨基酸及某些特殊氨基酸

（如精氨酸、谷氨酰胺等）是蛋白质营养及功能作用的基础。

（3）脂类及主要生理功能　食物中的脂类物质包括中性脂肪和类脂类。脂类主要功能是参与机体组织构成、提供能量、提供必需脂肪酸并协助脂溶性维生素的吸收利用。脂肪中的多不饱和脂肪酸和类脂中的磷脂及脂溶性维生素等是脂类营养及功能作用的基础。

（4）矿物质及主要生理功能　人体含有自然界的各种元素，除碳、氢、氧、氮外，其余各元素统称为矿物质。人体矿物质总量不超过体重的 $4\%\sim5\%$，但却是构成机体组织和维持正常生理活动必不可少的成分。如钙、镁、磷是骨骼和牙齿的重要成分，磷和硫是蛋白质组成分；组织中的矿物质，特别是钾、钠、钙、镁等对保护神经、肌肉的兴奋性和细胞膜的通透性非常重要；某些矿物质如硒参与谷胱甘肽过氧化物酶（GSH-Px）、钴参与构成维生素 B_{12}、碘参与甲状腺素中等而具有重要的作用。因此，食物中各种元素，特别是人体必需的矿物质是其具有营养及功能作用的基础。

（5）维生素及主要生理功能　维生素包括脂溶性维生素和水溶性维生素两类，是维持人体正常生理功能必需的一类有机化合物，它们既不提供热量，也不参与构成机体组织，但是在能量代谢和物质代谢过程中起重要作用。各维生素在机体中功能各异又相互配合，共同维护身体健康。因此，适量维生素的提供是机体生长发育和正常生理功能的基础。

（6）水及主要生理功能　水约占人体重的 60%，是人体中含量最多的成分，也是维持人体生命活动最重要的营养素，水的生理功能包括参与机体物质代谢、机体重要的组成部分、调节体温及润滑作用等。

3. 食物中非营养素及功能作用

在过去的一个世纪里，营养学理念发生了巨大变革，从围绕制定营养素推荐摄入量、膳食指南以预防营养素缺乏、维持机体正常生长发育为目的的营养学理念，即"适当"营养学理念（adequate nutrition），进一步发展为促进健康、降低慢性病风险的"最佳"营养学理念（optimal nutrition）。人们认识到某种食物或某种食物成分与改善人体某方面功能、提高生命质量存在联系。因此，除营养素外，食物中含有的其他对人体有益的物质称非营养素（non-nutrients）。这一类非营养素是现代营养学研究的热点，也是现代营养学发展的一个重要分支——功能性食品学（functional food science）的重要组成部分。当今受关注的非营养素主要指植物化学物质（phytochemicals），如辣椒和大蒜中产生辣味的物质、西瓜和番茄中产生深红色的番茄红素等。目前研究较多的有类胡萝卜素、生物黄酮、植物甾醇、异硫氰酸盐、含硫化合物及活性多糖等。多数活性成分具有不同程度的抗氧化作用和免疫调节作用等，对心血管疾病和癌症等有一定的预防和辅助治疗作用。

三、保健（功能）食品与一般食品和药品的区别

尽管各国对保健（功能）食品的称谓不同，但是都认同保健（功能）食品不等同于药品和普通食品。根据我国现行的食品和药品管理体制，可将食品和药品分为一般食品、保健（功能）食品和药品三类。

1. 保健（功能）食品和一般食品的区别

食品是指各种供人食用或饮用的成品和原料，以及按传统既是食品又是药品的物品，但是不包括以治疗为目的的物品。一般食品可分为普通食品、特殊营养食品和新资源食品。其中，特殊营养食品指通过改变食品的天然营养素成分和含量比例以适应某些特殊人群营养需要的食品，包括婴幼儿食品、营养强化食品和调整营养素食品（低糖、低钠、低谷蛋白食品

等）等。新资源食品则指新研制、新发现、新引进的无食用习惯或仅在个别地区有食用习惯的、符合食品基本要求的物品。食品应具有一定的营养特性和满足人们不同嗜好和要求的感官特性，有些食品还具有第三种作用，对人体产生不同的生理反应，如兴奋、镇静和过敏，但由于含量较低，进入人体后无法达到调节生理功能的浓度，不能实现其功效作用。

保健（功能）食品作为食品的一个类别，应具有一般食品的营养功能和感官功能，同时必须具有一般食品不具有或不强调的第三种功能——调节人体生理活动的功能。因此，保健（功能）食品是强调其成分对人体能充分显示机体防御功能、调节生理节律、预防疾病和促进康复等功能的工业化食品。它必须符合一般食品的要求，如无毒无害，符合应有的营养要求，功能明确具体并经过科学验证。同时，其功能不能取代人体正常的膳食摄入和对各类必需营养素的需要。

普通食品是针对广大消费者的，无特定的食用范围。保健（功能）食品含一定量功效成分，具有特定的功能和特定食用人群，一般需按产品说明规定的人群食用。这些功能可通过标签、说明书等标示出来，而普通食品不得标示保健功能。

2. 保健（功能）食品和药品的区别

保健（功能）食品强调食品的第三种功能——生理调节功能，是针对需要调整某方面机体功能的特定人群而研制生产的，可以声称具有某种保健功能，可以在某些疾病状态下使用以促进疾病的转归，但是它不是药品，不能取代药品治疗疾病。其次，保健（功能）食品不能有任何毒性，可以长期使用，而药品可能存在一定副作用。

药品有处方药和非处方药，其目的是治疗疾病，有效成分单一、少数、已知，生病时医生决定摄取量，几乎都有程度不同的毒性，其量效关系和制品规格严密。与之对应，保健（功能）食品的目的是调节生理功能，增进健康；有效成分单一或复合加未知物质；由消费者决定摄取时间及摄取量，量效关系和制品规格不太严格。

纳入保健（功能）食品管理的营养素补充剂是指单纯以一种或数种经化学合成或从天然动植物中提取的营养素为原料加工制成的食品。与特殊营养食品的差异在于不一定要求以食品作载体，补充的营养素是 RDA 的 1/3～2/3，其中的水溶性维生素可达一个 RDA。

四、 保健（功能）食品的发展概况

1. 中国保健（功能）食品发展概况

保健（功能）食品源于我国数千年的饮食文化和中医系统的以"人整体"为本，预防为主，综合调理之理念，在我国众多的医药文献中可找到许多有关保健（功能）食品初始概念的论述。如三千多年前我国最早的医书《黄帝内经·素问》中即提出"是故圣人不治已病治未病，不治已乱治未乱。夫病已成而后药之，乱成而后治之，譬渴而穿井，斗而铸锥，不亦晚乎"。唐朝孙思邈提出"为医者，当晓病源，如其所犯，以食治之，食疗不愈，然后命药"。在几千年的漫长实践中，逐渐出现一批具有保健养生和益寿延年的中药，为保健（功能）食品的开发提供了丰富来源。只是由于中医有关食疗的资料较为分散，又往往局限于实际经验，缺乏现代科学实验分析和论证，加上在中医指导下研究食品的"健身防病"与现代营养学存在较大差距，也限制了其发展。

我国现代科学意义上的保健（功能）食品发展始于 20 世纪 80 年代，由于改革开放和经济的快速发展，人们生活水平得到提高，在温饱问题解决后希望通过食物提升健康的需求高涨。我国 1984 年成立保健食品协会，到 1994 年保健食品消费一片繁荣，当时对京、津、沪、穗等

7 个大城市的调查，人群中保健食品使用率达 70％。保健食品企业从 20 世纪 80 年代初不到 100 家，年产值仅 10 亿，到 1994 年增至 3000 多家，产值达 400 多亿。此时各种保健食品企业一哄而上，1995 年国家技术监督局和卫生部公布的一份营养保健品质量抽查结果表明，202 个企业的 252 种产品，营养成分和有关保健成分 90％不合要求，连卫生指标也有 20％不合要求。1995 年《中华人民共和国食品卫生法》和 1996 年《中华人民共和国保健食品管理办法》相继颁布，规定保健食品是具有特定保健功能的食品，此时我国保健食品发展进入整顿和停滞阶段。整个保健食品市场趋冷，全国有 600 多家保健食品企业倒闭，销售额下降 100 多亿。1996 年产值跌至 200 亿，1997 年仅 100 亿，至 1999 年才恢复元气，产值回升至 1994 年水平达 400 亿元。2003 年"非典"后开始回升，至 2007 年已有 9000 多个保健食品批文、2000 多个上市品种，市场销售额达 500 多亿，行业总产值达 1000 亿元。到 2009 年，中国保健（功能）食品市场规模超过日本，销售额达千亿人民币，居世界第二，仅次于销售额达 1100 亿人民币的规模最大的美国。日本位居第三，销售额达到 860 亿人民币。

至 2011 年我国保健食品产值已超过 2600 亿元，全国保健品厂已超过 3000 家。目前，我国批准的保健（功能）食品已达 1 万余个。保健品原料中主要有植物类、动物类、真菌类、益生菌类及生物活性物质类等，审批的保健（功能）食品主要集中在增加免疫、缓解体力疲劳、辅助降血糖和减肥等功能，产品以胶囊、口服液和片剂为主，以传统食品形态的产品较少。

2. 其他国家或地区保健（功能）食品发展概况

（1）日本　20 世纪 60 年代，日本经济高速发展，国民生活质量提高，人均寿命延长。伴随膳食结构的西化和人口的老龄化，由于营养过剩而引发的富裕性疾病和老年病逐渐成为危害国民的主要疾病。这引发了国民对食品的功能提出了新要求，摄取食品不仅是为了获取营养素以维持生存，还要求具有生理调节的功能，并于 1962 年首先提出了"功能性食品"概念。在这一形式下，日本厚生省及时提出了改变药物保健为食物保健的新思路，并修改了药品管理的一些具体规定。在政府这些变革措施的推动下，进入 20 世纪 80 年代，日本功能食品得以蓬勃发展。

1991 年，日本厚生省修改通过了《营养改善法》（2003 年 8 月改为《健康增进法》），将这类食品分为营养功能食品和特定保健用食品，并正式纳入制度管理，规定了这两类食品的概念及其管理、审批等制度，明确了保健（功能）食品的法律地位。在特定营养食品中的第二大类第四类中，将功能性食品正式定名为"特定保健用食品（foods for specified health use，FSHU）"。日本厚生省发布的"卫新第 72 号文件"将其定义为"凡附有特殊标志说明属于特殊用途的食品，在饮食生活中为达到某种特定保健目的而摄取本品的人，可望达到该保健目的食品"。其中，特定保健用食品需要经过认可的试验机构的试验确证及日本消费者厅、消费者委员会、食品安全委员会的审批。自 2009 年 9 月起，保健（功能）食品的许可权由厚生劳动省移交至消费者厅。

自 1993 年日本批准的第一个特定保健用食品诞生以来，截至 2011 年 12 月 19 日，日本已批准特定保健用食品 983 个，其中改善胃肠道是批准数量最多的一项功能，占 35％，其次是辅助降血糖（15％）、辅助降血压（12％）和调节体脂肪或血中性脂肪（10％）。其市场规模也不断扩大，1997 年日本特定保健用食品市场规模仅 1315 亿日元，到 2007 年市场规模已达 6798 亿日元，受日本国内经济情况影响，2009 年市场规模缩小为 5494 亿日元。

（2）美国　美国在 1936 年就成立了全国健康食品协会，开始健康食品的起步。但在 1984 年前，美国 FDA 对食品有益人体健康，强调对人体生理活动的调节，一般持反对态度。1984 年，Kelogy 公司在美国国立癌症研究所协助下开发出高纤维"全麸"食品，并在包装上注明全麸食品中膳食纤维有益于直肠癌的预防。其后美国开始研讨食品和健康的关系，在许多事实证明下，FDA 于 1987 年修订了《食品标签管理条例》，1988 年制定法规确定了健康食品的审查标准，明确了食品中某些成分有益人体健康。1994 年美国国会通过了《膳食补充品健康与教育法案》，特别将这类食品定义为"膳食补充剂"，1997 年 FDA 又对此法令中有关膳食补充剂标签管理的内容进行了修改和补充，要求膳食补充剂应是以维生素、矿物质、植物、氨基酸等原料生产加工的产品，此类产品必须是片剂、硬（软）胶囊、粉状或液体，不能以代餐或变通食品形式出现。2003 年 FDA 颁布《消费者最佳营养方案保健信息》，允许合格的健康宣称（QHC），即在标签上声称食品（食物成分）与健康的关系，这类"健康（营养）声称"由《营养标签与教育法 NLEA（1990）》管辖。2007 年 FDA 给生产商发布的指导函件中表示允许描述成分在维持结构与功能中的作用，或者宣称可以描述消费营养成分或者膳食成分所能带来的普遍的健康益处。FDA 坚持"功能宣称必须源于产品的营养价值"，这种声明可以理解为结构/功能宣称必须要在提供其功能的用量上才能获得。目前，美国市场上的"健康食品"多达数千种，但真正畅销的不过一二十种，并以维生素补充剂最受欢迎。

（3）欧洲 欧洲保健（功能）食品出现于 20 世纪 60 年代后期，但欧洲范围内开始大规模研究功能食品是从 1996 年"尼斯会议"开始的。当时国际生命科学学会（ILSI）欧洲分部邀请了食品企业和学术界的专家到法国讨论有关"功能食品的科学概念及其功能成分应用的科学基础"，会上研讨了包括胃肠功能、行为心理功能、脂肪代谢功能等方面的食品功能学研究成果。以后几年，ILSI 连续召开了多次以"功能食品"为主题的研讨会并资助一些相关的研究课题——"欧洲功能食品科学研究项目"，简称 FUFOSE（functional food science in Europe），旨在对功能食品的概念、特征以及健康声称等问题进行系统地研究并提出建议，以此促进欧洲国家对功能食品的认识和管理。

FUFOSE 于 1999 年提出了功能食品的草案定义：功能食品是指"对机体能够产生有益功能的食品，这种功能应超越食品所具有的普通营养价值，能起到促进健康和（或）降低疾病风险的作用"。虽然不是欧洲功能食品的官方定义，但作为欧洲权威的学术界定义具有重要的参考价值，它强调了食品的功能性以及与健康声称的对应性。在欧洲，健康声称分为两类：另一类为一般性健康声称（generic health claims），又称普通声称；另一类为特殊产品健康声称。每一类声称又均可分为促进功能（enhanced function）声称和降低疾病风险（reduced risk of disease）声称。一般性声称往往针对的是单一营养成分或食物成分。特殊产品声称是指某种食品的产品具有某种调节生理功能的作用，宣称者必须提供科学证据去证实食用推荐量的该产品能够获得这种好处。

尽管欧洲食品企业和消费者经常使用"功能食品"这一概念，但欧洲至今没有关于功能食品的法律法规，对于功能食品的管理主要体现在对健康声称的限制和规范上。欧洲议会于 2006 年 12 月颁布了《食品营养与健康声称管理规章》（No 192412006 EC），并于 2007 年 1 月正式实施。该法案共 5 章 29 款，对营养与健康声称的定义、适用范围、申请注册、一般原则、科学论证等内容做出了明确的规定。

欧洲功能食品主要涉及功能有促进生长发育、调节基础代谢、抗氧化、促进心血管健康、改善胃肠道功能、维持良好认知和精神状态以及提高运动能力等。涉及功能成分有脂肪酸、低聚糖、类胡萝卜素、多酚类（包括类黄酮）、多种抗氧化性维生素、微量元素、益生菌类、膳食纤维、胆碱和咖啡因等。

（4）其他国家 澳大利亚对于"保健（功能）食品"没有法定定义。政府承认在食品和药品之间存在一类在安全和功效方面与药品有交叉的产品（food-drug interface），在管理上把这类产品归为"补充药品（complementary medicines）"，属《疗效产品法（Therapeutic Goods Act）》调整的范围。它是低危险性产品，包括草药、传统药品和维生素等。它的形式有片、胶囊和粉剂等，可以有保健声明，作为药品进行管理。

韩国食品医药品安全厅发布了 2010 年度韩国健康功能食品市场调查结果。总生产额约 1 兆韩元，比 2009 年增长了 11％。其中，红参制品生产额 991 亿韩元，比 2009 年增长 16％，红参制品占全年健康功能食品生产额的 55％。

国外保健（功能）食品市场以低脂肪、低能量、低胆固醇产品为主。

3. 保健（功能）食品发展的共同特点

世界各国在发展保健食品过程中，大体都经历了 3 个阶段，形成了 3 代保健食品。

（1）第一代保健（功能）食品 初级保健食品仅根据食品中的营养成分或强化的营养素来推知该类食品的功能，为营养补充型健康食品。这类产品未经严格的实验证明或科学论证。加上原材料的加工粗糙，活性成分未加以有效保护，产品所列功能难以相符。这代保健（功能）食品包括各类强化食品及滋补食品，如鳖精、蜂产品、乌骨鸡类产品等。

（2）第二代保健（功能）食品 营养型健康食品的延伸，为功能型健康食品，指经过动物和（或）人体实验，证明其具有某种生理调节功能。与第一代保健（功能）食品相比，较大的进步是其特定的功能有了科学的实验基础。我国卫生部批准的保健（功能）食品大多属于这一代产品。

（3）第三代保健（功能）食品 功能因子型健康食品。不仅其特定生理调节功能需经动物和（或）人体实验，证明其明确可靠，且还需确知有该项功能的功效成分的化学结构及含量，研究其量效和构效关系，保持生理活性成分在食品中的有效性，或者直接将生理活性成分处理成功能性食品。第三代保健（功能）食品应具有功效成分明确、含量可以测定、作用机制清楚、研究资料充实及临床效果肯定等特点。

目前，在美、日等发达国家市场上，大部分是第三代功能性食品。而中国尽管功能性食品市场上已有一定规模，但与发达国家相比还有不小差距。我国功能性食品正在向第三代发展，第三代功能性食品的迅速成长标志着中国功能性食品与国际接轨，同时也是给予功能性食品行业的发展提供又一次良机。

4. 保健（功能）食品迅速发展的原因

（1）人口老龄化 全世界 60 岁以上老人在 1950 年约 2 亿、1970 年 3 亿、2000 年达 6 亿，据联合国估计，2020 年将达到 10 亿，到 2050 年，全球将有近 20 亿老年人。中国于 1999 年进入老龄社会，是世界上老年人口最多的国家；2002 年，中国 60 岁及以上老年人口 1.34 亿，占世界老年人口 21.34％；到 2020 年，中国老年人口将达 2.48 亿，老龄化水平将达 17.17％，其中，80 岁及以上老年人口将达 3067 万人，占老年人口的 12.37％。

中国及世界范围内老年人比例的全面增加，导致医疗保险费用支出迅速上升，成为社会及个人庞大的开支和沉重的负担。再加上药物副作用危害日益明显，使人们认识到从饮食上保持健康、预防疾病更为合算、安全，花钱买健康，保健（功能）食品应运而生。

（2）疾病谱和死因谱的改变刺激了保健（功能）食品的消费 随科学和公共卫生事业的发展，各种传染病得到了有效的控制，但是，各种慢性疾病如心脑血管疾病、恶性肿瘤、糖尿病已占据疾病谱和死因谱主要地位。慢性病与多种因素有关，常涉及躯体的多个器官和系统，生活习惯、行为方式（吸烟、酗酒、不良的饮食习惯、营养失调、紧张等）、心理因素、社会因素等在患病过程中起重要作用。疾病模式的变化促使人们重新认识饮食与现代疾病的关系，寻找人们饮食习惯的弊病，从而引发了饮食革命，刺激了保健食品的消费，促进了保健食品的发展。

（3）科技的进步　近半个世纪来生命科学取得了迅速发展，使人们进一步认识到饮食营养与身体健康的关系，认识到如何通过营养素的补充及科学饮食去调节机体功能预防疾病。科学的发展使人们懂得了如何利用功能性物质去研制开发某一功能的保健食品，使人们对保健（功能）食品的认识从感性阶段上升到理性阶段，推动了保健（功能）食品的发展。

（4）回归大自然的理念　20世纪70年代以来，一股回归大自然的热潮兴起，遍及全球。表现在饮食方面就是去精取粗、去合成取天然、去浓味取清淡。保健（功能）食品相当部分是以天然原料制造，一般富含膳食纤维、低脂肪、低胆固醇、低糖、低热量，符合人们取粗、取天然、取清淡的要求，越来越受到人们的欢迎。

五、 我国保健（功能）食品存在的问题及发展趋势

1. 我国保健（功能）食品存在的问题

改革开放以来，我国保健（功能）食品发展较快，呈现波浪式发展趋势，消费理念日趋成熟理性，但存在的问题也不少，主要有以下几方面。

（1）基础研究不够，产品科技含量低　保健（功能）食品应该是一个综合性的高科技含量的特殊消费品，需要较大的科技投入，但相关基础研究的科技投入较低，基础研究融合度不够，国内的食品相关专业大都设置在轻工和农业院校，研究重点是食品加工保藏中科学问题，而医科大学主要精力在研究天然药物，对保健（功能）食品涉足不多。此外，我国保健（功能）食品企业规模较小，科技人员比例较低，科研经费投入更低，甚至有半数以上保健（功能）食品企业不具备先进科学的生产条件，科技投入少，特别是应用技术、基础性研究投入不足，导致目前保健食品企业普遍存在产品科技含量较低和缺乏市场竞争力的现象。其中，特别要关注的是以我国传统中医药学文化为基础的有不少药食同源类原料被应用于保健（功能）食品中，但是有很大一部分产品只是简单将传统理论作为组方依据，将几种原料进行简单复配，缺乏对药食同源类保健（功能）食品原料作用机制的深入研究，不明确其作用机制，而阻碍了这类产品进入国际市场。

（2）保健（功能）食品生产及检测技术落后　目前新产品注册申报资料中少见工艺稳定性研究资料，大部分企业也都没有对产品工艺稳定性进行研究。主要原因是保健（功能）食品大量低水平重复性仿制，使企业忽略了工艺稳定性研究的必要性；加上保健（功能）食品功效成分的不明确以及与之相配套的检测方法的非特异性，使得保健（功能）食品反映内在质量指标的成分含量检测的可重复性难以保证，也使得工艺稳定性研究难以下手。而企业自检能力差，缺少专业的检验人员和检测设施，专业检测部门的检测手段落后、硬件条件不足等又是造成相关产品质量问题的重要原因。

（3）一些保健（功能）食品生产企业存在违规生产、委托生产问题　部分保健（功能）食品企业为了节约生产成本，在生产过程中违反《保健食品良好生产规范》的要求，也有个别企业不按批准的配方、工艺组织生产，给产品安全留下隐患。另外，委托加工保健（功能）食品中由于委托双方各自所负责任不够明确，难以保证产品质量，而目前对委托加工行为没有专门的管理规定，存在不少监管漏洞，同时，异地委托加工也加大了监管的难度。

（4）低水平重复现象严重，导致企业陷入恶性竞争　很多企业在研制新产品时，缺乏周

密的市场调查而带有较大的盲目性，加上缺乏基础研究的积淀，产品跟风和雷同现象严重，缺乏创新性，导致企业陷入恶性竞争。据统计，卫生部批准的 3000 多个保健（功能）食品，功能作用主要集中在免疫调节、辅助调节血脂和缓解体力疲劳 3 项，约占 60％，开发的产品功能如此集中，不仅使市场销售艰巨，也难以取得良好的经济效益。

（5）非法添加化学药物，监督管理难度较大　有些企业为突出产品的功效，增加某些保健（功能）食品的效果，不按批准的保健食品配方生产，而在产品中非法加入违禁药物，如在减肥类产品中非法添加芬弗拉明、麻黄碱、去氢表雄酮等，在缓解体力疲劳产品中非法添加枸橼酸西地那非、他达那非等；在辅助降血糖产品中非法添加苯乙双胍、格列本脲等，对消费者身体健康构成严重威胁。加上食品生产经营者索证意识不强，进货时未索取保健（功能）食品批准证书，使非法保健食品流入市场。加上我国目前对保健（功能）食品管理的重点是对功能食品配方的审批，确保产品配方无毒，功能真实，但部分保健（功能）食品功能因子不明确，作用机制不清楚，一旦造假难以鉴别，给产品监督管理带来较大困难。

（6）企业重广告轻研发，夸大产品功效及虚假宣传　保健（功能）食品的快速发展使企业缺乏长远的战略考虑，忽略对产品的研发投入，而停留在比拼市场营销能力的阶段，陷入重广告轻研发的短平快的模式。一些保健（功能）食品厂家或经销商擅自夸大功能食品功效的不实宣传及虚假违法广告误导消费者，包括不法分子以普通食品文号、食品生产许可证号、地方食品批准文号等冒充保健食品销售，产品标签不按批准内容印制，擅自增加保健功能，扩大适用人群，故意混淆食品与药品的界限以及虚编疗效，宣传产品具有治疗疾病的作用等，对社会造成严重的不良影响，失去消费者信任。

（7）消费者对保健（功能）食品认识混乱，市场监管存在薄弱环节　目前，消费者对于保健（功能）食品缺乏明确的认识，包括不能从类别上区分保健（功能）食品与部分非处方药的区别、混淆调节机体功能与治疗疾病的区别、对于保健食品的标志不了解以及有部分消费者认为保健食品多吃无害等。加上一些企业利用消费者的消费心理不成熟，对保健食品疗效期望值过高的特点，而采用广告、义诊讲座、"现身说法"等形式进行夸大宣传来满足消费者，给消费者造成"保健食品可治百病"、"保健食品等同药品"的错误概念。保健（功能）食品经营过程中其他不法行为还包括盗用合法保健食品批准文号生产、将普通食品虚编功能当做保健食品进行宣传和销售等。对上述这些问题政府有关部门的法律、法规、标准滞后，可操作性差，这些问题严重制约了保健食品市场的健康发展。

此外，我国保健（功能）食品的 27 项功能及其功能试验、宣传用语等多是西医标准，而我国的保健（功能）食品研发多以中医理论为基础，有许多产品的功能不能用西医的称谓进行描述。即使理论依据不同、配方不同、原创设计不同、供销用途不同的产品，却仍然只能在圈定的 27 项功能中"对号入座"，无法"对号"的则被划入"免疫调节"、"抗疲劳"等功能范畴，结果造成产品功能过分集中，这极大地限制了保健食品的发展。

2. 我国保健（功能）食品发展趋势

在国家发改委、工信部联合印发的《食品工业"十二五"发展规划》（可简称《规划》）中，"营养与保健食品制造业"首次被列为我国重点发展的行业。《规划》指出到 2015 年，我国营养与保健食品产业将达 1 万亿元，年均增长 20％。消费者对保健（功能）食品的需求旺盛，与我国居民素来就有进补的习惯及生活节奏加快，家庭自制传统补品的炖、熬、泡等制作过程繁琐有关，消费者转而选择方便快捷的保健（功能）食品；同时，也和医药卫生体制改革的深入和居民生活水平的提高有关，消费者更加注重自身保健。

（1）产品向多元化方向发展，方便剂型保健（功能）食品将成为主流 随着生命科学和食品加工技术的进步，未来保健（功能）食品的加工更精细、配方更科学、功能更明确、效果更显著、食用更方便。产品形式除目前流行的胶囊、口服液、饮料、冲剂、粉剂外，一些新形式的食品，如烘焙、膨化、挤压类等也将上市，随着新型软胶囊生产技术的不断完善，软胶囊、口服液成为包装新趋势。我国目前所用的包装，不乏胶囊与口服液，但无论从外形还是包装质量上，与国际市场都存在着差距，尤其是在视觉冲击力方面不能引起人们的购买欲或食欲。保健（功能食品）将向多元化的方向发展。

（2）重视新资源及中国特色的保健（功能）食品原料的开发研究 利用新资源，特别是一些具有中国特色的基础原料，研究开发新的保健（功能）食品以满足人们的需要，是21世纪保健（功能）食品的一大趋势。这主要体现在昆虫、海洋生物和中药资源三个方面。昆虫具有蛋白质含量高、氨基酸种类齐全、微量元素丰富及含有许多生物活性物质等特点，其中蚂蚁、蝗虫、蚕蛹、蚯蚓等保健价值都较高，利用昆虫作为保健（功能）食品资源生产新型的保健（功能）食品，已经展现出了广阔的发展前景。海洋生物则是巨大的保健（功能）食品原料资源宝库，特别是其中的海绵、乌贼、海参与藻苔虫等海洋无脊椎生物正在被作为新型海洋保健（功能）食品的原料。

中药资源的利用则是我国保健（功能）食品另一特色，这种具有中国特色的保健（功能）食品大多来自某个通过几千年来不断组方改造的中药方剂，而对于这类保健（功能）食品，我们的当务之急是要进行深层次研究，做好以中医理论为基础开发保健（功能）食品和以西方医学体系为基础的保健（功能）食品的认证的相关工作，为中药资源或者中医理论为基础的保健（功能）食品走向世界提供理论支持。

（3）重视高新技术在保健（功能）食品生产中的应用 采用现代高新技术，如膜分离技术、超临界流体萃取技术、微胶囊技术、超微粉碎技术、生物技术、分子蒸馏技术、干燥技术、无菌包装技术等，从原料中提取有效成分，再以各种有效成分为原料，根据不同的科学配方和产品要求，确定合理的加工工艺，进行科学配制而生产的保健（功能）食品。在这些新技术中，生物技术备受关注。

（4）开展多学科的基础研究，大力开发第三代功能食品 保健（功能）食品的研究与生理学、生物化学、营养学及中医药学等多学科相关，其应用基础研究应是多学科的交叉，通过应用多学科的知识、采用现代科学仪器和实验手段，从分子、细胞、器官等生物学水平上研究保健（功能）食品的功效作用及功能因子的稳定性，开发出具有知识产权的保健（功能性）食品。

目前我国的保健（功能）食品大多以传统中医学理论为指导，一般采用多种药食兼用的中药配制产品，其好处是经过前人大量实践，已被证实有效。如何在现代功能食品研究基础上，进一步开发出具明确的量效和构效关系的第三代功能食品，参与国际竞争，是目前重要的关注点。

（5）品牌优势凸显，消费市场进一步扩大 随消费者消费经验的积累，消费者消费心理越来越成熟理性。这种心理主要表现在对广告不轻信，重视身边的口碑宣传，重视对保健知识的学习，通过自己获得的保健知识去辨别形形色色保健（功能）食品的"真伪优劣"。对品质可靠、知名度较高的保健（功能）食品重复消费。高品质、知名品牌保健（功能）食品市场将扩大。这意味着失去市场的是那些短期行为严重、功效不理想、靠制造轰动效应推广的产品。消费者的选择使市场集中在功效显著、品质可靠、知名度较高的保健（功能）食品上。

我国人口众多，消费群体基数较大，加上计划生育政策使得家庭规模减小，家庭在抚养子女上的负担减轻，而在保健(功能)食品上的支出比例会相应增加，这也是促使保健(功能)食品市场扩大的一个因素。

(6) 保健(功能)食品功能趋向分散化和专一化，价格总体水平将下降 随着消费者对保健(功能)食品的认识越来越全面，不再轻易相信和购买"包治百病"的保健(功能)食品，而更多的相信和认同功能专一化的保健(功能)食品。这种消费理念的变化必然导致保健(功能)食品生产企业转而重视保健(功能)食品功能分散化和单种保健(功能)食品功能专一化。

保健(功能)食品行业利润目前处于高位，高利润会吸引竞争者进入而带来价格下降。此外，保健(功能)食品需求弹性较大，当总体价格下调的时候会带来需求量的增加及市场的扩大，行业的规模效益可以弥补降价带来的损失。

(周才琼)

思考题

1. 什么叫功能食品？我国的保健(功能)食品与欧美相关产品有何区别？
2. 保健(功能)食品与普通食品和药品有哪些区别？
3. 简述我国保健(功能)食品主要存在的问题及发展趋势。

第二章 保健（功能）食品功能因子（一）

　　了解和掌握常见功能性因子，如功能性甜味剂、活性多糖、膳食纤维、功能性脂类、氨基酸、活性肽和蛋白质、有机酸类、酚类化合物等的类别、特性、功效等内容，为后期开发相应的功能性食品打好基础。

　　功能因子是功能性食品中起生理作用的成分，又称为生理活性成分或有效成分。本章将介绍一些主要的功能因子。

一、功能性碳水化合物

（一）糖及糖醇

　　（1）结晶果糖　结晶果糖属于功能性食品基料，仅 D-果糖一种，具有独特的性质，包括：①甜度大，等甜度下的能量值低，可在低能量食品中应用。②代谢途径与胰岛素无关，可供糖尿病患者食用。③不易被口腔微生物利用，对牙齿的不利影响比蔗糖小，不易造成龋齿。

　　（2）L-糖　L-糖在自然界很少存在，因为它不是机体糖代谢酶系所需的构型，不被人体代谢，没有能量。对某一特定的 L-糖和 D-糖，它们的差别仅是由于它们的镜影关系引起的。其化学和物理性质如沸点、熔点、可溶性、黏度、质构、吸湿性、密度、颜色和外观等都一样，而且它们的甜味特性也相似。因此，可望用 L-糖代替 D-糖加工相同的食品，同时又降低产品的能量。L-糖是一种有巨大发展潜力的低能量的功能性甜味剂，包括 L-古洛糖、L-果糖、L-葡萄糖、L-半乳糖、L-阿洛糖、L-艾杜糖、L-塔罗糖、L-塔格糖、L-阿洛酮糖和L-阿卓糖等。

　　L-糖可望在食品的外观、加工配方、加工工艺和产品贮藏等方面与 D-糖一样。L-糖在需经热处理的食品加工中稳定，可用在焙烤食品中，能发生美拉德褐变反应，适合于糖尿病患者或其他糖代谢紊乱患者食用。

　　（3）多元糖醇　多元糖醇（polyol）由相应的糖经镍催化加氢制得，主要产品有木糖醇（xylitol）、山梨糖醇（sorbitol）、甘露糖醇（mannitol）、乳糖醇（lactitol）和麦芽糖醇（maltitol）等。

　　多元糖醇是一类很重要的保健(功能)食品配料，属于具有益生作用的功能性甜味剂。其代谢特性包括在人体中的代谢途径与胰岛素无关、不是口腔微生物（特别是突变链球菌）的适宜作用底物以及部分多元糖醇（如乳糖醇）具备膳食纤维的部分生理功效。

（二）低聚糖类

　　低聚糖（oligosaccharide）或称寡糖，是由 3～9 个分子单糖通过糖苷键连接形成直链或支链的低度聚合糖。这些低聚糖由于其糖分子相互结合的位置不同，人体没有代谢这类低聚糖的酶系统，而成为难消化性低聚糖，因此，它们不被消化吸收而直接进入大肠内被双歧杆菌所利用，是双歧杆菌增殖因子，对人体有特别的生理功能，所以称为功能性低聚糖。

功能性低聚糖包括低聚异麦芽糖、低聚半乳糖、低聚果糖、低聚乳果糖、乳酮糖、大豆低聚糖、低聚木糖、帕拉金糖及低聚龙胆糖等，其中，除了低聚龙胆糖无甜味反具有苦味外，其余的均带有程度不一的甜味，可作为功能性甜味剂用来替代或部分替代食品中的蔗糖。迄今为止，已知的功能性低聚糖有1000多种，自然界中只有少数食品中含有天然的功能性低聚糖，如洋葱、大蒜、天门冬、菊苣根和伊斯兰洋蓟块茎等含有低聚果糖，大豆中含有大豆低聚糖。

1. 低聚糖的生理功能

（1）促进双歧杆菌生长，调节肠道菌群平衡　双歧杆菌是人体肠道内的主要菌群，从人一出生开始，就有双歧杆菌开始在肠道内定植，种类也越来越多，是肠道的优势菌群。该菌在健康人体肠道中能利用营养物质大量繁殖，在肠道黏膜表面形成一道生理性屏障，直接抵御病原菌的侵袭，如常见的致病性大肠杆菌、沙门伤寒菌、痢疾志贺菌等。

功能性低聚糖被摄入后可选择性地刺激人体肠道内双歧杆菌的增殖，这些双歧杆菌通过发酵功能性低聚糖产生大量的短链脂肪酸及其他代谢产物，从而保证了双歧杆菌在宿主肠道内的优势地位。

（2）产生有机酸，降低肠道pH，抑制腐败，预防便秘　功能性低聚糖和普通低聚糖的最大的区别在于它不可被人体消化，但可以被人体肠道内的有益菌利用，产生相应的代谢产物，因而具有特殊的生理功能。当功能性低聚糖进入肠道后，在结肠中被肠道有益菌作为能源发酵和利用，如双歧杆菌和乳酸菌等有益菌就能发酵这类碳水化合物，代谢过程中会产生大量的短链脂肪酸（主要为醋酸、丙酸、丁酸和乳酸）及少部分其他产物。这些短链脂肪酸可以降低肠道内pH值并且提高肠道内渗透压。肠道pH的降低会使有害菌无法生长繁殖，有效减少甲酸、吲哚和对苯甲酚等有毒有害肠道腐败物的生成，并降低有害酶（如P-葡萄糖醛酸酶等）的生成量和其代谢活性，有益于机体健康，而提高肠道内渗透压可以使肠道内容物大量吸收水分，从而粪便体积增加、结构松软，同时还会刺激肠道快速蠕动促进排便，起到防止便秘的作用。

（3）改善脂质代谢，促进矿物质元素的吸收　功能性低聚糖对机体脂质代谢影响的研究目前还仅限于低聚果糖和低聚异麦芽糖。功能性低聚糖被摄入后，双歧杆菌大量繁殖并产生胆酸水解酶等代谢产物，胆酸水解酶将结合胆酸游离，而游离的胆酸可抑制病原菌在肠道内的生长。随着益生菌的大量代谢，当肠道pH降到6.0时，胆汁酸就可以和胆固醇结合而生成沉淀，随肠道内容物一起排出体外。另外，双歧杆菌和功能性低聚糖本身也可吸收胆固醇而随大便排出体外。所以，功能性低聚糖具有调节血脂和降低胆固醇的作用。

功能性低聚糖的生理作用很大程度上是依赖其被菌群发酵的产物。益生菌发酵功能性低聚糖后生成了有机酸，导致肠道pH值下降，肠道环境呈酸性，这就使一些通过小肠时形成的钙、磷酸盐、镁等构成的复合物发生溶解而容易被吸收。所以，功能性低聚糖还能促进钙、镁、锌、铁等矿物质元素的吸收。

（4）不会引起龋齿　大量研究表明可引发龋齿的突变链球菌（*Streptococcus* mutans）产生的葡萄糖转移酶不能将低聚糖分解成黏着性的单糖如葡萄糖、果糖及半乳糖等，另外突变链球菌从功能性低聚糖生成的乳酸也明显比从非功能性低聚糖蔗糖、乳糖生成的乳酸少，故功能性低聚糖是一种低龋齿性糖类。

(5) 其他生理功能 功能性低聚糖可促进肠道双歧杆菌增殖，而双歧杆菌可产生各种 B 族维生素，如维生素 B_1、维生素 B_2、维生素 B_6、维生素 B_{12}、叶酸和烟酸等。另外，肠道内 pH 的降低还能抑制一些维生素分解菌的生长。功能性低聚糖可预防龋齿的主要原因是人体口腔中的变异链球菌所产生的葡萄糖转移酶不能将低聚糖分解成葡萄糖、半乳糖和果糖等，所以，低聚糖可代替单糖预防龋齿的发生。人体内双歧杆菌的增殖代谢可提高机体的免疫能力，从而使肠道内一些致癌物质直接被破坏分解，同时部分未被代谢的低聚糖还能与肠道内有毒有害物质结合排出，起到清除有毒物质的作用。

2. 功能性低聚糖的摄入剂量和副作用

功能性低聚糖纯品日摄入有效剂量是低聚果糖 3.0g，低聚半乳糖 2.0～2.5g，大豆低聚糖 2.0g，低聚木糖 0.7g。张立峰 (2012) 等通过动物实验及人体实验研究大豆低聚糖对肠道菌群的影响。实验小鼠灌胃不同剂量的大豆低聚糖，观察其肠道内肠杆菌、肠球菌、产气荚膜梭菌、拟杆菌、乳酸杆菌、双歧杆菌的变化。通过给小鼠灌胃不同剂量的大豆低聚糖发现，5.00mL/kg bw 剂量组的小鼠肠道杆菌数量有显著性提高；1.67mL/kg bw 和 3.33mL/kg bw 的剂量可增殖小鼠肠道内的肠球菌；3.33mL/kg bw 与 5.00mL/kg bw 剂量组小鼠肠道内乳酸杆菌数量均有显著性提高；1.67mL/kg bw 剂量组、3.33mL/kg bw 剂量组、5.00mL/kg bw 剂量组小鼠肠道内双歧杆菌的数量均发生了明显提高。同时还发现肠杆菌和肠球菌的增加幅度小于乳酸杆菌与双歧杆菌的增加幅度。通过人体试食发现，大豆低聚糖可有效增殖人体肠道内的乳酸杆菌与双歧杆菌，而不增殖产气荚膜梭菌。

3. 功能性低聚糖的种类、性质及其应用

(1) 低聚异麦芽糖 是指葡萄糖之间至少有一个以 α-(1→6) 糖苷键结合而成的单糖数在 2～5 个不等的一类低聚糖，又称分枝低聚糖，是功能低聚糖中产量最大、市场销售最多的一种。商品低聚异麦芽糖主要由异麦芽糖、潘糖、异麦芽三糖和四糖组成，占总糖的 50% 以上。人体肠道菌群中除了两歧双歧杆菌外，其他双歧杆菌和乳酸杆菌都可利用低聚异麦芽糖为碳源，有很好的双歧杆菌增殖效果，但大肠杆菌不能利用低聚异麦芽糖，类杆菌和粪肠球菌以及部分梭菌可以利用低聚异麦芽糖代谢。

低聚异麦芽糖甜味温和，甜度是蔗糖的 30%～50%。适用于饮料、罐头及高温处理和酸性食品，有优良的保水性。其保水性可抑制食品中的淀粉回生老化和结晶糖的析出，添加到面包、糕点等以淀粉为主的食品中可延长保存期。

(2) 低聚半乳糖 是在乳糖分子上通过 β-(1→6) 糖苷键结合 1～4 个半乳糖的杂低聚糖，其产品中含有半乳糖基乳糖、半乳糖基葡萄糖及半乳糖基半乳糖等，属于葡萄糖和半乳糖组成的杂低聚糖。低聚半乳糖难消化，几乎所有双歧杆菌和乳酸菌都利用该糖为碳源，而不会被绝大多数肠道有害菌利用。

自然界中，动物乳汁中存在微量低聚半乳糖，但人类的乳汁中低聚半乳糖的含量较多。婴儿体内的双歧杆菌菌群的建立很大程度上依赖于母乳中的低聚半乳糖，因而，低聚半乳糖在调节婴幼儿胃肠功能紊乱及防止腹胀腹泻、便秘等肠道疾病上具有重要作用。

工业上低聚半乳糖的生产是以乳糖为原料经由 β-半乳糖苷酶转化而得。低聚半乳糖在工业生产加工的各环节中都具有良好的稳定性，是婴幼儿食品如婴儿配方奶粉、婴幼儿成长奶粉、米粉、谷物类食品、果泥等食品的优良配料，也是重要的功能食品配料。

(3) 低聚果糖 又称低聚蔗果糖或寡果糖，是在蔗糖分子上以 β-(1→2) 糖苷键与 1～3

个果糖结合而成的低聚糖,主要由蔗果三糖、蔗果四糖、蔗果五糖组成的混合物。低聚果糖难水解,是一种低热量糖,热值仅 6.28J/g。低聚果糖具有双歧杆菌增殖活性,可抑制腐败菌,维护肠道健康,还有预防龋齿作用。

低聚果糖甜度约为蔗糖的 60%,且甜味较糖清爽。低聚果糖耐高温,抑制淀粉老化,保水性好。可应用于饮料、糕点、糖果、冷饮、冰淇淋、火腿等。

含低聚果糖较高的食物有牛蒡、洋葱、大蒜、黑麦和香蕉。小麦、大麦、黑小麦、蜂蜜、番茄和芦笋等也含有。工业上采用米曲霉和黑曲霉进行生产。

(4) 低聚木糖 由 2～7 个木糖以 β-(1→4) 糖苷键结合而成的低聚糖,以二糖和三糖为主。低聚木糖是一种高效双歧因子,除双歧杆菌外,人体内多数肠道细菌对低聚木糖的利用都较差。因该糖不能被人体消化,所以不产生热量,而被广泛应用于减肥保健食品中。

低聚木糖的甜度约为蔗糖的 50%,甜味纯正,类似蔗糖。与其他低聚糖相比,低聚木糖对热和酸稳定性好,在 pH 2.5～8 的范围内比较稳定,在 100℃加热 1h 几乎不分解,不易被酵母利用。低聚木糖可用于酸奶、乳酸菌饮料和碳酸饮料等酸性饮料中。

低聚木糖的生产在工业上是通过内切型木聚糖酶,以富含木聚糖的植物资源为原料(包括玉米芯、麦、稻、麸皮等)进行酶解,经提纯后得到。

(5) 大豆低聚糖 由水苏糖、棉子糖和蔗糖组成的混合物,占大豆总固形物的 7%～10%。液态大豆低聚糖为淡黄色、透明黏稠状液体;固体产品是淡黄色粉末,极易溶于水。除具有一般低聚糖的功能特性外,大豆低聚糖具有低分子水溶性纤维素的某些功能,3g/d 就可产生通便作用。

精制大豆低聚糖甜度为蔗糖的 70%。大豆低聚糖有明显抑制淀粉老化作用,如在面包等面类食品中添加大豆低聚糖,能延续淀粉的老化、防止产品变硬、延长货架期;由于大豆低聚糖属非还原糖,在食品加工过程中添加,可减少美拉德反应产生和营养素的损失。

大豆低聚糖也可用于清凉饮料、酸奶、乳酸菌饮料、冰淇淋、面包、糕点、糖果、巧克力等食品中;在豆豉、大豆发酵饮料和醋等产品中,能增加豆腐甜味,消除豆豉氨臭。

大豆低聚糖广泛存在于豆科植物,除大豆外,豇豆、扁豆、豌豆、绿豆和花生中均有。

(6) 低聚乳果糖 以乳糖和蔗糖为原料,在节杆菌产生的 β-呋喃果糖苷酶催化下,将蔗糖分解产生的果糖基转移至乳糖还原性末端的 C1—OH 形成。低聚乳果糖几乎不被人体消化吸收。双歧杆菌增殖活性高于低聚半乳糖、低聚异麦芽糖。

纯的低聚乳果糖甜度为蔗糖的 30%,市售的根据组成不同,甜度有所差别。

(7) 低聚龙胆糖 低聚龙胆糖是龙胆二糖、龙胆三糖、龙胆四糖的杂低聚糖,在低聚龙胆糖结构中连接单个葡萄糖的键是 β-(1→6) 糖苷键。

低聚龙胆糖具有柔和的苦味,比柑橘皮中所含柚皮苷的苦味更丰厚也更微妙,且不会滞留在舌头上。低聚龙胆糖比蔗糖和麦芽糖有更好的保湿性,因此可以保持食品中的水分,防止淀粉类食品的老化。

(三) 多糖类

多糖是由糖苷键连接起来的醛糖或酮糖组成的天然大分子。多糖是所有生命有机体的重要组成成分并与维持生命所必需的多种功能有关,大量存在于藻类、真菌、高等陆生植物中。具有生物学功能的多糖又被称为"生物应答效应物"(biological response modifier, BRM)或活性多糖(active polysaccharides)。很多多糖都具有抗肿瘤、免疫、抗补体、降血脂、降血糖、通便等活性。

1. 膳食纤维

（1）膳食纤维的定义和分类　膳食纤维（dietary fiber）是指那些不被人体消化吸收而在大肠内能部分或全部发酵的植物性成分、碳水化合物及其类似物。即凡是不能被人体内源酶消化吸收的可食用植物细胞、多糖、木质素以及相关物质的总和。这一定义包括了食品中的大量组成成分如纤维素、半纤维素、木质素、胶质、改性纤维素、黏质、寡糖和果胶等，也包括蜡质、角质和软木质等。

不同于常用的粗纤维（crude fiber）的概念，传统意义上的粗纤维是指植物经特定浓度的酸、碱、醇或醚等溶剂作用后的剩余残渣。强烈的溶剂处理导致几乎 100％ 水溶性纤维、50％～60％ 半纤维素和 10％～30％ 纤维素被溶解而损失掉。因此，对于同一种产品，其粗纤维含量与总膳食纤维含量往往有很大差异，两者之间没有一定的换算关系。

虽然膳食纤维在人体口腔、胃、小肠内不被消化吸收，但人体大肠内的某些微生物仍能降解它的部分组成分。从这个意义上说，膳食纤维的净能量并不严格等于零。而且，膳食纤维被大肠内微生物降解后的某些成分被认为是其生理功能的一个起因。

（2）膳食纤维的组成

① 纤维素：纤维素是 β-Glc（吡喃葡萄糖）经 β-(1→4) 糖苷键连接而成的直链线性多糖，聚合度数千，是细胞壁的主要结构物质。通常所说的"非纤维素多糖"（noncellulosic polysaccharides）泛指果胶类物质、β-葡聚糖和半纤维素等物质。

② 半纤维素：半纤维素的种类很多，不同种类的半纤维素其水溶性也不同，绝大部分都不溶于水。不同植物中半纤维素的种类、含量均不相同，其中组成谷物和豆类膳食纤维中的半纤维素有阿拉伯木聚糖、木糖葡聚糖、半乳糖甘露聚糖和 β-(1→3, 1→4) 葡聚糖等数种。

③ 果胶类：果胶主链是经 α-(1→4) 糖苷键连接而成的聚 GalA（半乳糖醛酸），主链中连有（1→2）Rha（鼠李糖），部分 GalA 常被甲基酯化。果胶类物质主要有阿拉伯聚糖、半乳聚糖和阿拉伯半乳聚糖等。果胶能形成凝胶，对维持膳食纤维的结构有重要的作用。

④ 木质素：本质素是由松柏醇、芥子醇和对羟基肉桂醇 3 种单体组成的大分子化合物。天然存在的木质素大多与碳水化合物紧密结合在一起，很难将之分离开来。

（3）膳食纤维的物化特性

① 高持水力：膳食纤维富含亲水基团，具有很强的持水力。不同来源膳食纤维其化学组成、结构及物理特性不同，持水力也不同。膳食纤维的持水性可以增加人体排便的体积与速度，减轻直肠内压力，同时也减轻了泌尿系统的压力，从而缓解了诸如膀胱炎、膀胱结石和肾结石这类泌尿系统疾病的症状，并能使毒物迅速排出体外。

膳食纤维强的持水性遇水膨胀后体积增大，引起饱腹感。同时，由于膳食纤维还会影响脂肪等成分在肠内的消化吸收。所以，膳食纤维对预防肥胖症有利。

② 吸附作用：膳食纤维分子表面带有很多活性基团，可吸附螯合胆固醇、胆汁酸以及肠道内的有毒物质（内源性毒素）、化学药品和有毒医药品（外源性毒素）等有机化合物。这种吸附整合作用与其生理功能密切相关，其中研究最多的是对胆汁酸的吸附作用，被认为是其降血脂功能的机制之一。肠腔内，膳食纤维与胆汁酸的作用可能是静电力、氢键或者疏水键间的相互作用，其中氢键结合可能是主要的作用形式。

③ 对阳离子有结合和交换能力：膳食纤维结构中的羧基、羟基和氨基等侧链基团，可产生类似弱酸性阳离子交换树脂的作用，可与阳离子，尤其是有机阳离子进行可逆交换，从

而影响消化道 pH、渗透压及氧化还原电位等,并形成一个更缓冲的环境以利于消化吸收。

④ 发酵作用:膳食纤维能被大肠内的微生物发酵降解,产生乙酸、丙酸和丁酸等短链脂肪酸,使大肠内 pH 降低,从而影响肠道微生物菌群的生长和增殖,诱导产生大量的好气有益菌,抑制厌气腐败菌。同时,由于好气菌群产生的致癌物质较厌气菌群少,即使产生也能很快随膳食纤维排出体外,这是膳食纤维能预防结肠癌的一个重要原因。另外,由于菌落细胞是粪便的一个重要组成部分,因此膳食纤维的发酵作用也会影响粪便的排泄量。

(4) 膳食纤维的生理功能

① 控制体重:大多数富含膳食纤维的食物,仅含少量的脂肪。因此,在控制能量摄入的同时,摄入富含膳食纤维的膳食有控制体重作用。膳食纤维能与部分脂肪酸结合,使脂肪酸通过消化道不能被吸收,因此对控制肥胖症有一定的作用。

② 调整肠胃功能(整肠作用):膳食纤维能使食物在消化道内的通过时间缩短,一般在大肠内的滞留时间约占总时间的 97%,膳食纤维能使物料在大肠内的滞留时间缩短,并使肠内菌群发生变化,增加有益菌,减少有害菌,从而预防便秘、静脉瘤、痔疮和大肠癌等,并预防其他合并症状。

③ 调节血糖:膳食纤维中的可溶性纤维能抑制餐后血糖的上升,其原因是延缓和抑制对糖类的消化吸收,并改善末梢组织对胰岛素的感受性,降低对胰岛素的要求。水溶性膳食纤维随着凝胶的形成,可阻止糖类的扩散,推迟其在肠内的吸收,而抑制了糖类吸收后血糖的上升和血胰岛素升高的反应。此外,膳食纤维能改变消化道激素的分泌,如胰液的分泌减少,从而抑制糖类的消化吸收,并减少小肠内糖类与肠壁的接触,从而延迟血糖值的上升。因此,提高可溶性膳食纤维的摄入可防止 2 型糖尿病的发生。但对 1 型糖尿病的控制作用很小。

④ 调节血脂:可溶性膳食纤维可螯合胆固醇,抑制机体对胆固醇的吸收,并降低对人体健康不利的低密度脂蛋白胆固醇,而高密度脂蛋白胆固醇降得很少或不降。此外,膳食纤维能结合胆固醇代谢产物胆酸,从而促使胆固醇向胆酸转化,进一步降低血浆胆固醇水平。

⑤ 改善肠内菌群和辅助抑制肿瘤作用:膳食纤维能改善肠内菌群,使双歧杆菌等有益菌活化繁殖,产生有机酸使大肠内酸性化,从而抑制肠内有害菌的繁殖,并吸收有害菌所生的二甲基联氨等致癌物质。粪便中可能会有一种或多种致癌物,由于膳食纤维能促使它们随粪便一起排出,缩短了粪便在肠道内的停留时间,减少了致癌物与肠壁的接触,并降低致癌物的浓度。此外,膳食纤维尚能清除肠道内的胆汁酸,从而减少癌变的危险性。

(5) 膳食纤维的推荐摄入量 美国 FDA 推荐的成人总膳食纤维摄入量为 20~35g/d。美国能量委员会推荐的总膳食纤维中,不溶性膳食纤维占 70%~75%,可溶性膳食纤维占 25%~30%。

我国低能量摄入(7.5MJ)的成年人,其膳食纤维适宜摄入量为 25g/d。中等能量摄入的(10MJ)为 30g/d,高能量摄入的(12MJ)为 35g/d。

2. 活性多糖

活性多糖(active polysaccharides)是指一类主要由果糖、葡萄糖、木糖、阿拉伯糖、半乳糖及鼠李糖等组成的聚合度大于 10 的具有一定生理功能的聚糖。种类较多。我国对多糖的研究多集中在银耳、猴头、金针菇、香菇等真菌多糖,人参、黄芪、魔芋、枸杞等植物多糖以及动物来源的甲壳质和肝素等。

(1) 真菌活性多糖 真菌活性多糖是从真菌子实体、菌丝体、发酵液中分离出的具有多种生理功能的一类活性多糖。真菌活性多糖广泛存在于香菇、金针菇、银耳、灵芝、黑木耳、茯苓、肉苁蓉和猴头菇等大型食用或药用真菌中。具有以下主要生理功能。

①免疫调节作用：免疫调节活性是大多数活性多糖的共同作用，也是它们发挥其他生理和药理作用（抗肿瘤）的基础。真菌活性多糖可通过多途径、多层面对免疫系统发挥调节作用。大量免疫实验证明，真菌活性多糖不仅能激活 T 淋巴细胞、B 淋巴细胞、巨噬细胞和自然杀伤细胞（NK）等免疫细胞，还能活化补体，促进细胞因子的生成，对免疫系统发挥多方面的调节作用。如银耳多糖有激活小鼠腹腔巨噬细胞的吞噬能力。作为干扰素等许多细胞因子的促诱导剂，真菌活性多糖有增强宿主体液免疫作用，如云芝多糖可显著提高小鼠脾细胞产生白介素、淋巴毒素和干扰素的水平，银耳孢子多糖、香菇多糖和猪苓多糖等都具有促进抗体形成的作用。

② 抗肿瘤作用：李小定等（2002）报道，高等真菌已有 50 个属 178 种的提取物都具有抑制 S-180 肉瘤及艾氏腹水瘤等细胞生长的生物学效应，明显促进肝脏蛋白质及核酸的合成及骨髓造血功能，促进体细胞免疫和体液免疫功能。不少多糖已作为抗肿瘤药物用于临床，如香菇多糖和云芝多糖等。

③ 降血脂、降血糖作用：研究发现，蘑菇、香菇、金针菇、木耳、银耳和滑菇等 13 种食用菌的子实体具有降胆固醇作用，尤以金针菇最强。腹腔给予虫草多糖，对正常小鼠、四氧嘧啶至高血糖小鼠均有显著的降血糖作用，且呈现一定的量效关系。云芝多糖、灵芝多糖、猴头菇多糖等也具降血糖或降血脂等活性。真菌多糖可降低血脂，预防动脉粥样硬化斑的形成。

④ 抗氧化作用：许多真菌多糖具有清除自由基、提高抗氧化酶活性和抑制脂质过氧化的活性，起到保护生物膜和延缓衰老的作用。如银耳多糖可明显降低小鼠心肌组织的脂褐质含量，增加小鼠脑和肝脏组织中的 SOD 酶活力。

除具有上述生理功能外，真菌活性多糖还具有抗辐射、抗溃疡和抗病毒等作用。

（2）植物活性多糖　植物活性多糖是存在于茶叶、苦瓜、魔芋、莼菜、萝卜、薏苡仁、甘蔗、鱼腥草及甘薯叶等植物中的活性多糖。不同来源的植物活性多糖具有抗菌、抗肿瘤、抗衰老及调节血脂等生物活性。如龙胆多糖具有明显的降血脂作用；当归多糖（ASP）可拮抗脾脏萎缩、增强血清和脑组织 SOD 活力、减少 MDA 量、提高 GSH-Px 活性、降低脑细胞凋亡指数；山茱萸多糖可通过提高机体抗氧化能力、抑制脂质过氧化、提高老化相关酶活性发挥抗脑老化作用，提高大鼠学习记忆能力。

植物活性多糖资源丰富，尤其来源于中药的植物多糖具有较大的开发潜力。随着多糖的分离鉴定、药理及临床研究的不断深入，多糖类药物将具有更广阔的应用前景。

（3）动物活性多糖　动物活性多糖几乎存在于所有动物组织器官中，包括甲壳素（chitin）、肝素（heparin）、硫酸软骨素（chondroitin sulfate）、透明质酸（hyaluronic acid）、硫酸角质素（keratan sulfate）、酸性黏多糖（acid mucopolysaccharide）和糖胺聚糖（glycosaminoglycan）。

① 肝素：肝素是一种比较简单的黏多糖，相对分子质量为 3000～35000。肝素存在于动物的肝、肺、血管壁、肌肉和肠黏膜等部位，因最初在肝中发现而被叫做肝素。肝素是凝血酶的对抗物质，能使凝血酶失去作用，因而血液在体内不致凝固。临床上应用肝素的抗凝血作用，以防止某些手术后可能发生的血栓形成及脏器的粘连。

② 硫酸软骨素：硫酸软骨素是动物组织的基础物质，用以保持组织的水分和弹性。包

括软骨素 A、B、C 等数种，软骨素 A 是软骨的主要成分。和肝素相似，硫酸软骨素可降血脂，改善动脉粥样硬化症状。此外，硫酸软骨素还有使皮肤保持细腻及富有弹性的作用。近年来在临床上用硫酸软骨素治疗肾炎、急慢性肝炎、偏头痛、动脉硬化及冠心病等。

③ 透明质酸：透明质酸与蛋白质结合，存在于眼球玻璃体、角膜及脐带中，结缔组织中也有。它与水形成黏稠凝胶，有润滑和保护细胞的作用。透明质酸是由 β-D-葡萄糖醛酸和 N-乙酰基-D-氨基葡萄糖通过 β-(1→3)糖苷键连接成二糖衍生物，并以此为重复单元再通过 β-(1→4)糖苷键互相连接成透明质酸。

二、 功能性脂类

（一） 多不饱和脂肪酸

多不饱和脂肪酸（polyunsaturated fatty acids，PUFA）是指含有两个或两个以上双键且碳链长为 18～22 个碳原子的直链脂肪酸，是研究和开发功能性脂肪酸的主体和核心。因其结构特点主要分成 ω-3 多不饱和脂肪酸、ω-6 多不饱和脂肪酸两个系列。

1. ω-3 系多不饱和脂肪酸

在多不饱和脂肪酸分子中，距羧基最远端的双键是在倒数第 3 个碳原子上的称为 ω-3 多不饱和脂肪酸。包括十八碳三烯酸（俗称 α-亚麻酸）（ALA）、二十碳五烯酸（EPA）和二十二碳六烯酸（DHA）。结构如下：

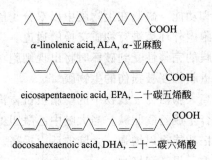

α-linolenic acid, ALA, α-亚麻酸

eicosapentaenoic acid, EPA, 二十碳五烯酸

docosahexaenoic acid, DHA, 二十二碳六烯酸

ω-3 系列多不饱和脂肪酸的生理功能包括：降血脂和血压，抑制血小板凝集，预防心脑血管疾病，防止血栓形成与脑卒中；增强视网膜的反射能力，预防视力退化；增强记忆力，预防老年痴呆；抗过敏，可预防炎症和哮喘；抑制促癌物质前列腺素的形成，能预防癌症；对糖尿病具有一定的预防作用。

2. ω-6 系多不饱和脂肪酸

在多不饱和脂肪酸分子中，距羧基最远端的双键是在倒数第 6 个碳原子上，则称为 ω-6 多不饱和脂肪酸。包括十八碳二烯酸（俗称亚油酸）（LA）、十八碳三烯酸（俗称 γ-亚麻酸）（GLA）和二十碳四烯酸（俗称花生四烯酸）（AA）。结构如下：

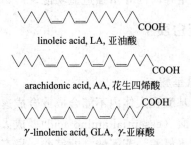

linoleic acid, LA, 亚油酸

arachidonic acid, AA, 花生四烯酸

γ-linolenic acid, GLA, γ-亚麻酸

ω-6 系多不饱和脂肪酸的生理功能包括改善过敏性皮疹、降血脂、降血压和预防动脉粥样硬化。其中 γ-亚麻酸被认为是预防和治疗高血脂症疗效最好、安全性最高的物质，它能降低血清甘油三酯和胆固醇。

（二） 磷脂

磷脂是含有磷酸的类脂化合物，是甘油三酯的一个或两个脂肪酸被含磷酸的其他基团取代而得。磷脂普遍存在于动植物细胞的原生质和生物膜中，对生物膜的生物活性和机体的正常代谢有重要的调节功能。

1. 磷脂的分类

磷脂为含磷的单脂衍生物，分为甘油醇磷脂及神经氨基醇磷脂两类，前者为甘油醇酯衍生物，后者为神经氨基醇酯的衍生物。

（1）甘油醇磷脂由甘油、脂肪酸、磷酸和其他基团（如胆碱、氨基乙醇、丝氨酸、脂性醛基、脂酰基或肌醇等的一种或两种）所组成，是磷脂酸的衍生物。甘油醇磷脂包括卵磷脂、脑磷脂（丝氨酸磷脂和氨基乙醇磷脂）、肌醇磷脂、缩醛磷脂和心肌磷脂。

（2）神经氨基醇磷脂是神经氨基醇（简称神经醇）、脂酸、磷酸胆碱组成的脂质。它与甘油醇磷脂的组分差异仅仅是醇，前者是甘油醇，后者是神经醇，且脂酸与氨基相连。神经氨基醇磷脂也被称为非甘油醇磷脂。

2. 磷脂的生理功能

（1）影响生物膜的形态和功能　磷脂在生物膜中以双分子层排列构成膜的基质。生物膜是细胞表面的屏障，也是细胞内外环境进行物质交换的通道。许多酶系统与膜相合，在膜上发生一系列生物化学反应，膜的完整性受到破坏时将出现细胞功能的紊乱。当生物膜受到自由基的攻击而损伤时磷脂可重新修复被损伤的生物膜。

（2）促进神经传导，提高大脑活力　食物中的磷脂被机体消化吸收后释放出胆碱，随血液循环送至大脑，与醋酸结合生成乙酰胆碱。当大脑中乙酰胆碱含量增加时，大脑神经细胞间的信息传递速度加快，记忆功能得以增强，大脑的活力提高。因此，磷脂和胆碱可促进大脑组织和神经系统的健康完善，提高记忆力。

（3）促进脂肪代谢，防止脂肪肝　磷脂中的胆碱对脂肪有亲和力，可促进脂肪以磷脂形式由肝脏通过血液输送出去或改善脂肪酸本身在肝中的利用，并防止脂肪在肝脏里的异常积聚。如果没有胆碱，脂肪聚积在肝中出现脂肪肝，阻碍肝正常功能的发挥，同时发生急性出血性肾炎，使整个机体处于病态。

（4）降低血清胆固醇、改善血液循环、预防心血管疾病　磷脂（特别是卵磷脂）具有良好的乳化特性，能阻止胆固醇在血管内壁的沉积并清除部分沉积物，同时改善脂肪的吸收与利用，因此具有预防心血管疾病的作用。磷脂的乳化性能降低血液黏度，促进血液循环，改善血液供氧循环，延长红细胞生存时间并增强造血功能。

三、 氨基酸、 肽和蛋白质

（一） 氨基酸类

1. 必需氨基酸和半必需氨基酸

（1）必需氨基酸　有些氨基酸在人体内不能合成或合成速度不能满足机体需要，必须从食物中直接获得，称必需氨基酸（essential amino acid）。成人需要的 8 种必需氨基酸分别为赖氨酸、色氨酸、苯丙氨酸、蛋氨酸、苏氨酸、缬氨酸、异亮氨酸和亮氨酸，对婴儿来说组氨酸也是必需氨基酸。

（2）半必需氨基酸 在人体需要的氨基酸中，某些氨基酸在人体内能够合成，但在严重的应激或疾病状态下容易缺乏，进而导致疾病或影响疾病的康复，称半必需氨基酸（half essential amino acid），也称条件必需氨基酸。这类氨基酸主要包括牛磺酸、精氨酸、谷氨酰胺、酪氨酸和胱氨酸等。

2. 氨基酸的营养强化

不同食物组成蛋白质的氨基酸数量及比例各不相同，与人体需要量模式进行比较，相对不足的氨基酸称限制性氨基酸。若将不同的食物蛋白质混合，使食物间蛋白质相对不足的氨基酸相互补偿，使其比值接近人体需要的模式以提高蛋白质的营养价值，这称为蛋白质的互补作用。

氨基酸的营养强化即是通过平衡必需氨基酸或添加外源氨基酸以达到蛋白质的互补作用而提高摄入蛋白质的营养价值的。平衡必需氨基酸是利用不同氨基酸组成蛋白质的互补效应来达到必需氨基酸的平衡，如面包和牛奶、豆类食品与粮谷类食品共同食用都可提高蛋白质的生物利用率。添加外源氨基酸则是通过添加在食物中缺乏的限制性氨基酸来提升蛋白质氨基酸的生物利用率，如在面粉中添加 0.4％的 L-赖氨酸和 0.15％的苏氨酸，面粉蛋白的营养价值接近于鸡蛋蛋白。

在氨基酸强化中要注意的是过量添加任何一种氨基酸，可能导致其他氨基酸生理价值的下降，造成缺乏症；同时还会引起其他营养素需要量的增加，如维生素等。

3. 几种具有特殊生理活性的氨基酸

（1）牛磺酸 牛磺酸（taurine）又称 α-氨基乙磺酸，最早由牛黄中分离出来。纯品为无色或白色斜状晶体，无臭，化学性质稳定，溶于乙醚等有机溶剂，是一种含硫的非蛋白氨基酸，在体内以游离状态存在，不参与体内蛋白的生物合成，但具有广泛的生理作用。

牛磺酸在脑内含量丰富、分布广泛，能明显促进神经系统的生长发育和细胞增殖、分化，在脑神经细胞发育过程中起重要作用。牛磺酸与胆汁酸结合形成牛黄胆酸，能增加脂质和胆固醇的溶解性，解除胆汁阻塞，降低某些游离胆汁酸的细胞毒性，抑制胆固醇结石的形成，增加胆汁流量等。牛磺酸在循环系统中可抑制血小板凝集，降低血脂，保持人体正常血压和防止动脉硬化；对心肌细胞有保护作用，可抗心律失常；对降低血液中胆固醇含量有特殊疗效，可治疗心力衰竭。牛磺酸能促进垂体激素分泌，活化胰腺功能，从而改善机体内分泌系统的状态，对机体代谢以有益的调节；并具有促进有机体免疫力和抗疲劳的作用。

牛磺酸具有调节晶体渗透压和抗氧化等重要作用，在白内障发生发展过程中，晶状体中山梨酸含量增加，晶体渗透压增加，而作为调节渗透压的重要物质牛磺酸浓度则明显降低，抗氧化作用减弱，晶体中的蛋白质发生过度氧化，从而引起或加重白内障的发生。补充牛磺酸可抑制白内障的发生发展。

牛磺酸还具有维持正常生殖功能、防治缺铁性贫血、护肝利胆、解毒、调节机体渗透压、镇静、镇痛和消炎等功能。日常各种食物，包括谷物、水果、蔬菜等，都不含牛磺酸。海产品、畜禽肉及其内脏富含牛磺酸。禽类中黑肉高于白肉，海产品高于禽畜肉。

（2）精氨酸 在机体发育不成熟或在严重应激条件下，如缺乏精氨酸，机体便不能维持正氮平衡与正常生理功能，会导致血氨过高甚至昏迷。精氨酸主要功能如下：精氨酸可刺激垂体分泌生长激素，可促进儿童生长；还可促进胶原组织的合成，有促进伤口愈合的作用；补充精氨酸能增加胸腺重量，防止胸腺的退化，促进胸腺中淋巴细胞的生长。在免疫系统中，除淋巴细胞外，吞噬细胞的活力也与精氨酸有关。加入精氨酸后，可活化其酶系统，使之更能杀死肿瘤细胞或细菌等靶细胞。补充精氨酸还能减少患肿瘤动物的肿瘤体积，降低肿瘤的转移率，提高动物的存活时间与存活率。增加肝脏中精氨酸酶活性，有助于将血液中的氨转变为尿素排泄出去。海参、墨鱼、章鱼等海产品富含精氨酸。

(3) 谷氨酰胺　在剧烈运动、受伤、感染等应激条件下，谷氨酰胺需要量远远大于机体合成谷胺酰胺的能力，使体内谷胺酰胺含量降低，蛋白质合成减少，出现小肠黏膜萎缩与免疫功能低下现象。谷氨酰胺主要生理功能如下：其酰胺基上的氮是生物合成核酸的必需物质，还是器官与组织之间氮与碳转移的载体；是蛋白质合成与分解的调节器，可形成其他氨基酸；是肾脏排泄氨的重要物质；是小肠黏膜内皮细胞、肾小管细胞、淋巴细胞、肿瘤细胞与成纤维细胞能量供应的主要物质；是防止肠衰竭的最重要营养素，也是目前为止人体是否发生肠衰竭的唯一可靠指标。

谷氨酰胺不是必需氨基酸，它在人体内可由谷氨酸、缬氨酸、异亮氨酸合成。

(4) γ-氨基丁酸　γ-氨基丁酸（GABA）是一种天然存在的氨基酸，在哺乳动物的脑、骨髓中存在，是已知的 60 多种作为神经递质的化学物质中的一种，是最普通的脑内抑制性递质。全脑 1/3 的突触以 GABA 作为递质。对 GABA 敏感的神经元特别集中于丘脑、下丘脑和枕叶皮质等脑结构中。GABA 在一些因神经活动抑制而引起的心理疾病中具有重要作用。这种递质在脑内的浓度变低，患者就会体验到过强的神经活动出现，如焦虑情绪。GABA 可抑制中枢神经系统过度兴奋，对脑部具有安定作用，进而促进放松和消除神经紧张。因此 GABA 对改善睡眠、高血压有缓解和治疗作用，可减少压力，提高和发挥表现力。

GABA 是全球认可和中国 SFDA 批准的新一代功能食品，健康、安全、有效，对人体没有任何副作用。GABA 是一种天然活性成分，广泛分布于动植物体内。丰富来源有茶叶、胚芽和奶酪等。

(二) 肽类

1. 生物活性肽

生物活性肽（bioactive peptide）简称活性肽，是蛋白质氨基酸以不同组成和排列方式构成的从二肽到复杂的线性、环形结构的不同肽类的总称，是源于蛋白质的多功能化合物。活性肽具有人体代谢和生理调节功能，有提高免疫力、激素调节、抗菌、抗病毒、降血压、降血脂等多种生物学功能，易消化吸收，食用安全性极高，是当前国际保健(功能)食品界最热门的研究课题和极具发展前景的功能因子。

2. 功能性食品中常用的活性肽

(1) 谷胱甘肽　谷胱甘肽是一种具有重要生理功能的天然活性肽，是由谷氨酸、半胱氨酸及甘氨酸通过肽键缩合而成的三肽化合物。谷胱甘肽在体内以 2 种形态存在，即还原型谷胱甘肽（reduced glutathione，GSH）和氧化型谷胱甘肽（oxidized glutathione，GSSG），在机体中大量存在并起主要作用的是 GSH。通常人们所指的谷胱甘肽是 GSH。广泛存在于动物肝脏、血液、酵母和小麦胚芽中，各种蔬菜等植物组织中也有少量分布。谷胱甘肽具有独特的生理功能，被称为长寿因子和抗衰老因子。

谷胱甘肽作为解毒剂，可用于丙烯腈、氟化物、一氧化碳、重金属以及有机溶剂的解毒。作为自由基清除剂，可保护细胞膜，使之免遭氧化性破坏，防止红细胞溶血及促进高铁血红蛋白的还原。能够纠正乙酰胆碱、胆碱酯酶的不平衡，起到抗过敏作用。对缺氧血症、恶心以及肝脏疾病所引起的不适具有缓解作用。对白细胞减少症起到保护作用。可防止皮肤老化及色素沉着,减少黑色素的形成,改善皮肤抗氧化能力并使皮肤产生光泽。

(2)酪蛋白磷肽 酪蛋白磷酸肽(casein phosphopeptide,CPP)是以牛乳酪蛋白为原料,经水解、分离纯化而得到的一类富磷酸丝氨酸的生物活性肽,它可作为无机离子载体促进肠膜对钙、铁、锌、硒等尤其是钙的吸收和利用。

酪蛋白磷肽的分子内具有丝氨酸磷酸化结构,可促进钙的吸收。它是应用生物技术从牛奶蛋白中分离的天然生理活性肽,存在于牛乳干酪素中。一种是由 α-干酪素制成的 α-酪蛋白磷酸肽,由 37 个不同氨基酸组成,其中有与磷酸基相结合的丝氨酸 7 个,相对分子质量 46000。另一种是由 β-干酪素制成的 β-酪蛋白磷酸肽,由 25 个不同氨基酸组成,其中有与磷酸基相结合的丝氨酸 5 个,相对分子质量 3100。酪蛋白磷肽是一类含有 25~37 个氨基酸残基的多肽,在 pH 7~8 的条件下能有效地与钙形成可溶性络合物。

酪蛋白磷酸肽(CPP)是目前研究最多的矿物元素结合肽,它能与多种矿物元素结合形成可溶性的有机磷酸盐,充当许多矿物元素如 Fe^{2+}、Mn^{2+}、Cu^{2+}、Se^{2+},特别是 Ca^{2+} 在体内运输的载体,能够促进小肠对 Ca^{2+} 和其他矿物元素的吸收。CPP 可促进成长期儿童骨牙的发育,在预防和改善骨质疏松症、促进骨折患者的康复等方面具有重要作用,对预防和改善缺铁性贫血也有明显的效果。

酪蛋白磷酸肽通过络合作用稳定非结晶磷酸钙,使之聚集在牙斑部位,从而减轻了口腔内产生的酸对牙釉质的脱矿物质作用。

(3)大豆低聚肽 大豆低聚肽(soybean oligopeptide)是以分离大豆蛋白为原料经蛋白质酶水解并精制后得到的蛋白质水解产物,它由许多种小肽分子组成,并含有少量游离氨基酸、碳水化合物、无机盐等成分。大豆低聚肽一般由 3~6 个氨基酸组成,相对分子质量低于 1000。

大豆低聚肽易消化吸收,同时低聚肽的低抗原性使得食后不会引起过敏反应,安全性高。此外,大豆低聚肽具有降血脂、降血压、促进矿物质吸收和脂肪代谢等多种生理功能。

(三) 蛋白质类

1. 乳铁蛋白

乳铁蛋白(lactoferrin,LF)又名乳铁传递蛋白或红蛋白,是一种天然蛋白质降解产生的铁结合性糖蛋白,存在于牛乳和母乳中。在 1 分子乳铁蛋白中,含 2 个铁结合部位。其分子由单一肽键构成,谷氨酸、天冬氨酸、亮氨酸和丙氨酸含量较高;除含少量半胱氨酸外,几乎不含其他含硫氨基酸,终端含有一个丙氨酸基团。乳铁蛋白有多种生理功效。

(1)刺激肠道中铁的吸收 乳铁蛋白具有结合并转运铁的能力,到达人体肠道的特殊接受细胞中后再释放出铁,能增强铁的吸收利用率,降低有效铁的使用量,减少铁的负面影响。乳铁蛋白可抑制由于 Fe^{2+} 引起的脂氧化。

(2)其他作用 乳铁蛋白有抑菌和抗病毒效应;可调节吞噬细胞功能,调节 NK 细胞与 ADCC 细胞的活性;调节发炎反应,抑制感染部位炎症。

2. 金属硫蛋白

金属硫蛋白(metallothionein,MT)是由微生物和植物产生的金属结合蛋白,富含半胱氨酸,对多种重金属有高度亲和性。是半胱氨酸残基和金属含量极高的蛋白质。相对分子质量 6000~10000,每摩尔金属硫蛋白含 60~61 个氨基酸,其中含—SH 的氨基酸 18 个,占总数的 30%。每 3 个—SH 可结合 1 个 2 价金属离子。因它是金属与硫蛋白结合的产物,故称金属硫蛋白。与其结合的金属主要是镉、铜和锌,广泛地存在于从微生物到人类各种生物中。

金属硫蛋白参与微量元素的贮存、运输和代谢,有清除自由基和拮抗电离辐射的作用。

全世界接受治疗的癌症患者中，50%～70%曾接受过放射性与化学治疗。放化疗在伤害癌细胞的同时，对正常细胞有严重损伤，导致白细胞减少症，使患者生存质量恶化。而金属硫蛋白具有很强的抗辐射、保护细胞免于损伤及修复损伤细胞的功能。

金属硫蛋白具有对重金属的解毒作用。某些行业的工作人员，长期与重金属（如 Hg、Pb）接触，可引起中毒，出现四肢疼痛、口腔疾病、肾损伤、红细胞溶血等病症。锌-金属硫蛋白进入体内后，与 Pb 或 Hg 可结合成稳定的金属硫蛋白排出体外，而被置换出的锌离子对人体无害，从而起到解毒作用。

金属硫蛋白还参与激素和发育过程的调节，增强机体对各种应激的反应。参与细胞 DNA 的复制和转录、蛋白质的合成与分解以及能量代谢的调节过程。

3. 免疫球蛋白

免疫球蛋白（immunoglobulin, Ig）是一类具有抗体活性、能与相应抗原发生特异性结合的球蛋白，存在于血液、体液、黏膜分泌液及 B 淋巴细胞膜中，是构成体液免疫作用的主要物质。免疫球蛋白呈 Y 字形结构，由 2 条重链和 2 条轻链构成，单体相对分子质量 15 万～17万。免疫球蛋白包括 IgG、IgA、IgD、IgE 和 IgM，其中在体内起主要作用的是 IgG。

免疫球蛋白的生理功能包括：促进免疫细胞对病原体的吞噬，当第二次与相同病原体接触时可与之发生凝集反应。与补体结合后可杀死有害细菌和病毒，增强机体防御能力。与抗原结合导致某些诸如排除或中和毒性等变化或过程的发生。可促进免疫细胞对肿瘤细胞或受感染细胞的杀伤和破坏。还能通过胎盘传递给胎儿，增强胎儿和新生儿的免疫力。

蛋黄含较多免疫球蛋白。

4. 大豆球蛋白

大豆球蛋白是存在于大豆籽粒中的贮藏性蛋白的总称，约占大豆总量的 30%。由于其必需氨基酸组成接近标准蛋白，是一种优质蛋白。大豆球蛋白的氨基酸模式可满足 2 周岁幼儿至成年人对必需氨基酸的需要。

大豆球蛋白具有调节血脂功能。对血浆胆固醇含量高的人，大豆球蛋白有降胆固醇的作用。当摄取高胆固醇食物时，大豆球蛋白可防止血胆固醇的升高。对血液中胆固醇含量正常的人来说，大豆球蛋白可降低血液中 LDL/HDL 胆固醇的比值。此外大豆蛋白能改善骨质疏松、抑制高血压和平衡氨基酸。

（四） 功能性酶类

1. 辅酶 Q_{10}

辅酶 Q_{10}（CoQ_{10}）又名泛醌 10，是人体必不可少的一种辅酶，存在于人体所有细胞中，以心脏、肝脏、肾脏、胰脏中含量较高。

辅酶 Q_{10} 是细胞代谢和呼吸的激活剂，同时又是重要的抗氧化剂。辅酶 Q_{10} 具有很强的自由基清除作用，能增强机体的免疫力。辅酶 Q_{10} 对心脏病、恶性肿瘤、高血压、脑血管障碍、坏血病、急性肝炎等疾病有极好的疗效，可作为机体非特异性免疫增强剂、细胞代谢及细胞呼吸激活剂。辅酶 Q_{10} 可用于心血管疾病，如缺血性心脏病、风湿性心脏病、缩窄性心包炎、心肌炎、心绞痛、心律失常及高血压等，也用于充血性心力衰竭的辅助治疗。

人体可自己合成辅酶 Q。微量元素硒和维生素 B_2、维生素 B_6、维生素 B_{11} 和维生素 B_{12} 及烟酸都是合成辅酶 Q_{10} 的重要原料。但人体产生辅酶 Q 的功能随增龄而减弱，20 岁后开始下降，中年后出现缺乏。有研究表明 50 岁后大量出现的心脏退化和许多疾病与体内辅酶 Q 的浓度下降有关。

辅酶 Q 类化合物广泛存在于微生物、高等植物和动物中，其中以大豆、植物油及许多动物组织含量较高。鱼类，尤其是鱼油含丰富的辅酶 Q_{10}，其他如牛肉、动物的肝脏、心脏和肾脏，以及花生和豆油也含有较多的辅酶 Q。

2. 超氧化物歧化酶

超氧化物歧化酶（superoxide dismutase；SOD）是生物体内防御氧化损伤的一种重要的酶。常见有 Cu-SOD、Zn-SOD、Mn-SOD，还有 Fe-SOD。

SOD 可清除机体代谢过程中产生过量的超氧阴离子自由基，延缓由于自由基侵害而出现的衰老现象，如延缓皮肤衰老和脂褐素沉淀的出现。可提高人体对由于自由基侵害而诱发疾病如肿瘤、炎症、肺气肿、白内障和自身免疫疾病等的抵抗力。可提高人体对自由基外界诱发因子如烟雾、辐射、有毒化学品和有毒医药品等的抵抗力，以及增强机体对外界环境的适应力。可减轻肿瘤患者在放化疗时的疼痛及严重的副作用，如骨髓损伤或白细胞减少等。还有消除机体疲劳，增强对超负荷大运动量的适应力。

SOD 存在于几乎所有靠有氧呼吸的生物体内，包括动物、植物和微生物。大蒜富含 SOD，其他含 SOD 的食物有韭菜、大葱、洋葱、油菜、柠檬和番茄等。

3. 木瓜蛋白酶

木瓜蛋白酶又称木瓜酶，是一类巯基蛋白酶。广泛存在于番木瓜的根、茎、叶和果实内，在未成熟木瓜中含量最丰富。具有酶活高、热稳定性好、天然卫生安全等特点，广泛应用于食品行业。

（1）在豆类食品中的应用 大豆蛋白在使用中存在着在等电点易沉淀，黏度随浓度增大迅速升高等不利因素，而采用木瓜蛋白酶改性来改善大豆蛋白的理化性质效果良好。

（2）在肉类食品中的应用 木瓜蛋白酶是半胱氨酰基蛋白酶，能降解胶原纤维和结缔组织蛋白质，将肌动球蛋白和胶原蛋白降解成为小分子的多肽甚至氨基酸，令肌肉肌丝和筋腰丝断裂，使肉类变得嫩滑，并简化蛋白质结构使人体食用后易于消化吸收。

（3）在啤酒工业中的应用 在糖化过程加木瓜蛋白酶，能解决因麦芽溶解不好或辅料量大时麦汁 α-氨基氮不足的问题；在后发酵或清酒中加入木瓜蛋白酶，能防止啤酒浑浊沉淀，提高非生物稳定性。

（4）在医药中的应用 木瓜蛋白酶可做成肠溶片口服以达到消炎、消肿的目的，也可用于驱除肠道寄生虫或用木瓜蛋白酶水解动植物蛋白得到可供患者服用的水解蛋白。木瓜蛋白酶与其他药物配合用于治疗骨外伤和痔瘘等具有良好效果。还可用于处理坏死组织、治疗湿疹等多种疾病。

四、 有机酸类

指具有酸的属性，分子中含羧基（—COOH）、磺酸基（RSOOH）和硫酸基（RCOSH）等的有机化合物。包括芳香族有机酸、脂肪族有机酸和萜类有机酸。少数游离存在，多与钾、钠、钙等金属离子结合成盐，或与生物碱结合。

（一） 芳香族有机酸

1. 绿原酸

绿原酸（chlorogenic acid）是由咖啡酸与奎尼酸组成的缩酚酸，又名咖啡单宁酸。植物中的葡萄糖在酶的催化下转化成莽草酸，后者再转化成苯丙氨酸，最后经合成酶的作用得到绿原酸。绿原酸广泛存在于高等双子叶植物和蕨类植物中，主要存在于忍冬科忍冬属和菊科蒿属植物中。常见食物来源包括金银花、菊花、卷心菜、红薯叶、咖啡和山楂等。

绿原酸是一种有效的酚型抗氧化剂，含一定量 R—OH 基，能形成具有抗氧化作用的氢自由基，以消除羟自由基和超氧阴离子等自由基的活性，从而保护组织免受氧化作用的损害。绿原酸具有较强的抗菌消炎及抗病毒作用，能抑制突变和抗肿瘤。

2. 咖啡酸

咖啡酸（caffeic acid）又叫 3,4-二羟基桂皮酸，存在于许多中药中，如牛至、野胡萝卜、荞麦等。有报道咖啡酸具有广泛的生物学活性，如抗炎、抗肿瘤、免疫调节及抗氧化作用。由于咖啡酸广泛存在并具有多效低毒的特性，在医学上越来越多地受到人们的关注。

3. 阿魏酸

阿魏酸是普遍存在的一种酚酸，在植物细胞壁中，与多糖和木质素交联构成细胞壁的一部分，是阿魏、当归、川芎、升麻等中药的有效成分之一，因其具有较强的抗氧化活性和防腐作用而被广泛应用于医药、农药、保健品、化妆品原料和食品添加剂等。

阿魏酸具有很好的抗氧化活性，对过氧化氢、超氧自由基、羟自由基、过氧化亚硝基都有强烈的清除作用。阿魏酸具有抗血栓、降血脂、抗菌消炎作用。此外，阿魏酸能通过抑制脂质氧化、降低血清胆固醇和抗血栓作用而防治动脉粥样硬化，从而治疗冠心病。

4. 菊苣酸

菊苣酸是菊苣和紫锥菊中极为重要的免疫活性成分之一。近年来的药理研究表明，菊苣酸具有增强免疫功能和抗炎作用，并能抑制透明质酸酶，保护胶原蛋白免受可导致降解的自由基的影响。

5. 鞣花酸

鞣花酸又名并没食子酸，是没食子酸的二聚衍生物，是一种多酚二内酯。广泛存在于各种软果、坚果等植物组织中的一种天然多酚组分。

天然的鞣花酸是一种多酚化合物，表现出对化学物诱导癌变及其他多种癌变有明显的抑制作用，特别是对结肠癌、食管癌、肝癌、肺癌、舌及皮肤肿瘤等有很好的抑制作用。此外，鞣花酸还具有抗氧化、抗突变、抗菌、抗病毒、凝血、降压、镇静等多种生理作用。

（二） 脂肪族有机酸

1. 柠檬酸

柠檬酸又名枸橼酸，具有令人愉悦的酸味，入口爽快，无后酸味，安全无毒，被广泛应用于轻工行业。柠檬酸普遍用于各种饮料、汽水、葡萄酒、糖果、点心、饼干、罐头、果汁、乳制品等食品的制造，在改善食品感官性状的同时，可增强食欲和促进体内钙、磷等的消化吸收。柠檬酸也可用作食用油的抗氧化剂。

在凝血酶原激活物的形成及凝血过程中必须有钙离子参加。枸橼酸根离子与钙离子能形成一种难以解离的可溶性络合物而降低血中钙离子浓度，使血液凝固受阻。因此在输血或化验室血样抗凝时，可用作体外抗凝药。

2. 肌酸

肌酸（creatine）是一种被广泛使用的肌力增强剂，肌酸是合成磷酸肌酸的重要原料，磷酸肌酸是能量的"后备来源"或"仓库"，当 ATP 水平下降时，磷酸肌酸可使 ATP 再合成。补充肌酸可增加肌肉磷酸肌酸储备。

补充肌酸可促进运动后肌糖原的积聚，增加肌肉力量。补充肌酸还可能具有直接抗氧化特性，从而延迟运动性疲劳的发生，提高机体运动能力。肌酸可加速氨基酸的吸收，促进人体蛋白质的合成。

人体可自行合成肌酸，也可以由食物中摄取。肌酸存在于鱼、肉等食物中，但数量很少。

（三） 萜类有机酸

萜类有机酸在自然界种类繁多，分布广泛。其中，含五环三萜母核的萜类化合物具有广泛的药理作用和重要的生物活性，尤其在抗炎、护肝、抗肿瘤及机体免疫调节等方面具有很好的药理特性。

1. 熊果酸

熊果酸（ursolic acid，UA）又名乌苏酸，是一种存在于许多植物中的天然三萜类化合物，主要来源于木犀科植物女贞的叶、唇形科植物夏枯草的全草、杜鹃花科植物熊果的叶和果实、蔷薇科植物枇杷的叶以及玄参科植物毛泡桐的叶中。在自然界中分布广泛，不良反应小，其生物活性可涉及抗肿瘤、护肝、心血管、糖尿病、抗炎、抗病毒等多个领域。

2. 齐墩果酸

齐墩果酸（oleanolic acid，OA）是五环三萜类化合物，是一种天然产物化学成分，广泛分布于植物界，如桑叶、青叶胆、女贞子等，主要提取来源木犀科植物齐墩果（油橄榄）的叶。OA以游离或结合成苷的形式存在。自20世纪70年代被用于治疗肝炎以来，不断发现新的药理作用而引起普遍重视，并进行了深入研究。齐墩果酸具有护肝、抗肿瘤、抗氧化、抗胃溃疡、抗高血压、降血脂、降血糖等作用。

3. 甘草次酸

甘草次酸（glycyrrhetinic acid，GA）是甘草的主要有效成分，是甘草酸及其盐（即甘草甜素）在人体内经胃酸水解得到的主要药理学活性物质。甘草次酸具有抗炎、抗病毒、抗溃疡、抗肿瘤、增强免疫等作用，还具有保肝、抗肝纤维化及保护心血管系统等作用。

五、 酚类化合物

酚类化合物指芳香烃苯环上的—H被—OH取代所生成的一大类含有酚羟基的化合物。根据其结构特点，可将其分为类黄酮类酚类化合物和非类黄酮酚类化合物。

酚类化合物含有的酚羟基是极好的氢供体和电子供体，易氧化形成比较稳定的酚类自由基，是很好的抗氧化剂。除抗氧化作用外，许多酚类化合物具有抗菌消炎、抗病毒、抗变态及降血脂等作用。

（一） 类黄酮类酚类化合物

以前黄酮类化合物（flavonoids）主要指基本母核为2-苯基色原酮类化合物，现在泛指具有2-苯基苯并吡喃的一系列化合物，主要包括黄酮类、黄烷酮类、黄酮醇类、黄烷酮醇、黄烷醇、黄烷二醇、花青素、异黄酮、二氢异黄酮及高异黄酮等（表2-1）。

2-苯基色原酮　　2-苯基苯并吡喃

27

表 2-1　生物类黄酮类化合物的主要结构类型

名称	黄酮类 (flavones)	黄酮醇 (flavonol)	二氢黄酮类 (flavanones)	二氢黄酮醇类 (flavanonols)	花色素类 (anthocyanidins)	黄烷-3,4-二醇类 (flavan-3,4 diols)	双苯吡酮类 (呫酮类) (xanthones)
三碳链部分结构							

名称	黄烷-3-醇类 (flavan-3-ols)	异黄酮类 (isoflavones)	二氢异黄酮类 (isoflavanones)	查耳酮类 (chalcones)	二氢查耳酮类 (dihydrochalcones)	橙酮类 (aurones)	高异黄酮类 (homoisoflavones)
三碳链部分结构							

资料来源：宋晓凯主编. 天然药物化学 ［M］. 北京：化学工业出版社，2004.

1. 生物类黄酮类主要功能作用

生物类黄酮类化合物多以苷的形式存在，由于结合糖的种类、数量、连接位置及连接方式不同，可以组成各种各样黄酮苷类。在生物类黄酮结构中常连接有酚羟基、甲氧基、甲基、异戊烯基等官能团，是药用植物中主要的活性成分之一。

生物类黄酮是自由基猝灭剂和抗氧化剂，能有效防止脂质过氧化引起的细胞破坏，起到抗癌防癌作用。生物类黄酮具有扩张血管的作用，能够改善心血管平滑肌的收缩舒张功能。生物类黄酮能够促进胰岛 B 细胞的恢复，降低血糖和血清胆固醇，改善糖耐量，对抗肾上腺素的升血糖作用，同时它还能抑制醛糖还原酶，因此可以治疗糖尿病及并发症。此外生物类黄酮能增强机体的非特异免疫功能和体液免疫功能，具有抑菌、抗病毒、抗动脉硬化、降低胆固醇、解痉和辐射防护作用。

2. 主要生物类黄酮类及来源

（1）花色素类　花色素是一类广泛存在于植物中的水溶性色素，最常见的花色素类有天竺葵素、矢车菊素、飞燕草素、芍药色、3′-甲花翠素和锦葵色素。常见水果蔬菜如紫甘薯、越橘、酸果蔓、蓝莓、葡萄皮、黑加仑、黑米和红甘蓝等均富含花色素类。

（2）黄烷醇类　黄烷醇类又称儿茶素，是常见的多酚类化合物，是原花青素以及鞣质的组成成分，也是日常饮食中富含抗氧化剂的营养成分。主要存在于木本植物中。茶、山茶、银杏叶、沙枣的茎皮和枝等富含儿茶素。

（3）黄烷酮类　主要以游离苷元或糖苷的形式存在于柑橘类植物中，包括黄烷酮、橙皮素和橙皮苷、柚皮素和柚皮苷等。芸香科植物柚、葡萄柚、柑橘的果实，唇形科植物牛至、梧桐科植物球穗千斤拔的叶以及菊花、陈皮、枳壳、枳实、青皮等均含较高的黄烷酮类。

（4）黄酮类及黄酮醇类　黄酮类又称花黄素，是广泛存在于植物界的一类黄色素，在植物中多与糖结合成苷类。黄酮类呈棕色，黄酮醇类则有显著荧光且呈现亮黄色或黄绿色。均有多酚性羟基，因而具有酚类化合物的通性。目前研究报道较多的主要有根皮素、芹菜素、银杏黄酮、槲皮素及山楂黄酮等。

常见食物来源为蔬菜水果及茶叶等。苹果、梨、李、梅、樱桃、花红等蔷薇科植物的皮、根、枝叶和果实中富含根皮素。茶叶、芹菜、洋甘菊、迷迭香、荷兰芹、洋葱、苹果、橘子等富含芹菜素。洋葱、苹果、茶叶富含槲皮素，银杏叶及银杏果（白果）外皮含银杏黄酮。

(5) 异黄酮类　基本骨架为 3-苯基苯并二氢吡喃结构的一类化合物。除具有一般生物类黄酮的生理作用外,还具有弱雌激素活性,约为内源性雌二醇活性的十万分之一到千分之一,是最重要的植物雌激素之一。

目前报道的天然异黄酮化合物 200 多个,主要存在于洋葱、苹果、葡萄和大豆等天然食物。荚壳类尤其大豆丰富(主要分布于大豆种子子叶和胚轴)。遗传因素及加工工艺影响大豆异黄酮含量和种类分布。

(二)　非类黄酮酚类化合物

非类黄酮酚类化合物包括酚类及酚酸类、醌类、香豆素类和鞣质等。

1. 酚类及酚酸类

包括简单酚类(如香草酚、愈创木酚及麝香草酚等)、简单酚酸类及衍生物(如没食子酸、鞣花酸、原儿茶酸、绿原酸、阿魏酸、丁香酸及咖啡酸等)。三羟基苯甲酸(特别是没食子酸)是可水解丹宁酸的组分之一。酚酸类(phenolic acids)是一类含有酚环的有机酸,存在于许多植物中,以干果的含量较高。

酚类及酚酸类具有酚性羟基而具有一定的抗氧化活性,单酚酸抗脂质过氧化效应为维生素 E 的千余倍。有抗凝、降血脂及抗动脉粥样硬化作用,可保护血管内皮细胞、减少白细胞黏附,起活血化瘀和抗血栓形成作用。还有抗菌消炎、改善微循环、抗肿瘤作用等。丁香酚有麻醉、驱除寄生虫和健胃作用。

2. 二苯乙烯类——白藜芦醇

白藜芦醇(resveratrol)又称虎杖苷元,是含有芪类结构的非黄酮类多酚化合物,存在于葡萄、松树、虎杖、决明子和花生等天然植物或果实当中。

白藜芦醇是许多植物受到生物或非生物胁迫(如真菌感染、紫外照射等)时产生的一种植物抗毒素。除了能提高植物的抗病性,白藜芦醇还具有多种生物学活性,其中最引人注目的是其在抗肿瘤中的作用,可对癌症发生的 3 个阶段(起始、增殖、发生)进行抑制乃至逆转。可通过减少心肌缺血-再灌注损伤、舒张血管、抗动脉粥样硬化等发挥心血管保护作用。其他生物学活性包括抗菌、抗病毒、抗变态反应及免疫调节作用等。

白藜芦醇可以被用作添加剂加到药品、酒类或化妆品中,以延缓衰老、保持肌肤水分、去除疮类及黄褐斑等。

3. 醌类——丹参酮、蒽醌类

(1) 丹参酮　丹参酮是中药丹参根中的脂溶性成分,包括十多个单体,其共同特点是具有邻醌或对醌结构,由于此类化合物易被还原为二酚类衍生物,后者又易被氧化为醌,在转变过程中起电子传递作用,参与机体的多种生物化学反应,而表现出多种药理作用。

丹参酮具有抗动脉粥样硬化作用、缩小心肌梗死面积、降低心肌耗氧量、抗心律失常作用、对心肌的保护作用和对神经细胞保护作用,从而保护心血管功能。还具有抗氧化和抗菌消炎及抗肿瘤作用。

(2) 蒽醌类　蒽醌类化合物(anthraquinones)是各种天然醌类化合物中数量最多的一类化合物。高等植物中含蒽醌最多的是茜草科植物;鼠李科、豆科(主要是山扁豆)、蓼科、马鞭草科、玄参科及百合科植物中亦较高,另外蒽醌化合物也存在于低等植物地衣和菌类的代谢产物中。

蒽醌类化合物具有抗菌消炎、抗病毒、抗癌、降血脂、保肝利胆、增强免疫、利尿及致泄等作用。其中，蒽醌类抗菌作用苷元活性一般比苷类强，如大黄酸、大黄素、芦荟大黄素对多种细菌有抗菌作用；蒽醌苷的致泻作用强于苷元，若酚—OH被酯化，则泻下作用消失。

4. 苯丙烷类——香豆素类、姜黄素类

（1）香豆素类　香豆素类化合物是邻羟基桂皮酸内酯类成分的总称。有简单香豆素、呋喃香豆素、吡喃香豆素、异香豆素及其他香豆素等。广泛存在于自然界，分布于许多植物和香料中，包括芸香科、伞形科、菊科、豆科、瑞香科、茄科等高等植物，在动物及微生物代谢产物中也有存在，是一种重要的香味增强剂，广泛应用于香水、化妆品、去污剂等行业中。香豆素类化合物具有多种生物学活性，包括抗氧化、抗HIV、抗肿瘤、抗炎等多种药理活性，在临床上广泛用于抗凝血和淋巴管性水肿的治疗。

（2）姜黄素类　包括姜黄素（curcumin）、去甲氧基姜黄素、双去甲氧基姜黄素，是从姜科姜黄属植物的根茎中提取的一类姜黄酚性色素类成分，其功能作用包括缓解类风湿关节炎症状、抗肿瘤作用以及降血脂、抗炎、利胆、抗氧化等作用。

5. 单宁类——原花色素、鞣酸单宁、没食子单宁

（1）原花色素　是指从植物中分离得到的一类在热、酸处理下能产生红色花色素的多酚类化合物。最简单的原花色素是黄烷-3-醇类（儿茶素类）和黄烷-3,4-二醇（花白素类）形成的二聚体，此外还有三聚体、四聚体等直至十聚体。按聚合度的大小，通常将二至五聚体称低聚体（简称OPC），将五聚体以上的称高聚体（简称PPC）。在各类原花色素中，低聚体分布最广，更具抗氧化和自由基清除能力。原花色素主要来源包括葡萄、山楂、松树皮、银杏、花生、野生刺葵、番荔枝、野草莓和可可豆等。

proanthocyaanidin
原花青素
(OPC)

原花色素的生理功能包括抗氧化、提高血管壁弹性、抑制癌细胞增殖、调节免疫、抗炎抗菌、改善视力、保肝等作用。特别是抗氧化清除自由基作用，而且帮助保存和再生维生素C和维生素E。来自葡萄籽中的原花青素能防止动脉粥样硬化、抑制血小板凝聚和血栓形成、增加高密度脂蛋白或高密度脂蛋白胆固醇、抑制低密度脂蛋白的氧化。国内外以葡萄籽中原花色素作为主要活性成分的药品及保健（功能）食品的开发较多。

（2）鞣酸单宁　鞣酸单宁（ellagitannins）又名鞣花单宁，是指6—OH联苯二酸或与6—OH联苯二酸有关的酚性羧酸与多元醇（如葡萄糖等）形成的酯。鞣酸单宁广泛存在于各种软果和坚果的植物组织中，在石榴、核桃、橡木、楸树中丰富。

鞣酸单宁主要功能作用包括抗菌抗病毒、抗氧化和抗肿瘤以及止血、降压等作用。红葡萄酒在发酵过程中，酒液会从橡木中汲取一定的单宁物质，是葡萄酒中重要的酚化合物，既是红葡萄酒重要的风味成分，又是对心血管疾病的预防有益的功能成分。

（3）没食子单宁　指具有鞣性的聚没食子酸与葡萄糖或多元醇酯化形成的多酚。相对分子质量一般500以上。可水解为GA和多元醇。中国五倍子、土耳其倍子、塔拉果荚、漆树叶和金缕梅树叶等富含没食子单宁。

没食子单宁可结合蛋白质、螯合金属离子。主要功能作用包括抑制癌细胞、抗菌抗病毒及抗氧化作用。

（郑晓吉）

思考题

1. 什么叫功效成分？功效成分可分为哪几类？
2. 什么是膳食纤维？其理化特性和生理功能是什么？膳食纤维在食品中有哪些应用？
3. 什么叫活性多糖？活性多糖有哪几种？有哪些生理功能？
4. 什么叫功能性低聚糖？功能性低聚糖有哪几种？
5. 哪些食物中富含γ-亚麻酸、DHA和EPA？其生理功能是什么？
6. 哪些食物富含磷脂和胆碱？说出卵磷脂的保健功能有哪些？
7. 牛磺酸、精氨酸和谷氨酸的生理功能是什么？

第三章 保健（功能）食品
功能因子（二）

1. 掌握生物碱类、萜类和益生菌类功能因子的生理作用，熟悉生物碱类、萜类和益菌类的应用。

2. 了解生物碱类、萜类和益生菌类的来源和生产方法。

一、 生物碱及含氮含硫化合物

生物碱（alkaloids）主要存在于植物界中，由植物新陈代谢产生的次生代谢产物（secondary metabolite），其分子构成的一大特点是含有氮元素，且具有较复杂的环状结构，大多呈碱性，一般具有生物活性。自然界中生物碱种类繁多，根据氮原子在分子中所处的状态，可将生物碱分为 6 大类：①游离碱；②盐类；③酰胺类；④氮-氧化物；⑤氮杂缩醛类；⑥其他如亚胺、烯胺等。

生物碱在保健（功能）食品中的应用并不多。常见的如褪黑素（melatonin）、荷叶碱（nuciferine）、天然甜菜碱（natural betaine）、咖啡因（caffeine）和硫代葡萄糖苷酯等，这些化合物具有复杂的结构及多样的生理活性。

有机含硫化合物主要来自葱属和十字花科植物，如蒜素、二烯丙基二硫、二烯丙基硫、二甲基二硫和二丙基二硫等，具有很强的抗炎、抗菌、肝解毒及预防心血管疾病的作用，在保健食品中具有较好的应用前景。

（一） 生物碱类

1. L-肉碱

L-肉碱（L-carnitine）即左旋肉碱，也称肉毒碱、维生素 BT 等，呈白色或类白色结晶性粉末，微有鱼腥味，易溶于水和甲醇、乙醇等，化学名为 β-羟基-γ-三甲铵丁酸，分子式为 $C_7H_{15}NO_3$。

（1）来源及制备 L-肉碱主要来源于动物，在羊肉和小牛肉中非常丰富。生产制备方法主要由动物组织中直接提取，也可通过化学方法合成和微生物发酵法等生产。

（2）生理功能 ①转运脂肪：左旋肉碱主要存在于线粒体膜上，将细胞浆内的脂肪酸转运到线粒体内供线粒体氧化供能，因此，L-肉碱就是一种脂肪运载工具。因此，L-肉碱与机体脂肪代谢密切相关，可促进脂肪酸的 β-氧化。②抗疲劳作用：动物实验发现，L-肉碱能有效延长实验动物的游泳时间，减轻体重及腹部脂肪量，显著降低血清中甘油三酯及总胆固醇的水平，降低乳酸及尿素氮含量。因此，L-肉碱具有较明显的抗疲劳作用。

（3）应用范围 中国 GB 17787—1999 批准左旋肉碱为食品添加剂，2010 年又被前卫生部批准作为食品新资源使用的物质。2012 年《中华人民共和国国家标准 GB 14880—2012》已将 L-肉碱列入营养强化剂。目前已经有 22 个国家在婴幼儿奶粉中加入了 L-肉碱。中国规定可用于婴儿配方食品，最大使用量为 5～15mg/100g，乳饮料为 600～3000mg/kg，乳粉 300～400mg/kg。但注意患有肝病或肾病的人不宜食用。

2. 荷叶碱

荷叶碱 (nuciferine) 主要来自睡莲科睡莲和荷花的叶片，纯品呈红棕色粉末，有特殊气味，不溶于中性和碱性溶液，其化学名为 1,2-二甲基阿扑啡，分子式为 $C_{19}H_{21}NO_2$，相对分子质量为 295.41。

（1）来源与制备　将睡莲科睡莲和荷花的叶片干燥制成粉状，用微波、超声、离子交换吸附和酶法等预处理，再用稀盐酸浸提和氯仿萃取法最后提取获得纯品。

（2）生理功能　①降脂减肥作用，对大鼠总胆固醇、甘油三酯及动脉粥样硬化指数都具有一定的降低效果；②抗病毒作用，荷叶碱具有一定的抗艾滋病病毒作用，而且对脊髓灰质炎病毒具有显著的降低其活性力作用；③抗菌作用，对细菌和酵母具有较强的抑制作用；④其他如抗氧化、抗心律失常等。

（3）应用范围　中国（卫法监发[2002]51 号）将荷叶列入"既是食品又是药品"，可应用于药品及保健品。但要注意的是，孕期和哺乳期妇女、儿童不宜食用荷叶类保健(功能)食品。

3. 辣椒素

辣椒素包括辣椒碱 (capsaicin) 和二氢辣椒碱 (dihydrocapsaicin) 两类。纯品辣椒素呈无色或白色针状结晶，对哺乳动物包括人类有刺激性并可在口腔中产生灼烧感。不溶于水但易溶于乙醇、苯及氯仿等有机溶剂。辣椒素的化学名为 (E)-N-(4-羟基-3-甲氧基苄基)-8-甲基-6-壬烯酰胺，分子式为 $C_{18}H_{27}NO_3$。

（1）来源与制备　辣椒素主要来自茄科植物辣椒的果实，不同种属辣椒的辣椒素含量差异很大。通常采用石油醚、乙醇、丙酮等溶剂萃取法提取。

（2）生理功能　①加速脂肪氧化和能量代谢，主要机制是加速乙酰胆碱和去甲肾上腺素的分泌；②镇痛和止痒作用；③抗炎作用；④其他，辣椒素可调节脂类过氧化、保护心血管和呼吸系统、抗癌、提高免疫力等功能。

（3）应用范围　中国已经批准辣椒素作为原料药和外用药品使用，也可作为保健食品原料。主要使用范围包括食品调味剂、保健食品和外用药物。注意对于高血压患者、乳母、孕妇及 2 岁以下儿童等人群，不建议使用辣椒素。

4. 咖啡因

咖啡因 (caffeine) 又称咖啡碱、咖啡精、茶素等，属嘌呤生物碱类。纯品咖啡因呈白色粉末或针状结晶，易溶于温热的水、乙醇、氯仿和苯等溶液中，味苦。化学名为 1,3,7-三甲基黄嘌呤，分子式为 $C_8H_{10}N_4O_2$。

（1）来源及制备　咖啡因主要来自咖啡豆和茶叶中，其他如巧克力、可可籽、槟榔和可乐果等 60 多种植物中也含一定量的咖啡因。其中茶叶中含 2%～4% 的咖啡因，是医用咖啡因的重要来源。利用升华法、溶剂法、吸附法等可从原料中提取咖啡因。此外，也可通过化学合成法生产咖啡因。

（2）生理功能　①兴奋剂，主要兴奋中枢神经系统；②利尿作用；③刺激胃酸分泌；④增加血葡萄糖和游离脂肪酸的作用等。

（3）应用范围　GB 2760—2011 规定咖啡因可用于可乐饮料，最大使用量为 150mg/kg。咖啡因作为食品添加剂，主要用于咖啡、可乐、茶和巧克力等食品。在保健（功能）食品中，作为能量补充剂。需要注意的是儿童、孕妇应慎服。

5. 甜菜碱

甜菜碱（betaine，glycine betaine）又称甘氨酸三甲基内盐、三甲铵乙内酯或三甲基甘氨酸，属季铵型生物碱。甜菜碱常呈鳞状或棱状白色结晶，味甜。具有氨基酸特性，即属于两性成分，水溶液呈中性，极易溶于水，可溶于甲醇、乙酸等，分子式为 $C_5H_{12}NO_2$。

（1）来源及制备　含甜菜碱比较多的有甜菜、无脊椎海洋动物、麦胚、麦麸和菠菜等。此外，地骨皮、枸杞子、黄芪、连翘等中草药也含有一定量的甜菜碱。胆碱氧化可转化为甜菜碱。甜菜碱可通过天然提取和化学合成制得，后者成本相对较低。

（2）生理功能　①提供甲基，参与半胱氨酸转化蛋氨酸的反应过程中，可预防高同型半胱氨酸血症；②调节体内渗透压；③促进脂肪代谢和蛋白质合成。

（3）应用范围　中国批准甜菜碱（天然提取）为食品用香料（中华人民共和国卫生部公告，2007 年第 5 号），并允许天然甜菜碱为饲料添加剂（GB/T 21515—2008）。甜菜碱在小麦和小麦食品中含量最高（＞1mg/100g）。在生意大利面、法式脆饼、奶酪饼干、通用面粉中的含量也较高。甜菜碱可用于保健食品。特别注意的是，孕妇和哺乳期女性应避免使用甜菜碱补充剂。

（二）　含氮化合物

褪黑素（melatonin）又称松果体素，由哺乳动物和人类的松果体分泌产生的一种吲哚类激素。纯品褪黑素呈白色结晶或结晶性粉末，具有热稳定性和光敏性，微溶于水，易溶于热水和丙二醇以及酸、碱、食盐水和乙醇中，不溶于其他有机溶剂和油脂。化学名 N-乙酰基-5-甲氧基色胺，分子式为 $C_{13}N_2H_{16}O_2$。

（1）来源及制备　褪黑素存在于所有生物体中。其生物合成受光周期调控，夜间褪黑素分泌量比白天多 5～10 倍，凌晨 2～3 点达到峰值。褪黑素主要由生物提取和化学合成制得，生物提取主要利用牛羊脑中的松果体来制取；化学合成法则以间甲酚为原料形成关键中间体 5-甲氧基吲哚，与乙醚、醋酐等作用制备。

（2）生理功能　①改善睡眠作用；②抗衰老作用；③调节免疫作用和抗肿瘤作用。

（3）应用范围　中国批准的含褪黑素的保健（功能）食品仅限于改善睡眠功能，适宜人群为睡眠状况不佳者。推荐摄入量每天 2～3mg。未成年人、妊娠及哺乳期女性、自身免疫性疾病（类风湿等）及甲亢患者均不适合使用。另外，对于从事驾驶、机械作业或危险操作者，严禁在工作时使用。

（三）　含硫化合物

1. 蒜素

蒜素（allicin）又名蒜辣素、大蒜素，主要存在于百合科大蒜（*Allium sativum* L.）的球形鳞茎中。纯品蒜素呈黄色油状液体，有大蒜异臭，对皮肤有刺激性。稍溶于水，易溶于乙醇、乙醚等有机溶剂。对热和碱不稳定，对酸较稳定。化学名为二烯丙基二硫化物，分子式为 $C_6H_{10}OS_2$。

（1）来源及制备　新鲜完整的大蒜瓣中主要含蒜氨酸，即蒜素的前体。当蒜氨酸暴露于空气（氧气）中时，可在蒜氨酸酶作用下迅速被转化为蒜素。生产制备蒜素的主要方法是以大蒜鳞茎为原料提取蒜素。

（2）生理功能 ①杀菌作用；②抗氧化和增强机体免疫力；③心血管疾病预防作用，包括降低血压、抑制血小板聚集和黏附性、降低血 LDL、降低同型半胱氨酸等功能；④预防消化道肿瘤作用。

（3）应用范围 中国批准蒜素可作为药品和保健食品。保健功能主要包括辅助提高免疫力和辅助调节血脂、有助于抗氧化等。大蒜可以生食，作为食物的增味剂。患有溃疡病、慢性胃炎、胃酸过多者，应少吃。

2. 异硫氰酸酯和莱菔硫烷

异硫氰酸酯（isothiocyanate）是硫代葡萄糖苷酯的水解产物之一，呈微黄色液体，易溶于水、甲醇、乙醇、氯仿和乙醚，在 pH 3～8 的溶液中性质稳定。有刺激性臭味。

莱菔硫烷（sulforaphane）又称萝卜硫素、莱菔子素，属于脂肪族异硫氰酸酯，化学名为 DL-1-异硫氰基-4R-(甲基亚硫酰基)丁烷，分子式为 $C_6H_{11}NOS_2$。

（1）来源及制备 异硫氰酸酯广泛存在于双子叶被子植物和海绵体、红藻类等生物中，包括西蓝花、花椰菜、芜菁、焦青甘蓝、羽衣甘蓝、芥菜等。异硫氰酸酯的生产可通过天然提取和化学半合成法制得。天然提取法可直接经十字花科植物提取或采用酶技术水解硫代葡萄糖苷酯制得。半合成法则由硫氰酸盐为原料的相转移催化法合成异硫氰酸酯和以胺类化合物和二硫化碳为原料，在碱性条件下合成制得。

（2）生理功能 ①抗癌作用，包括乳腺癌、前列腺癌、膀胱癌、肺癌、胃癌、结肠癌和白血病等具有抗癌活性，②抗氧化作用；③莱菔硫烷还具有免疫调节作用；④ 抗菌作用，尤其是对沙门菌、大肠杆菌 O157：H7 等抑菌效果良好。

（3）应用范围 中国卫生部公告（2008 年第 13 号），批准异硫氰酸 3-丁烯酯、异硫氰酸 4-戊烯酯、异硫氰酸 5-己烯酯、异硫氰酸 2-丁酯、异硫氰酸异丁酯、异硫氰酸 6-(甲硫基）己酯、甲硫氰酸 5-(甲硫基）戊酯、异硫氰酸戊酯和异硫氰酸异丙酯为食品用香料新品种。由于许多蔬菜含有硫代葡萄糖苷酯的水解产物，因此，是一种常用的食品成分，此外，也应用于保健食品中。

3. 硫辛酸

硫辛酸（thioctic acid）又名 α-硫辛酸，纯品呈黄色结晶性粉末，易溶于苯、甲醇、乙醇，难溶于水，有一定的刺激性。化学名为 1,2-二硫戊环-3-戊酸，分子式为 $C_8H_{14}O_2S_2$。

（1）来源及制备 硫辛酸存在于绝大多数天然食物中，如动物肉类、内脏以及菠菜、花椰菜等含量都很丰富。硫辛酸的生产主要以化学合成为主，包括己二酸合成法、环己酮合成法和 6,8-二氯辛酸乙酯法等。

（2）生理功能 ①参与能量代谢，作为线粒体能量代谢的辅酶，参与 α-酮酸的氧化脱羧反应；②增强心肌功能，增加心肌对葡萄糖的摄取和利用，使心肌对氧的摄取能力及心肌内 ATP 水平恢复正常，增加心输出量；③抗氧化，硫辛酸可增加细胞内谷胱甘肽水平和还原再生多种氧化型抗氧化剂如维生素 C、维生素 E、谷胱甘肽、辅酶 Q、硫氧还蛋白等；④对重金属的中毒解毒作用，硫辛酸可螯合吸附铁、铜、汞等金属离子，抑制自由基的产生，降低过氧化程度。

（3）应用范围 中国批准硫辛酸可应用于保健食品和医药。保健食品用于延缓衰老或与其他抗氧化成分联合使用，食用剂量每天 20～100mg。妊娠及哺乳期妇女不适宜食用。

4. 吲哚-3-甲醇

吲哚-3-甲醇（indole-3-methanol）呈灰白色粉末，部分溶于冷水。化学式为 C_9H_9NO。

（1）来源及制备 吲哚-3-甲醇主要来自十字花科蔬菜中，如球芽甘蓝、卷心菜、花椰菜、芜菁、白菜和羽衣甘蓝等。目前生产方法主要以化学合成为主。

（2）生理功能 ①抗雌激素样活性作用；②抑制致癌物与 DNA 结合，具有预防肿瘤作用；③调节体内代谢酶活性，吲哚-3-甲醇可诱导药物代谢酶的活性，增加组织和靶器官中谷胱甘肽酶的活性，并转录性诱导谷胱甘肽 S 转移酶（GST）、环氧化物水解酶及醌氧化还原酶 NAD（P）H 的活性，参与解毒，预防氧化性损伤细胞的作用。

（3）应用范围 美国 FDA 已经批准吲哚-3-甲醇作为膳食补充剂使用。而我国和欧盟尚未对吲哚-3-甲醇批准使用于保健食品。

二、萜类

萜类（terpenoids）化合物主要存在于植物、昆虫及微生物等中，其结构特点是都具有异戊二烯 $(C_5H_8)_n$ 的基本通式，含有氧元素和不饱和键，故又称为萜烯类化合物。萜类常以碳原子数量可分为半萜、单萜、二萜、三萜、四萜等。

单萜类有环烯醚萜，如栀子苷（geniposide）、橄榄苦素（oleuropein）等。橄榄油中存在一种开环——环烯醚萜，具有抗氧化、降血压、预防心血管疾病、抗微生物等多种功效。

二萜类化合物由 4 分子异戊二烯单体聚合而成，二萜化合物多以树脂、内酯或苷等形式存在于自然界中。常见的二萜类化合物如甜菊苷，其甜度是蔗糖的 300 倍，可作为糖尿病和肥胖患者的蔗糖代用品。银杏内酯（ginkgolide）具有血小板活化因子活性作用，还具有一定的抗过敏、抗炎作用。

三萜类由 6 个异戊二烯单体连接而成，可分为无环三萜、三环三萜、四环三萜和五环三萜。游离的三萜类化合物通常与糖结合，称为皂苷。如鲨烯、人参皂苷（ginsenoside）、大豆皂苷（soyasaponin）、绞股蓝皂苷（gypenoside）、甘草皂苷（licorice saponins）、苦瓜皂苷（saponin from momordica）、三七皂苷（ notoginsenoside）、红景天苷（salidroside）、罗汉果甜苷（momordica glycosides）等。

四萜由 8 个异戊二烯单元构成，常见的四萜类化合物主要有番茄红素、虾青素和叶黄素等。此外，还有非上述分类中的萜类，如植物甾醇和柠檬苦素等，尤其是植物甾醇，具有显著的降低血胆固醇的作用。

（一） 单萜类及二萜类

1. 甜菊糖苷

甜菊糖苷（stevioside）为双萜类，属四环二萜类化合物，其甜度是蔗糖的 $250\sim300$ 倍且带有苦味和青草味。常温常压下呈白色或微黄色松散粉末或结晶，易溶于水和甲醇、乙醇、四氢呋喃等溶剂，不溶于苯、醚、氯仿等有机溶剂。耐热性和稳定性较好。分子式为 $C_{38}H_{60}O_{18}$。

（1）来源及制备 甜菊糖苷主要存在于菊科小灌木植物甜叶菊的叶中。工业化生产主要采用树脂吸附解析法等自然提取法。目前尚没有化学合成生产甜菊糖苷。

（2）生理功能 ①抗高血压，其可能机制为抑制细胞外液 Ca^{2+} 的内流，从而影响血管壁平滑肌收缩；②免疫调节作用；③刺激胰岛素的分泌，直接作用于胰岛 B 细胞而发挥作用，对 2 型糖尿病可能有一定的作用。

（3）应用范围 中国《食品添加剂使用卫生标准》GB 2760—2011 中明确规定，甜菊苷可作为甜味剂允许在糖果、糕点、饮料、调味料、蜜饯等食品生产过程中应用。作为甜味剂或原料也可应用于保健食品中。

2. 银杏内酯

银杏内酯(ginkgolide)属于二萜类化合物,主要包括银杏内酯 A、B、C、M 和 J 等 5 种,每个种类又分为若干亚类。

(1) 来源及制备　银杏内酯主要存在于银杏的叶、根、皮中。生产方法主要有自然提取法、组织细胞培养法和化学合成法。银杏内酯的自然提取通常采用溶剂萃取法、柱色谱法、溶剂萃取-柱色谱法、CO_2 超临界提取法等。

(2) 生理功能　①银杏内酯可有效促进脑血微循环,通过选择性地拮抗由血小板活化因子 (PAF) 诱导的血小板聚集,有效防止血小板聚集和血栓的形成;②抑菌抗炎作用,对革兰阴性菌引起的脓毒血症有治疗作用;③抗休克作用;④抗过敏作用。

(3) 应用范围　中国已将银杏叶列入可用于保健食品的物品名单。作为食物,银杏果实是我国居民常食的硬果类,并将其加工制成各类食品,如酒、饮料等。对于孕妇、乳母及儿童等建议不宜食用。

3. 橄榄苦素

橄榄苦素(oleuropein)又称橄榄苦苷,纯品呈白色或浅黄色晶体粉末。因含有多个酚羟基,属于植物多酚。在高温和阳光暴晒下,橄榄苦苷易分解。分子式为 $C_{25}H_{32}O_{13}$。

(1) 来源及制备　橄榄苦素主要存在于木樨榄属植物油橄榄、梣属植物日本白蜡树等植物的叶中,中药女贞属植物女贞的果实(俗称女贞子)中也含有一定量的橄榄苦素。目前主要通过天然提取法制得,如室温浸泡或热回流提取以及现代新技术——超临界 CO_2 萃取法、微波提取法等。

(2) 生理功能　①抗氧化作用,由于分子中含有多个酚羟基,可降低血浆脂质过氧化产物和蛋白羰基含量,并抑制高血糖和糖尿病引起的氧化应激反应;②抗肿瘤作用;③抑菌作用,主要抵抗支原体活性和抑制金黄色葡萄球菌生长等;④降血糖和降血脂作用。

(3) 应用范围　目前中国尚未批准用于保健食品中。美国已经批准其作为膳食补充剂原料,添加量为 10～12.5mg。对于孕妇、乳母及儿童等,建议不适宜使用。

(二) 三萜皂苷类

1. 人参皂苷

人参皂苷(ginsenoside)种类很多,常见的有:①五环三萜皂苷,其皂苷元为齐墩果酸,在自然界中普遍存在;②四环三萜皂苷,大多数人参皂苷属于此类。

(1) 来源及制备　人参是人参皂苷的主要来源。生产方法目前只有天然提取法。基本提取过程包括用醇类溶剂如甲醇、乙醇或正丁醇等对人参样品进行粗提,也可以预先用超声处理人参,提取液用醚或氯仿脱脂,再用柱色谱法对粗提样品进一步提纯制得纯度更高的人参皂苷。

(2) 生理功能　①改善认知能力,可改善动物中枢神经海马齿状回神经祖细胞的增殖和分化,通过增加神经的可塑性,抑制神经细胞凋亡的作用,减缓神经系统的退化速度,改善认知能力。此外,人参皂苷还通过降低各种神经性疾病对脑部的损伤,达到保护神经系统的作用。②保护血液及造血系统免受有害因素的伤害。③人参皂苷具有抑制心肌肥厚、血管内皮细胞凋亡及舒张血管等作用。④ 人参皂苷具有上调糖皮质激素受体表达及糖皮质激素结合的能力，从而表现出糖皮质激素样作用。另外，人参皂苷还可通过作用于下丘脑-垂体-肾上腺轴，提高血浆促肾上腺皮质激素和皮质激素水平，从而起到增强体力、促进生命活力、抗疲劳、抗衰老等作用。⑤其他作用：人参皂苷还具有细胞毒性作用、抗氧化作用和类激素样作用等。

（3）应用范围　中国前卫生部51号文批准人参皂苷可作为保健食品原料使用，使用范围包括有助于缓解运动疲劳、有助于改善记忆的保健食品等。在普通食品中可作为食品添加剂使用。一般建议孕妇、乳母、儿童禁用，患有心血管疾病、高血压、低血压或正在使用类固醇类药物的患者慎用。

2. 大豆皂苷

大豆皂苷（soyasaponin）呈白色粉末，具有微苦味和辛辣味，分子极性较大，其粉末对人体各部位的黏膜均有刺激性。大豆皂苷易溶于极性大的溶剂，如热水、含水稀醇、热甲醇和热乙醇中。

（1）来源及制备　大豆皂苷主要来源于大豆及其他豆科植物种子的胚轴和子叶中。目前生产方法为自然提取，包括有机溶剂回流提取、索氏提取、微波提取和超声提取。

（2）生理功能　①调节血脂代谢：大豆皂苷可降低体内转氨酶的活性或含量，抑制因肾上腺素作用造成的脂肪细胞中的脂质化过程；抑制促肾上腺皮质激素诱导的脂质过氧化过程，并可降低血胆固醇水平等。②抗氧化作用：大豆皂苷可增加超氧化物歧化酶（SOD）含量、降低过氧化脂质（LPO）、清除和减轻自由基对机体的损害。③抗肿瘤作用：大豆皂苷对人肺癌细胞、胃腺瘤细胞和结肠瘤细胞均具有一定的抑制和杀灭作用。④调节血糖代谢：动物实验发现，大豆皂苷可降低糖尿病大鼠血糖、血小板聚集率及血栓素 A_2（TXA_2）、前列环素（PGI_2）值，提高胰岛素水平，表现出抗糖尿病作用。⑤其他：大豆皂苷还具有一定的免疫调节功能、抗凝血作用、抗病毒作用和保肝作用等。

（3）应用范围　美国将大豆皂苷列入有毒植物数据库。中国尚未明确大豆皂苷的应用范围。但对于孕妇、乳母、儿童不宜食用。另外，对准备进行手术的患者、手术恢复期的患者、患有甲状腺肿大及甲状腺功能亢进症和血友病患者，应禁忌使用。

3. 绞股蓝皂苷

绞股蓝皂苷（gypenoside）种类众多，目前发现的有多达80余种。纯品绞股蓝皂苷呈白色至浅棕色粉末，味苦，无气味。易溶于水及热乙醇。难溶于乙醚和苯。分子式为$C_{41}H_{68}O_{13}$。

（1）来源及制备　绞股蓝皂苷存在于葫芦科植物绞股蓝中。常用生产方法有超声波法、微波辅助萃取法、超临界流体萃取法、乙醇回流提取法。

（2）生理功能　①改善和调节脂质代谢失衡作用，即降低血清中总胆固醇、甘油三酯和低密度脂蛋白（LDL），增加高密度脂蛋白（HDL）的作用；②抗肿瘤作用；③护肝作用和抗肝纤维化的作用；④抗氧化作用，绞股蓝皂苷可提高超氧化物歧化酶（SOD）的活性，抑制组织脂褐质的形成并明显减少成年大鼠组织中过氧化脂质的含量；⑤其他，绞股蓝皂苷具有一定的抗血栓形成以及可保护因心肌梗死、心肌缺血和脑缺血的损伤的保护作用。

（3）应用范围　中国已将绞股蓝（包括绞股蓝皂苷）列入可用于保健食品的物品名单，生产绞股蓝饮料、运动饮料、袋装茶等。需要注意的是，孕妇、乳母和儿童不宜使用绞股蓝（包括绞股蓝皂苷）成分。

4. 苦瓜皂苷

苦瓜皂苷（bitter saponin）又称苦瓜皂苷，有 A、B、F、G、I 等 11 个类型，呈无色或乳白色粉末，不易结晶。易溶于水、热甲醇和乙醇，难溶于丙酮和乙醚。有吸湿性且易潮解。

（1）来源及制备　苦瓜皂苷主要来自于葫芦科植物苦瓜的果实和种子。主要生产方法为自然提取，包括有机溶剂（乙醇）提取法、超声提取法、大孔吸附树脂法、微波提取法、超临界 CO_2 萃取等。

（2）生理功能　①苦瓜皂苷可调节血和肝脏的甘油三酯和胆固醇的含量；②降低血糖作用；③有助于增强机体免疫力；④有助于抗氧化作用，研究发现苦瓜皂苷具有良好的抗氧化功能，苦瓜皂苷能够增强巨噬细胞分泌 TNF-α，从而显著增强 SOD、GSH-Px 的活力；⑤调节内分泌功能、抗肿瘤和抗病毒等作用，有研究发现，鲜苦瓜汁、苦瓜粗提液对雄性大鼠有抗生育作用，α-苦瓜素、β-苦瓜素有致流产、致畸胎作用。

（3）应用范围　目前世界上没有查及相关国家批准合法将苦瓜皂苷应用于食品或药品中。孕妇、乳母不宜过量食用苦瓜或含有多量苦瓜皂苷的食品。

5. 番茄红素

番茄红素（lycopene）是一类含有 11 个共轭双键的多双键的脂溶性色素化合物。分子式为 $C_{40}H_{56}$。天然的番茄红素有 94%～96% 为全反式番茄红素，人工合成的番茄红素都为红色至黑紫色的结晶粉末，不溶于水，溶于氯仿和四氢呋喃，微溶于乙醚、己烷和植物油，几乎不溶于甲醇和乙醇。番茄红素对光、热及氧气不稳定，易将其从反式构型转换成顺式构型。人类自身不能合成番茄红素，需通过膳食等补充，番茄红素吸收后可广泛分布于血液、肾上腺、肝、睾丸、前列腺、乳腺、卵巢、消化道等组织器官中，其中血液、肾上腺和睾丸含量较多。

（1）来源及制备　番茄红素主要分布于植物性食品，如番茄（3～20mg/100g）、西瓜（2.3～7.2mg/100g）、南瓜、李子、柿子、胡椒果、桃、番木瓜（0.11～5.3mg）、番石榴（粉红色）（5.23～5.50mg/100g）、芒果、葡萄、葡萄柚（粉红）（0.35～3.36mg/100g）、红莓、云莓、柑橘等的果实，茶的叶片及萝卜、胡萝卜（0.65～0.78mg/100g）等。生产方法主要有机溶剂提取法、超临界 CO_2 萃取法、高效液相色谱法、酶法、微生物发酵法及直接粉碎法等提取方法。现已经可以人工合成番茄红素。

（2）生理功能　①抗氧化作用，番茄红素是目前所知的最有效的淬火单线态氧，捕捉过氧化自由基的一类植物化学物质，其抗氧化能力是 β-胡萝卜素的 3.2 倍，更是维生素 E 的100 倍之多。②降低血脂，减少动脉粥样硬化和冠心病的发病风险。③有助于提高免疫力，番茄红素对特异性和非特异性免疫都具有明显的促进作用。主要通过增强细胞间隙连接通信，促进吞噬细胞和淋巴细胞间的相互作用，通过分泌白介素 2-(IL-2)、白介素-4(IL-4)等增强细胞的吞噬能力和促进淋巴细胞转化来增强免疫功能。④抗肿瘤作用，番茄红素可抑制乳腺癌、肺癌及子宫内膜癌细胞的生长等。

（3）应用范围　许多国家已将番茄红素批准用作着色剂。中华人民共和国原卫生部2008 年第 27 号公告显示合成的番茄红素被用于食品色素和食品添加剂，应用范围包括冷冻乳制甜品、乳类产品、酱、瓶装水、碳酸饮料、水果与蔬菜汁、大豆饮料、糖果、汤、色拉酱和其他食品与饮料等，也可用于保健食品，作为抗氧化、有助于增强免疫力的声称。

6. 叶黄素

叶黄素（xanthophylls）是一类由多种共轭多烃类含氧的衍生物组成，主要包括叶黄素（lutein）、玉米黄质（zeaxanthin）、α-胡萝卜素、隐黄素（cryptoxanthin）、虾青素（astaxanthin）、紫黄质（violaxanthin）和辣椒红素等。叶黄素是 α-胡萝卜素的衍生物，分子式 $C_{40}H_{56}O_2$。叶黄素呈橙红色粉末，不溶于水和乙醚，溶于油脂、乙醇，易溶于正己烷。具有耐光、耐热、耐酸、耐碱等特点。叶黄素不具有维生素 A 活性。

（1）来源及制备　叶黄素主要存在于深绿色蔬菜类中，富含叶黄素的植物有万寿菊花、新鲜甘蓝、玉米、菠菜、西葫芦等，此外，瓜果类中，如猕猴桃、葡萄、柑橘等也含有较丰富的叶黄素。常用的生产方法有有机溶提取法，如用正己烷从万寿菊花瓣提取叶黄素。

（2）生理功能　①抗氧化作用，叶黄素通过淬灭单线态氧，抑制活性氧自由基的活性，阻止活性氧自由基对正常细胞的破坏，降低 LDL 的氧化性，增强机体的免疫能力；②保护视力和预防人体视网膜黄斑区病变，由于人体视网膜黄斑中的色素主要是叶黄素和玉米黄质，如果缺少这类色素，视网膜黄斑区功能退化加速，易发生病变，因此补充这类色素，可起到预防作用；③抑制肿瘤作用，尤其是对乳腺癌、前列腺癌、直肠癌和皮肤癌等都具有直接或间接的预防作用。

（3）应用范围　中国已经批准叶黄素为着色剂、营养强化剂和新资源食品。用于食品着色剂的食品主要有方便米面制品、焙烤食品、乳制品、饮料、即食谷物、冷冻饮品、调味品、糖果。叶黄素也可用于保健食品和特殊食品，如婴儿、幼儿和学龄前儿童配方食品。

7. 玉米黄质

玉米黄质（zeaxanthin）主要存在于玉米、菠菜、鸡蛋、鱼类、藻类等各种植物和动物中，纯品呈橙红色结晶性粉末，几乎不溶于水和乙醇，溶于乙醚、石油、丙酮、酯类等有机溶剂，呈透明橙红色溶液。玉米黄质在体内没有维生素 A 活性，遇光、热易失活，分子式为 $C_{40}H_{56}O_2$。

（1）制备方法　玉米黄质的生产方法主要包括超临界 CO_2 萃取法和化学合成法。

（2）生理功能　①保护视力和预防视网膜退化；②抗氧化作用，由于玉米黄质具有共轭不饱和双键的特性，具有较强与氧反应的能力，从而减少或预防低密度脂蛋白被氧化的作用；③抗肿瘤作用；④有助于增强免疫力，通过促进巨噬细胞的吞噬能力以及诱导其分泌 TNF-α 发挥增强免疫功能。

（3）应用范围　美国于 2000 年批准其为新的膳食资源（文案号 95S-0136）。2005 年允许玉米黄质声称"减少与年龄有关的黄斑变性或白内障的形成"的保健食品中（文案号 2004Q0180）。中国尚未有相关文献或文件批准将玉米黄质应用于食品中。

三、 有益微生物

益生菌是一类活的微生物，当摄入足够数量时，对宿主健康具有一定的调节作用。益生菌包括双歧杆菌、乳杆菌（Lactobacillus）和链球菌（Streptococcus）等有益菌株，能够合成某些维生素和其他生物活性物质，对有害细菌的增殖有抑制作用，对免疫功能有刺激和促进效果。双歧杆菌属（Bifidobacterium species）包括两歧双歧杆菌（Bifidobacterium bifidum）、婴儿双歧杆菌、长双歧杆菌、短双歧杆菌、青春双歧杆菌和动物双歧杆菌等。乳杆菌属（Lactobacillus species）包括德氏乳杆菌保加利亚种、嗜酸乳杆菌、干酪乳杆菌干酪亚种、罗伊氏乳杆菌、鼠李糖乳杆菌、鼠李糖乳杆菌、嗜酸乳杆菌等。链球菌属（Strep-

tococcus species) 有如嗜热链球菌。目前国内外已开发出数以百计的益生菌保健(功能)产品，如含益生菌的酸牛奶、酸乳酪、酸豆奶以及含多种益生菌的口服液、片剂、胶囊、粉末剂等。功能作用包括防治腹泻、缓解不耐乳糖症状、增强人体免疫力、缓解过敏作用等。

(一) 乳杆菌属

迄今为止已报道乳杆菌属有 112 个种，其中有 4 种主要用于保健食品，即德氏乳杆菌保加利亚种 (*Lactobacillus delbrueckii* subsp. *bulgaricus*)、嗜酸乳杆菌 (*Lactobacillus acidophilus*)、干酪乳杆菌干酪亚种 (*Lactobacillus casei* subsp. *casei*) 和罗伊乳杆菌 (*Lactobacillus reuteri*)。乳杆菌在食品工业上应用广泛，如乳制品、水果、蔬菜和肉制品的发酵。乳酸杆菌的细胞呈杆状、球形，排列成短链。革兰阳性、无芽孢。培养时，兼性厌氧，有时微好氧。

(1) 来源及制备　大多数乳杆菌属的菌种来自人、动物的肠道、泌尿道、人乳汁、酸奶和泡菜制品、发酵肉制品和发酵蔬菜等。培养条件：37℃，厌氧培养于 MRS 和 MC 培养基，或其他适于乳杆菌生长的培养基。

(2) 生理功能　①抑制致病菌的繁殖，研究发现某些嗜酸乳杆菌菌株能有效抑制致病菌的黏附，并能自身定植和替代致病菌，保护机体免受病原菌的入侵，尤其是能抵抗如大肠杆菌 (O157：H7 菌株) 等常见致病菌株，限制大肠杆菌的数量；②改善人类肠道对乳糖不耐症的反应；③调节结肠中微生物菌群的微生态平衡；④有助于调节人体免疫力；⑤减少或减缓肠道腹泻。

(3) 应用范围　截至 2003 年，我国批准可用于保健食品的乳杆菌有保加利亚乳杆菌、嗜酸乳杆菌、干酪乳杆菌干酪亚种、罗伊乳杆菌等。2007 年将鼠李糖乳杆菌 GG (ATGC53103) (卫食新准字〔2007〕第 0001 号) 和鼠李糖乳杆菌 (HOWARU Rhamnosus) (卫食新准字〔2007〕第 0005 号) 列入进口新资源食品名单。我国 2010 年公布的"可用于食品的菌种名单"规定了 14 种乳杆菌可用于食品 (卫办监督发〔2010〕65 号)。发酵乳和传统泡菜等都是典型的食品中使用乳杆菌属的例子，也可用于保健食品中。我国规定活菌类保健食品在其保质期内活菌数目不得少于 10^6 CFU/mL (g)。

美国嗜酸乳杆菌在抑制肉类及家禽类制品中病原菌繁殖方面被认为是安全的。美国批准乳酸菌及其他类似微生物可直接应用于动物饲料和膳食补充剂中。

(二) 双歧杆菌属

双歧杆菌属 (*Bifidobacterium*) 的菌种形态很不一致，有弯状、棒状或分支状，可单生、成对或 V 形排列或成链状或玫瑰花结状或球杆状。染色不规则，常呈革兰阳性。不运动，不产芽孢，抗酸，染色阴性，厌氧生长。发酵碳水化合物活跃，发酵产物主要为乙酸和乳酸，不产生丁酸和丙酸。接触酶阴性。最适生长温度 37～41℃。主要应用于保健(功能)食品的双歧杆菌包括两歧双歧杆菌 (*Bifidobacterium bifidum*)、婴儿双歧杆菌 (*Bifidobacterium infantis*)、长双歧杆菌 (*Bifidobacterium longum*)、短双歧杆菌 (*Bifidobacterium breve*) 和青春双歧杆菌 5 个菌种 (*Bifidobacterium adolescentis*)。

(1) 来源及制备　双歧杆菌属的菌种主要来自人和动物的肠道或泌尿生殖道，以及食品如乳制品、发酵肉制品和发酵蔬菜等。培养条件：37℃，厌氧培养于 BBL、TPY、PYG 或改良 MRS 等培养基。培养方法主要为在特定的发酵培养基中接种纯菌种，进行培养、浓缩、冷冻干燥、粉碎、标准化、包装等工艺制备成商品化的冻干菌粉。

（2）生理功能　①改善乳糖不耐症，双歧杆菌在乳制品发酵过程中可产生乳糖酶消化乳糖，对乳糖酶缺乏者比较有利。②维持肠道菌群，双歧杆菌生长代谢中可产生乙酸和乳酸，使肠道呈酸性，从而控制由有害菌引起的异常发酵，抑制病原性及腐败性细菌的生长。③改善腹泻及缓和便秘，双歧杆菌所产生的乙酸及乳酸等有机酸能促进胃排空，增进肠道蠕动，提高粪便中的水分，降低肠阻滞，使习惯性便秘患者排便正常，从而缓和便秘。④有助于增强免疫力，双歧杆菌具有刺激免疫系统、增加抗体或巨噬细胞的吞噬能力，提高人体免疫能力，抵抗病原菌感染及抑制肿瘤的形成。⑤护肝和促进维生素和矿物质的吸收等。

（3）应用范围　中国青春双歧杆菌、动物双歧杆菌（乳双歧杆菌）、两歧双歧杆菌、长双歧杆菌、短双歧杆菌、婴儿双歧杆菌已列入卫生部组织制定的"可用于食品的菌种名单"（卫办监督发〔2010〕65号）。2007年将动物双歧杆菌BB12（卫食新准字〔2007〕第0002号）、乳双歧杆菌HOWARU Bifido（卫食新准字〔2007〕第0004号）和乳双歧杆菌BI-07（卫食新准字〔2007〕第0006号）列入进口新资源食品名单。在食品方面，可加入面包、水果制品、乳品等多种食品中。也可应用于保健（功能）食品中。

（三）链球菌属

目前我国批准使用于保健（功能）食品的链球菌就1种，即嗜热链球菌（*Streptococcus thermophilus*）。链球菌属的细胞呈球形或卵圆形，在液体培养基中，以成对或链状出现。不生芽孢，革兰阳性，兼性厌氧，无动力，生长需要丰富的培养基，有时需要CO_2。生长温度范围25～45℃（最适温度37℃）。

（1）来源及制备　在自然界，链球菌普遍存在，从水、乳汁、尘埃、土壤、动物和人体中都能分离到。生产方法主要是培养法，培养条件：37℃，厌氧培养于MRC和MC培养基。将纯菌种接种在特定的发酵培养基中，经过培养、浓缩、冷冻干燥、粉碎、标准化、包装等工艺制备成商品化的冻干菌粉。

（2）生理功能　①调节免疫，嗜热链球菌具有调节机体炎症反应作用，明显下调白介素IL-6的产量；②调节肠道菌群，嗜热链球菌和保加利亚乳酸杆菌混合培养发酵的乳酸饮品能补充人体肠道内的有益菌，维持肠道的微生态平衡，且可产生人体需要的某些营养素，抑制腐败菌，提高消化率；③改善便秘，抑制肠道致病菌等。

（3）应用范围　中国已经确定可用于保健食品的链球菌属为1个种，即嗜热链球菌，且批准嗜热链球菌可用于生产普通食品。并规定乳酸链球菌素可作为食品添加剂（防腐剂），可添加于熟制水产品，最大添加量为0.5g/kg。批准嗜热链球菌为可用于保健食品的益生菌。中国规定活菌类保健食品在其保质期内活菌数目不得少于10^6CFU/mL（g）。

四、维生素、矿物质及其他

（一）维生素、矿物质

维生素、矿物质主要作为营养强化剂和营养素补充剂使用于食品工业中。按照《食品营养强化剂使用标准GB 14880—2012》标准，可用于营养强化剂和营养素补充剂的维生素和矿物质的营养成分有维生素A、β-胡萝卜素、维生素D、维生素E、维生素K、维生素B_1、维生素B_2、维生素B_6、维生素B_{12}、尼克酸、叶酸、泛酸、生物素、维生素C。矿物质包括钾、钙、磷、镁、铁、锌、硒、锰、铜等。

维生素是食品中应用最早的一种强化剂，也是目前国际上应用最广最多的一个大类。维生素是维持人体正常生理功能，促进各种新陈代谢过程必不可少的营养素。在人体内几乎不能合成维生素,因此,必须从外界获得。目前,没有哪一种天然食物中能包含人体所需的全部维生素。在人们的膳食中,长期缺乏某种或几种维生素,可能产生某种特征性的疾病或特征性的症状,这种疾病通常称之为维生素缺乏症。如长期缺乏维生素 A 可引起夜盲症或皮肤干燥症、缺乏维生素 C 可引起坏血病、缺乏维生素 B_{12} 和(或)叶酸可引起恶性贫血等等。当人体补充所缺乏的维生素时,这些疾病或症状可缓解或治愈。

矿物质是构成机体组织和正常生理活动所必需的成分,它不能在机体内合成,但机体却离不开它。矿物质按其含量多少可分为常量或宏量元素和微量或痕量元素。前者人体含量较高,日需要量较大,如钙、磷、钾、钠、氯、镁等。后者人体含量少,日需要量较少。目前所知的必需微量元素有 8 种,即铁、锌、铜、碘、锰、硒、铬、钴。食物中的矿物质分布与环境中矿物质的分布密切相关,因此,人类矿物质的营养状况与所选择的膳食结构密切相关。由于地球化学环境的差异,各地食物资源矿物质含量有差异。矿物质的营养剂显得格外重要。近年来应用较多的矿物质类营养强化剂主要有铁、锌、钙以及碘强化剂等。

(二) 其他功能成分

1. 茶氨酸

自然界存在的茶氨酸(L-theanine)均为 L 型,纯品为白色针状结晶,极易溶于水,其味阈值为 0.06%。茶氨酸系统命名为 N-乙基 γ-L-谷氨酰胺(N-ethyl-L-glutamine)。具有焦糖香和类似味精的鲜爽味,能消减咖啡碱和儿茶素引起的苦涩味,是绿茶鲜爽滋味的主要来源和茶叶的主要呈味物质。

茶氨酸

(1) 来源及制备 茶氨酸是主要存在于山茶科植物中独特的非蛋白质氨基酸,在绿茶、乌龙茶、红茶等茶叶中均存在,含量依茶树品种和加工方式不同有较大变化,茶氨酸占干茶总重的1%~2%,在绿茶中含量较高,但总体而言,自然界中 L-茶氨酸含量不高,因此,生产茶氨酸的主要方法不是自然提取,而是以化学合成法、微生物发酵制备法、植物组织培养法等为主。

(2) 生理功能 ①谷氨酸是一种神经递质,通过激活离子型受体介导快速兴奋性突触传递,在记忆和学习中起重要作用,然而过量释放谷氨酸会产生神经毒性。茶氨酸与谷氨酸结构相似,体外和动物实验都证明茶氨酸可竞争性地与谷氨酸受体结合但没有内在活性,其结果是抑制谷氨酸的毒性作用,从而起到保护神经元的作用。②镇静功能,茶氨酸具有促进脑波中 α 波产生的功能,从而引起轻松、愉快的感觉。③降血压作用,实验表明,喂饲高剂量的茶氨酸后 (1500~2000 mg/kg),人为升压大鼠的收缩压、舒张压和平均血压均有明显下降。其机制可能通过调控神经递质进而调节周围神经系统,从而降低血压。④有助于提高认知能力,与咖啡因联合使用,可以有效提高记忆和学习等认知能力。⑤抗肿瘤,茶氨酸是谷氨酰胺的衍生物,二者结构相似,肿瘤细胞的谷氨酰胺代谢比正常细胞活跃,因此,作为谷氨酰胺的竞争物,茶氨酸可通过干扰谷氨酰胺的代谢来抑制肿瘤细胞的生长。

(3) 应用范围 早在 1985 年,美国食品和药品管理局 (FDA) 就确认合成茶氨酸是一般公认安全物质 (GRAS)。茶氨酸具有特有风味,已广泛应用于食品领域。①茶饮料的品质改良剂,由于茶氨酸可缓解咖啡因的苦味和茶多酚的苦涩味,在茶饮料生产过程中添加一定量的茶氨酸能明显改善茶饮料的品质。②改善食品风味的添加剂，茶氨酸也可抑制其他食品中的苦味和辣味，达到改善食品风味的目的。③保健食品的功能因子，茶氨酸具有镇静和提高记忆力等保健效果，因此，将来有可能作为功能性成分添加到保健食品中，开发出缓解神经紧张和益智的保健食品。

2. 二十八烷醇

二十八烷醇（octacosanol）化学名为 1（或 n）-二十八烷醇，分子式为 $CH_3(CH_2)_{26}CH_2OH$，俗名为蒙旦醇（Montanylalcohol）或高粱醇（Koranylalcohol），纯品呈白色粉末或鳞片状晶体，易溶于热乙醇、乙醚、苯、石油醚等有机溶剂，不溶于水。对酸、碱、还原剂稳定，对光、热稳定。

（1）来源及制备　二十八烷醇主要以蜡酯的形式存在于自然界中，许多植物的叶、茎、果实或表皮等都存在。常见的食物如苹果、葡萄、苜蓿、甘蔗、小麦和大米等食物中均含有二十八烷醇。目前，二十八烷醇的生产方法主要以天然植物蜡（如米糠蜡、甘蔗蜡等）为原料。常见的制备方法有溶剂法、超临界流体萃取法、还原法、分子蒸馏法、超声波水解法以及化学酯交换法等。

（2）生理功能　①促进能量代谢，增强运动耐力和提高肌肉运动能力；②改善神经系统的反应性；③增强心肌收缩力，促进血液循环；④有助于缓解运动性疲劳和抗缺氧能力。

（3）应用范围　已作为功能成分应用于保健食品和普通食品，如糖果、糕点、饮料等。这方面的研究和应用比较成熟的有日本和美国等。

3. 叶绿素

叶绿素（chlorophyll）是高等植物进行光合作用的重要物质，结构为一个镁和四个吡咯环上的氮结合以卟啉为骨架的绿色色素的总称。叶绿素呈脂溶性，可溶于丙酮、乙醇和石油醚等有机溶剂，不溶于水。

（1）来源及制备　叶绿素存在于植物叶和藻类生物中，目前主要以自然提取方法提纯叶绿素，常用竹叶、地椒草、二叶草、苜蓿叶、竺麻叶等为原料，用溶剂萃取。常见提取方法有丙酮研磨法、抽滤法、有机溶剂浸泡法、超声波提取、微波辅助提取和超临界流动萃取法。

（2）生理功能　①改善肠道微生态，预防便秘；②降低胆固醇；③抗癌抗突变；④预防贫血，主要通过刺激骨髓造血作用等而起到预防或治疗贫血效果；⑤保肝解毒；⑥对皮肤和黏膜组织具有一定的再生作用，可促进伤口愈合，如保护胃黏膜抵抗胃溃疡；⑦抗氧化作用。

（3）应用范围　目前叶绿素及其衍生物主要应用于医药行业，但同时，在普通食品中也含有一定量。在保健食品的生产过程中，也利用其生理功能开发相应的保健食品。

4. 肌醇

肌醇（inositol）分子式为 $C_{45}H_{87}O_{13}P$。在自然界中常以磷脂酰肌醇（phosphatidyl inositol，PI）形式存在。

（1）来源及制备　在自然界中肌醇常与其他磷脂类（如脑磷脂）以混合物的形式存在，在动物内脏如脑、肝、心及大豆中含量较高，脑中肌醇磷脂主要为二磷酸肌醇磷脂和三磷酸肌醇磷脂。磷脂酰肌醇通常可从上述组织或植物种子中提取。生产方法以磷脂酰肌醇分离纯化的方法有高效液相色谱法、溶剂法、柱色谱、酶法、化学反应法和超临界色谱法。

（2）生理功能　①参与细胞内信号转导，肌醇脂质中的某些代谢产物证实对多种组织细胞都有动员钙离子的作用，如肝细胞、白细胞、血小板、平滑肌、心肌、骨骼肌等。②肌醇脂质参与细胞内外物质运输信号传递，神经细胞突触囊泡的膜突触结合蛋白与某些肌醇脂质有很高的亲和性，增加了钙调节蛋白的浓度，使之达到神经末梢释放传递物质所需要的水平。③参与机体第二信使作用，完成机体重要的信息传递。如细胞内信号转导、离子转运、膜泡运输、细胞骨架再组装、核基因调控和细胞凋亡等。④调节血脂，磷脂酰肌醇具有调节血脂，增加高密度脂蛋白胆固醇水平，促进高密度胆固醇向肝和胆汁中转运，从而降低血胆固醇水平，降低心血管疾病的发病风险。

（3）应用范围《中华人民共和国国家标准 GB 14880—2012》已将肌醇列入营养强化剂，可应用于果蔬汁（肉）饮料（包括发酵型产品等），同时，肌醇也可作为功能成分应用于保健食品，功能为调节血脂和改善记忆。在普通食品中均存在肌醇磷脂。

（周玉林）

思考题

1. L-肉碱的作用原理是什么？为什么说单纯补充 L-肉碱不能减肥？
2. 蒜素具有哪些生理功能？如何处理大蒜才能获得尽量多的蒜素？
3. 叶黄素的主要生理功能有哪些？为什么说叶黄素可预防视力减退或改善视力？
4. 益菌类的作用原理是什么？
5. 比较人参皂苷和大豆皂苷的生理功能，两者有何区别？
6. 番茄红素的主要生理功能有哪些？为什么番茄红素的抗氧化活性比维生素 C 或维生素 E 都强？

第四章 保健（功能）食品的原料资源

可作为保健(功能)食品原料的物质包括已知化学组成与结构，对人体生理代谢起调节作用的功效成分及含有这些成分的植物类、动物类和微生物类天然食物资源。我国前卫生部先后公布了可作为保健(功能)食品原料的可用和禁用名单（见附录。部分保健(功能)食品原料资源主要功能成分及功能作用分述如下。

一、 根茎类保健（功能）食品原料资源

根茎类是指食用部分为植物的根或者茎，如常用食物或药食兼用资源葛根、山药、姜、大蒜及薤白等。也包括传统的草药资源如人参、甘草、麦冬、沙参、当归、黄芪、高良姜和白芷等。

（一） 姜

姜（*Zingiber officinale* Rosc.）是姜科植物姜的根，又名川姜、黄姜等。新鲜者为生姜，干燥后为老姜。姜的栽培在我国分布很广，以四川、贵州、陕西、山西、山东和广东等地产量较高。

1. 姜的主要成分

姜主要功能成分为具有一定挥发性的姜醇、姜烯、姜酮和姜辣醇类（姜辣素）等。姜的辛辣味成分为姜辣素（gingerol），香气则来自于其他挥发油成分，主要有莰烯、α-蒎烯、α-水芹烯、芳樟醇、香叶醛及橙花醛等。生姜含挥发油 $0.25\% \sim 3.0\%$，干姜含挥发油$2\% \sim 3.5\%$。

2. 姜的功效作用

生姜特有的"姜辣素"能刺激胃肠黏膜，增强消化，可有效治疗吃寒凉食物过多引起的腹胀腹痛、腹泻呕吐等。姜辣素可诱导人体内抗氧化酶 SOD 活性增强，抑制体内脂质过氧化物和脂褐质色素的形成，有抗衰老作用。姜辣素能使血管扩张、血流增加，全身产生温热，同时使毛孔张开、排出汗液，带走多余的热量，促使毒素外排，因此，生姜还具有解除毒素的作用（解半夏毒、天南星毒、鱼蟹毒及鸟兽肉毒）。所含姜酚有较强的利胆功能，可防治胆囊炎和胆石症。生姜含乙酰水杨酸，是血液的稀释剂和抗凝剂，对于降血脂、降血压和防治血栓形成具有特殊疗效。生姜有调节前列腺的功能，而前列腺在控制血液黏度和凝聚方面有重要的作用。干姜有温中散寒、回阳通脉及抗菌作用。姜提取物有抗组胺作用。

姜的利用包括姜茶、生姜原粉和生姜精粉。传统防暑中成药——人丹含有生姜成分，以驱风健胃和提神醒脑。鲜姜注射液可治风湿性或类风湿关节炎、关节痛、软组织伤痛。

（二）　大蒜

大蒜是百合科葱属植物蒜（*Allium satirum* L.）的地下鳞茎，为 1～2 年生草本植物，味辛辣，又称胡蒜。以其鳞茎、蒜薹、幼株供食用。我国南北均有种植，山东、河北等省产量最高。

1. 大蒜的主要成分

大蒜富含硫化亚磺酸（如大蒜素）酯类、氨基酸类、肽类、酶类、糖类及苷类等，其中酶类主要有 SOD、蒜氨酸酶及聚果糖酶和聚果糖苷酶等；糖类主要为聚糖。大蒜含硫化合物约 40 多种，有大蒜辣素、大蒜新素及蒜氨酸等，其中蒜氨酸（alliin，化学名为 S-烯丙基-γ-半胱氨酸亚砜）可在组织破坏时受蒜苷酶作用水解生成大蒜辣素（化学名为 2-丙烯基硫代亚磺酸烯丙酯）而产生大蒜特有的臭味。

蒜氨酸、大蒜辣素和大蒜新素结构如下。

蒜氨酸　　　　　大蒜辣素　　　　　大蒜新素

2. 大蒜的功效作用

中医认为大蒜有暖脾胃、消症积和解毒杀虫的功效。

现代医学研究显示大蒜含有的硫化合物及主要成分大蒜素有较强的杀菌作用，对多种致病菌如葡萄球菌、链球菌及白喉、痢疾、伤寒、副伤寒、结核杆菌和霍乱弧菌都有明显的抑制或绞杀作用。大蒜还能杀死多种致病真菌与钩虫、蛲虫、滴虫等寄生虫。大蒜素可通过增强机体免疫能力，阻断脂质过氧化形成及抗突变等作用。蒜素与维生素 B_1 结合可产生蒜硫胺素，具有消除疲劳、增强体力的作用。

大蒜有利于糖代谢，还具有降血脂、降血压及抗过敏等作用。有报道生食大蒜有提高正常人葡萄糖耐量的作用，同时还可促进胰岛素的分泌及增加组织细胞对葡萄糖的利用，从而降低血糖水平；生吃大蒜能够减轻过敏反应，特别是由温度变化所引起的过敏。

大蒜富含抗氧化酶 SOD，有抗衰老作用。

（三）　葛根

葛根是豆科植物野葛 [*Pueraria lobata* (*wied*) Ohwi] 或粉葛（*Pueraria homsonii* Bentn）的根，又名干葛、粉葛等，多呈长圆柱形，断面白色、黄白色或黄棕色。可人工栽培。以云南、四川、安徽、浙江等地最为丰富。

1. 葛根的主要成分

葛根富含纤维及淀粉，含多种氨基酸、矿物质和维生素。主要功能成分为生物黄酮中的异黄酮类以及三萜类化合物。

葛根素

葛根异黄酮类化合物包括葛根素（puerarin,）、葛根素-7-木糖苷、大豆素、大豆苷和大

47

豆素-4,7-二葡萄糖苷等。葛根中主要的活性成分之一葛根素是一种 C-糖苷型化合物，由于亲水性羟基较多，因此其水溶性比黄豆苷原好。

2. 葛根的功效作用

中医认为葛根有解表退热、生津止渴及升阳止泻作用。用于外感发热头痛、麻疹不透、热痢泄泻及消渴等。

现代医学研究显示，葛根总黄酮和葛根素能改善心肌的氧代谢，对心肌代谢产生有益作用，同时能扩张血管，改善微循环，降低血管阻力，使血流量增加，故可用于防治心肌缺血、心肌梗死、心律失常、高血压及动脉硬化等病症。葛根素有明显的降血糖作用，葛根所含黄酮类化合物有降血脂作用，能降低血清胆固醇和甘油三酯，用于防治高血糖和高血脂。

有研究报道葛根对学习记忆障碍有明程的治疗作用，葛根醇提取物能显著对抗东莨菪碱所致的记忆障碍，可用于防治老年性痴呆和记忆力差等。

（四） 其他根茎类原料资源

1. 百合

百合科植物卷丹、百合或山丹等的肉质鳞片，又称白百合。除含淀粉、蛋白质、脂肪、钙、铁、维生素 B_1、维生素 B_2、维生素 C、胡萝卜素等营养素外，百合鳞茎含有一些特殊的功能成分，如秋水仙碱等多种生物碱。百合具有润肺止咳、清心安神作用，还有抗疲劳、抗变态反应作用。

2. 薤白

百合科植物小根蒜的鳞茎，又名薤根、薤头、小蒜、野蒜等。薤白含脂肪酸、大蒜氨酸、大蒜糖、前列腺素、薤白苷 A 和 B。挥发油含二烯丙基硫、二烯丙基二硫、甲基丙烯基三硫化合物等。薤白中的含硫化合物有消炎杀菌和降脂作用，可用于感染性疾病及高脂血症；其特殊香气和辣味成分能促进消化，增加食欲，还可加强血液循环，起利尿祛湿的作用。

3. 山药

薯蓣科植物薯蓣或参薯的根。又称薯蓣、山芋、淮（白）山药及九黄姜等。根茎含淀粉、游离氨基酸、山药碱、多巴胺、碱素Ⅱ、植物甾醇类、维生素 C、黏液（甘露聚糖等）、鞣质及多酚氧化酶等。山药有健脾补肺、固肾益精等作用，还有降血糖、调节免疫和预防心血管疾病的功效。

4. 甘草

豆科植物甘草、胀果甘草或光果甘草（欧甘草）的根。又名美草、蜜草、甜草等。含甘草甜素、甘草素、黄酮类等。甘草有润肺止咳、缓急止痛及抗菌解毒作用。生用治咽喉肿痛、消化性溃疡及食物中毒等。甘草有抗感染、抗变态、抗肿瘤、抗肝损伤和降胆固醇的作用。

二、 叶类保健（功能）食品原料资源

该类原料资源主要有茶叶、银杏、芦荟、桑叶、荷叶、紫苏叶及淡竹叶等。

（一）茶叶

茶［*Camellia sinensis*（L.）O. Kuntze］属山茶科山茶属，也称茶叶。我国是世界最早利用茶叶的国家，几千年的中国茶叶发展史经历了从药用到食用到饮用的发展历程。根据加

工方式不同大致可分为绿茶、红茶、青茶（乌龙茶）、白茶、黄茶和黑茶六大茶类。其他如花茶、速溶茶（instant tea）等属于再加工茶。

1. 茶叶的主要成分

茶叶除含碳水化合物、脂类、蛋白质、维生素和矿物质等营养素外，茶叶中的氟、钾、碘、硒等高于一般植物，具有相应的健康效应。茶叶富含多酚类、嘌呤生物碱类、三萜皂苷、活性多糖、茶氨酸及γ-氨基丁酸（GABA）等生物活性成分。加上茶叶中的芳香物质、色素和有机酸等，构成了各种茶叶不同的风味特点及健康效应的差异。

占茶叶干重20%～35%的茶多酚（tea polyphenols，TP）是茶叶中酚类及其衍生物的总称，主要由黄烷醇类（儿茶素类）、黄酮类、黄酮醇类、花白素、花青素、酚酸及缩酚酸等组成。儿茶素（catechin）是茶多酚主体成分（结构如下），约占茶叶多酚的70%。

$R_1=R_2=H$时，称为儿茶素(catechin,简称C)

$R_1=H，R_2=OH$时，称为没食子儿茶素(gallacatechin,简称GC)

R_1=没食子酰基(—⟨ ⟩—OH），$R_2=H$时，称为儿茶素没食子酸酯
(catechin gallate,简称CG)

R_1=没食子酰基，$R_2=OH$时，式I即称为没食子儿茶素没食子酸酯
(gallacatechin gallate,简称GCG)

2. 茶叶的功效作用

茶是风靡世界的三大无酒精饮料之一，有多种功能作用。其中，茶多酚是茶中最重要的抗氧化成分，可预防自由基过量引发的相关疾病，如心血管疾病、炎症、癌症及延缓衰老等。

（1）对糖代谢、脂代谢和心血管疾病的影响　多酚及氧化产物茶黄素对人和动物体内的淀粉酶、蔗糖酶活性有抑制作用，同时茶多糖也有降血糖作用，因此，喝茶有预防糖尿病的效果。茶多酚及氧化产物有调节血脂及抗凝促纤溶作用，可通过直接扩张血管降低家兔血压，还可通过促进内皮依赖性松弛因子的形成、松弛血管平滑肌、增强血管壁和调节血管壁透性而起抗高血压作用；TP及咖啡碱可抑制血管紧张素Ⅰ转换酶（ACE）的活性，对高血压有一定的预防作用。此外，GABA和茶氨酸也有缓解血糖、降血脂和降血压作用。

茶中咖啡碱、肌醇、叶酸、泛酸和芳香类物质等多种化合物也能调节脂肪代谢，特别是乌龙茶对蛋白质和脂肪有很好的分解作用。所以饮茶有利于控制体重。

（2）抗变态、抗过敏和增强免疫功能　TP具缓解机体产生过激变态反应的能力，并对机体整体免疫功能有促进作用。茶叶抗变态反应能力与公认抗变态反应极为有效的甜茶相当。经发酵后的茶叶抗变态反应能力下降。蒸青茶抗变态反应能力最强，全发酵茶最弱。TP有较高的抗阻胺释放效果，可预防和治疗花粉过敏症。绿茶、红茶和乌龙茶对过敏反应有良好的抑制作用。茶叶活多糖及茶氨酸也有免疫增强作用。

（3）对中枢神经系统的影响　茶叶咖啡碱能兴奋中枢神经系统，振奋精神、消除疲劳、提高工作效率。茶氨酸可影响多巴胺释放来调节人的情绪，有镇静作用。GABA是重要的中枢神经系统的抑制性物质，有镇静神经，抗焦虑作用。

（4）消炎杀菌及抗病毒作用　儿茶素能杀灭食物病菌、植物病菌及生龋病菌，浓度低于日常饮用浓度。TP和茶色素对痢疾杆菌、金色葡萄糖球菌、伤寒杆菌、霍乱弧菌等多种有害菌有明显抑杀作用。饮茶可防治一些细菌性疾病如痢疾、伤寒、霍乱、肠炎、肾炎等。在民间就有喝浓茶治疗细菌性痢疾作用。茶皂苷也有抗细菌和霉菌的活性。

（5）抑制突变和癌变作用　儿茶素对某些聚环芳烃和 *N*-Me-*N*-亚硝基脲诱致的皮肤肿瘤有显著保护效应，且对人体内源性亚硝胺合成具阻断作用。表没食子儿茶素没食子酸酯

（EGCG）对甲基亚硝基胍诱发的小鼠十二指肠肿瘤有抑制作用，绿茶抽提物对甲基亚硝基胍诱发的小鼠结肠癌也有抑制作用等。

（6）松弛血管平滑肌和利尿作用　咖啡碱和茶碱有强心、解痉和松弛平滑肌的功效，能解除支气管痉挛，促进血液循环，是治疗支气管哮喘、止咳化痰、心肌梗死的良好辅助药物。茶叶中的咖啡碱和茶碱还有利尿作用，用于治疗水肿、水潴留。利用红茶糖水的解毒、利尿作用能治疗急性黄疸型肝炎。

茶多酚及其他功能成分还具有预防龋齿、抗疲劳、抗辐射、助消化、消炎止泻、调节甲状腺及抗血液凝固等作用。

（二）　银杏叶

银杏（*Ginkgo biloba* L.）为银杏科银杏属落叶乔木，又名白果、公孙树等，属国家二级保护稀有植物资源，我国主产地为湖南、湖北、浙江、江苏、广西及福建等省。银杏叶是银杏科植物银杏的叶，又名白果叶。

1. 银杏叶的主要成分

银杏含黄酮类、银杏萜内酯、白果内酯及银杏多糖等功能成分。其中，黄酮类化合物是银杏叶主要活性成分之一，目前为止，已分离出 40 多种黄酮类化合物。银杏萜内酯为二萜内酯，包括 A、B、C 和 M，是血小板活化因子拮抗剂。白果内酯为倍半萜衍生物，用于治疗神经病、脑病和脊髓病。

2. 银杏叶的功效作用

银杏叶中以黄酮为主的有效成分具有多样功能作用。其中，银杏黄酮和银杏内酯具有抗氧化作用，可降低人体血液中胆固醇水平，消除血管壁上的沉积成分，改善血液流变性，增进红细胞的变形能力，降低血液黏稠度，使血流通畅，可防止动脉硬化作用，预防心、脑血管疾病。能明显减轻经期腹痛及腰酸背痛等症状，对中老年人轻微活动后体力不支、心跳加快、胸口疼痛、头昏眼花等有显著改善作用。

银杏叶提取物可通过增加血管通透性和弹性而降低血压，有较好的降压功效。还能抑制亚硝胺等物质的致癌作用。用于支气管哮喘的治疗，也有较好疗效。银杏叶制剂与降糖西药合用治疗糖尿病有较好疗效，可用于糖尿病的辅助药。

（三）　桑叶、紫苏叶、荷叶和芦荟

1. 桑叶

桑叶（mulberry leaf）为桑科植物桑的叶。除了含蛋白质、碳水化合物、脂类、维生素和矿物质等一般营养素外，还含有黄酮类（主要有槲皮素、异槲皮苷和芸香苷）、香豆素类（东莨菪素、东莨菪苷等）、生物碱（葫芦巴碱、胆碱、腺嘌呤）、植物甾醇、有机酸和酚类、谷胱甘肽、γ-氨基丁酸、活性多糖和果胶等。

桑叶的功能作用包括祛风清热、抑制血栓形成、降血压和抗糖尿病等。所含黄酮类化合物可抑制脂质过氧化，植物固醇可有效抑制肠道对胆固醇的吸收，有降胆固醇及降血脂作用。所含 GABA 有降血压作用。所含糖苷酶抑制剂、熊果酸、齐墩果酸、植物性蜕皮激素脱皮固酮、桑白皮中桑糖朊 A 和葫芦巴肽酯可从不同角度调节糖代谢而具有降血糖作用。

2. 紫苏叶

紫苏叶是唇形科紫苏属紫苏（*Perilla frutescens* L.）的叶及其带嫩枝的叶，又名苏叶、苏麻等。含花青素及挥发油 0.5%（有紫苏醛 16.8%～22.6%、紫苏醇 19.7%～23.1%、

二氢紫苏醇 7.4%～8.5%，还有薄荷脑、芳樟醇、丁香烯、紫苏酮等)。

紫苏叶有发表散寒、抗菌、抗病毒、促进肠道蠕动及升高血糖的作用。

3. 荷叶

荷叶 (lotus leaf) 为睡莲科植物莲的叶，主要活性成分有生物碱 (荷叶碱、莲碱、亚美罂粟碱等)、生物黄酮 (槲皮素、异槲皮苷等)、果酸及维生素 C 等。

荷叶中的生物碱有降血脂作用，临床上常用于肥胖症的治疗。将荷叶中提取的生物碱及黄酮制成浸膏片，临床应用后有降血脂和降胆固醇的作用，已用于治疗高脂血症、肥胖症、脂肪肝等病症。

4. 芦荟

作为保健(功能)食品原料资源的芦荟为百合科多年生常绿肉质植物的库拉索芦荟 (*A. vera* L.)、好望角芦荟 (*A. ferox* Mill.) 或斑纹芦荟 [*A. vera* var. *chinensis* (Haw.) Berger]。

芦荟主要成分有蒽醌类、酶类、多糖、有机酸和多种维生素、矿物质类。其中，主要的活性成分蒽醌类包括芦荟大黄素 (aloe-emodin)、芦荟大黄酚及其苷、芦荟素 (aloin)、芦荟皂苷等。芦荟大黄素是最重要成分之一。

芦荟中蒽醌类化合物具有健胃消炎、通便利尿和治疗便秘的作用。芦荟大黄素苷对哮喘、过敏性鼻炎有良好疗效，芦荟槲皮素有止咳平喘、祛痰、降压及增加冠状动脉血流量等作用。

芦荟大黄素

三、 果类保健 (功能) 食品原料资源

果类保健(功能)食品原料资源有沙棘、枸杞子、大枣、桑葚、桂圆、栀子、山楂、青果及罗汉果等。

(一) 沙棘

沙棘是胡颓子科植物沙棘 (*Hippophae rhamnoicles* L.) 的成熟干燥果实，分布于华北、西北、西南等地。

1. 沙棘的主要成分

沙棘果含蛋白质、脂肪、多种维生素和矿物质，主要功能成分有黄酮类、萜类、香豆素、SOD、植物固醇、酚酸及有机酸等。所含酚类和萜类有芦丁、绿原酸、槲皮素、异鼠李素、山奈酚及苷类、五倍子酸、齐墩果酸及洋地黄皂苷等。

2. 沙棘的功效作用

(1) 对心血管疾病的防治作用 沙棘黄酮及其他活性物质具有降高血压、软化血管、改善血液循环等作用，对缺血性脑血管病有防治和缓解作用，具有改善大脑供血供氧等作用。其总黄酮可增强心肌收缩，改善心肌舒张功能，能明显缩小冠状动脉阻塞引起的心肌梗死的面积，也能提高在常压和低压下的耐缺氧能力。

（2）抗癌作用　沙棘果的抗癌作用除通过免疫机制外，还有直接抑制癌细胞作用以及阻断致癌因素的作用。沙棘提取物有阻断 N-亚硝基化合物的作用及抑制黄曲霉毒素 B_1 诱发癌前病灶的作用。沙棘中的生物活性成分多酚、苦木素、香豆素、5-羟色胺等具有抗肿瘤作用，可直接抑制癌细胞以及阻断致癌因素。

（3）其他作用　沙棘叶和果中含有香豆素，能够增强毛细血管功能，有解痉、解热和利胆等作用。沙棘所含酚类化合物具有抗氧化作用，可清除自由基，提高免疫功能。

此外，沙棘籽油对四氯化碳、乙醇、对乙酰氨基酚所致的谷丙转氨酶升高均有明显的抑制作用，并能对抗肝丙二醛（MDA）含量升高，有非常好的保肝护肝作用。沙棘籽油中的β-谷甾醇-β-D-葡萄糖苷为抗胃溃疡的有效成分，能有效保护胃黏膜及抑制胃酸分泌，使胃黏膜受损程度降低，对醋酸法和慢性利血平法所致胃溃疡有良好的促进愈合作用。沙棘籽油还有抗炎生肌、促进组织再生、促进溃疡愈合的作用。

（二）　枸杞子

枸杞子为茄科植物枸杞（*Lycium chinense* Mill.）或宁夏枸杞（*L. barbarrum* L.）的成熟干燥果实。主产宁夏、甘肃等地。

1. 枸杞子的主要成分

枸杞子含 22 种氨基酸、亚油酸、胡萝卜素、多种水溶性维生素和矿物质，其主要活性成分有枸杞多糖、甜菜碱和谷甾醇等。枸杞多糖由阿拉伯糖、甘露糖、半乳糖、鼠李糖和木糖构成，含量约 6.5%，具有多种生理作用。

2. 枸杞子的功效作用

枸杞子有滋肾补血、养肝明目、安神养胃等作用。现代医学研究显示枸杞子多糖有调节人体免疫功能、清除机体自由基等作用；可抑制脂肪在肝细胞沉积，促进肝细胞的再生，具有抗脂肪肝和肝损伤作用；可改善心肌缺血状态和动脉硬化程度，有降血压作用。枸杞子还具有降血糖、耐缺氧作用。

枸杞子油富含亚油酸、亚麻酸、油酸、维生素 E、胡萝卜素等生物活性物质，具有降低血管胆固醇、防止动脉粥样硬化、增强视力等作用。

（三）　枣类

大枣为鼠李科植物枣（*Ziziphus jujube* Mill.）的果实，又称红枣、干枣、枣子等，被列为我国"五果"（桃、李、梅、杏、枣）之一。我国大枣品种有三百多个，大部分地区如陕西、山西、河南、河北、山东、甘肃等省均有种植，主要品种有北京密云小枣、山东金丝枣等。

1. 大枣的主要成分

大枣富含蛋白质、脂肪、碳水化合物、胡萝卜素、B 族维生素、维生素 C、多种氨基酸以及钙、磷、铁和环磷酸腺苷等营养成分。其中维生素 C 含量在果品中名列前茅，有维生素王之美称。主要功能成分有阿拉伯聚糖、半乳糖醛酸聚糖、苹果酸、环腺苷酸（cAMP）、生物黄酮、树脂、鞣质及枣皂苷Ⅰ、Ⅱ、Ⅲ和酸枣仁皂苷 B 等。

2. 大枣的功效作用

（1）中枢抑制作用　大枣柚皮素-C-糖苷类可降低大脑兴奋度，含黄酮-葡萄糖苷、黄酮双葡萄糖苷 A 等多种化合物，有明显的镇定催眠和降压作用。

（2）对心脑血管的作用　大枣富含的芦丁等维生素 P 类具有维持毛细血管通透性，改善微循环的作用，还可促进维生素 C 在人体内积蓄，可用于高血压、动脉粥样硬化、血小板减少症和败血症等疾病的辅助治疗。大枣皂苷也具有调节人体代谢、增强免疫、抗炎、抗变态、降低血糖和胆固醇含量等作用。

（3）保肝护肝作用　大枣多糖能提高体内单核细胞的吞噬功能，有保护肝脏、增强体力的作用；大枣丰富的维生素 C 及 cAMP 等能减轻化学药物对肝脏的损害，并有促进蛋白质合成，增加血清总蛋白含量的作用。所含齐墩果酸对保护肝脏和防止癌变有疗效。

（4）增强免疫，延缓衰老　大枣多糖有明显的补体活性和促进淋巴细胞增殖作用，可提高机体免疫力。大枣多糖可明显减轻衰老大鼠免疫器官的萎缩及脑的老化，加上丰富的维生素 C，大枣有抗衰老作用。

（5）抗变态，抗肿瘤　大枣富含 cAMP，食用大枣可使白细胞内 cAMP 与 cGMP 的比值增高，提高抗过敏性抑制剂 LTD_4（白三烯）的释放，抑制变态反应。cAMP 能有效阻止人体中亚硝酸盐类的形成，从而抑制癌细胞的形成与增殖，甚至可使癌细胞向正常细胞转化。此外，cAMP 是蛋白激酶致活剂，是细胞内传递激素和递质作用的中介因子，起放大激素和控制遗传信息的作用，有舒张平滑肌、扩张血管、改善肝功能、激活蛋白，对心肌梗死、冠心病、心源性休克等疾病有显著疗效。另外，大枣中富含的三萜类具有抑制癌细胞的功效。

3. 其他枣类及作用

（1）沙枣　胡颓子科胡颓子属植物沙枣（*Elaeagnus angustifolia* Linn.）的果实。在中国主要分布在西北各省区和内蒙古西部。沙枣除含蛋白质、脂肪、碳水化合物、钙、铁和维生素等营养素外，还含胡萝卜素、生育酚、咖啡酸和黄酮类等功能成分。沙枣含果糖约10％。沙枣有镇静、健脾止泻和利尿等作用，用于慢性胃炎、胃痛和消化不良。

（2）酸枣　鼠李科枣属酸枣［*Ziziphus jujuba* var. *spinosa*（Bunge）Hu］的果实。主产于新疆、河北、河南、陕西、辽宁等地。含糖、脂肪、蛋白质、钙、磷、铁等多种营养物质，以及酸枣仁皂苷 A 和 B、有机酸和 β-谷甾醇等功能成分，有镇定安神、养肝补血等作用。

（3）黑枣　柿科柿属黑枣（*Diospyros lotus* Linn.）的果实，又名君迁子、野柿子，广泛分布于我国北方地区、中南及西南各地。黑枣主要活性成分有多酚类、有机酸和果胶等，并含丰富的维生素和矿物质。黑枣丰富的膳食纤维与果胶有助消化和通便作用。

（四）山楂、桑葚和栀子

1. 山楂

山楂（*Crataegus pinnatifida* Bunge）是蔷薇科植物山里红、山楂的果实，又称山梨、酸梅子、映山红果等。含山楂酸、金丝桃苷、枸橼酸、苹果酸、黄酮类、皂苷及解脂酶等。还有维生素 B_2、维生素 C 及胡萝卜素。

山楂可消食化积、散瘀和化痰行气。所含解脂酶能促进脂肪分解；多种有机酸可提高蛋白分解酶活性，帮助消化。生物黄酮等能扩张血管、增加冠状动脉血流量、降血压和血清胆固醇。山楂提取液能阻断亚硝胺合成，抑制黄曲霉毒素的致癌作用，还可抑制痢疾杆菌、大肠杆菌和铜绿假单胞菌等。

2. 桑葚

桑葚（*Fructus mori*）为桑科落叶乔木桑的成熟果实，又叫桑果、桑枣。含胡萝卜素、有机酸、鞣酸及多种酚类化合物，如芸香苷、花青素葡萄糖苷和矢车菊素等功能成分。有滋阴补血及生津润燥的作用。桑葚可增加免疫器官的重量，对 T 细胞介导的免疫功能有显著的促进作用，可预防细胞突变，还有抗乙型肝炎病毒的作用和抗艾滋病的作用。

3. 栀子

栀子是茜草科植物栀子（*Gardenia jasminoides* Ellis）的果实，又名黄栀子、山栀等。含环烯醚萜类及苷、西红花苷类及生物黄酮类、D-甘露醇（D-mannitol）和熊果酸（ursolic acid）等。栀子果实是传统中药，具有护肝利胆、镇静降压、止血消肿等作用，还有促进胰腺分泌、降压和抑菌作用。

四、 种子类保健（功能）食品资源

种子类资源包括杏仁、榧子、花生、核桃、白果、莲子、芝麻、芡实、南瓜子仁、莱菔子、胖大海、决明子和各种豆类（大豆及各种杂豆类）等。

（一）豆类

豆类泛指所有能产生豆荚的豆科植物，包括大豆及其他杂豆。大豆有黄大豆、绿大豆和黑大豆；杂豆有绿豆、赤小豆、鹰嘴豆、四棱豆、豌豆、蚕豆、刀豆、白扁豆等。

1. 主要成分

大豆富含蛋白质、脂类（亚油酸及磷脂丰富）、各种矿物质和维生素。其他干豆脂肪低，碳水化合物高，蛋白质中等量；含矿物质及复合维生素 B，缺乏胡萝卜素。干豆均不含维生素 C。

豆类含有异黄酮类和各种抗营养因子如蛋白酶抑制剂、凝聚素、植酸及刺激胃肠的皂角素等。大豆异黄酮类化合物是豆类重要的功能成分，可分为游离型的苷元和结合型的糖苷，苷元占 2‰～3‰，包括染料木素、大豆素和黄豆黄素；糖苷占 97‰～98‰，主要以染料木苷、大豆苷、黄豆苷和丙二酰染料木苷、丙二酰大豆苷、丙二酰黄豆苷形式存在。遗传因素及加工工艺影响大豆异黄酮含量和种类分布，黄豆或未发酵大豆制品主要以 β-糖苷或以丙二酸或乙酸酯的形式存在，而发酵豆制品主要以大豆苷元即游离的糖苷配基形式存在。配基形式活性比配糖体形式的活性高。

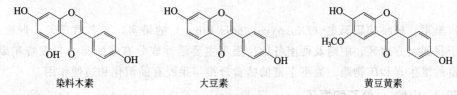

染料木素　　　　　　　大豆素　　　　　　　黄豆黄素

2. 主要功能

豆类含丰富的蛋白质和脂类，特别是大豆富含赖氨酸、亚油酸和磷脂等成分，通过均衡营养提升免疫力；豆类中的植物固醇、多不饱和脂肪酸和异黄酮类有较好的降脂降胆固醇作用，可预防心脑血管疾病；豆类黄酮类主要是异黄酮，有弱雌激素效应，加上所含维生素 E 及卵磷脂，可延缓衰老，改善妇女更年期症状。豆类丰富的膳食纤维可预防便秘；豆类特别是大豆丰富的钙质可预防骨质疏松。

豆类，特别是大豆为高蛋白，并含丰富的嘌呤类，有高尿酸血症、痛风症及肾脏疾病等患者不可过多食用。

3. 部分豆类及功能作用

（1）白扁豆　豆科藊豆属白扁豆（*Dolicho lablab* L.）的种子，又称娥眉豆、藤豆、南扁豆、茶豆、小刀豆等。含磷脂、豆甾醇、胰蛋白酶抑制物、淀粉酶抑制物和植物凝聚素等。白扁豆有健脾和中、消暑化湿、抗菌、抗病毒等作用。

（2）赤小豆　豆科豇豆属植物赤小豆（*Vigna umbellata*）的种子，又称赤豆、饭豆、红饭豆、红小豆等。含三萜皂苷、植物甾醇及丰富的叶酸等。有消肿利湿、润肠通便、降血压、降血脂、调节血糖等作用。丰富的叶酸有催乳的功效。

(3) 鹰嘴豆　豆科鹰嘴豆属鹰嘴豆(*Cicer arietinum* Linn.),又名桃尔豆、鸡豆、鸡心豆等,是印度和巴基斯坦重要的蔬菜之一,欧洲普遍食用。我国新疆盛产,是维吾尔族常用药材。主要功能成分有异黄酮类、腺嘌呤、胆碱、肌醇和低聚糖等。所含异黄酮、膳食纤维及铬等有降血糖作用,鹰嘴豆还有抗炎、止泻、通便、降脂及缓解皮肤瘙痒等作用。

(4) 绿豆　豆科豇豆属绿豆[*Vigna radiata* (Linn.) Wilczek.],又名青小豆、植豆等。东亚各国普遍种植。绿豆主要功能成分有类黄酮、单宁、皂苷、生物碱、植物甾醇、香豆素、强心苷及多种维生素等。绿豆有清热消暑和利水解毒的作用。所含甾醇和类黄酮类等功能成分有降脂、降胆固醇、抗过敏、抗菌、抗肿瘤及保肝护肾等作用。

(5) 黑大豆　豆科植物大豆[*Glycinemax merr* (L.)]的黑色种子,又名乌豆、黑豆。含黄酮类、花青素、皂苷、多不饱和脂肪酸、磷脂、胆碱、低聚糖及丰富的维生素和矿物质等。有健脾利湿和解毒作用。含生物黄酮类、磷脂和PUFA等可促进胆固醇代谢、降血脂;低聚糖等可促进肠胃蠕动,预防便秘;丰富的维生素E和具有抗氧化作用的生物黄酮类有增强活力、延缓衰老的作用。

(二) 种仁类

1. 主要成分

种仁类一般富含蛋白质、油酸、多不饱和脂肪酸、磷脂、膳食纤维、B族维生素、维生素E及钙、铁、锌等矿物质。花生、核桃、杏仁、榛子、瓜子、松子等含油脂和蛋白质较高,油脂达44%~70%,多为油酸和PUFA。白果、板栗、莲子等含碳水化合物高而脂肪较少。

2. 主要功能

核桃、花生、芝麻等坚果类种仁多富含磷脂、PUFA及丰富的维生素,被认为具有益智健脑的作用,所含PUFA也有调节血脂作用,可预防动脉硬化、冠心病和血液障碍方面的疾病等。

3. 部分种仁类及功能作用

(1) 核桃　胡桃科核桃(*Juglans regia*)的果仁,与扁桃、腰果、榛子并称为世界"四大干果"。富含蛋白质、脂肪、维生素B_1、维生素B_2、维生素E、铁和镁等。脂类组成中PUFA和磷脂丰富。核桃有润燥滑肠、消炎杀菌及强身健体的作用。所含PUFA和磷脂有健脑益寿的作用。

(2) 薏苡仁　禾本科植物薏苡[*Coix lacryma-jobi* L. var. *meyuan* (Romen.) Stapf]的种仁,又称苡仁、苡米、六谷、薏米等。主要功能成分有薏仁酯、薏苡素、三萜化合物和芸薹甾醇等。有健脾补肺、清热利湿的作用。薏苡素有解热镇静、镇痛和抑制骨骼肌收缩的作用。薏仁酯对艾氏腹水癌有抑制作用,并对细胞免疫、体液免疫有促进作用。

(3) 郁李仁　蔷薇科植物欧李、郁李或长梗扁桃等的种子,又名山梅子、野李子、山里黄等。主要成分有黄酮类、植物固醇、皂苷、鞣质、苦杏仁苷、有机酸(主要有香草酸,原儿茶酸、熊果酸等)及纤维素等,还含维生素和矿物质。郁李仁有显著的促进小肠蠕动的作用,郁李糖苷对实验动物有强烈泻下作用,亦有镇静及利尿作用。郁李仁有润燥滑肠、降压、镇痛及抗炎的作用。

(三) 其他种子类

1. 黑芝麻

为胡麻科植物属胡麻(*Semen sesami* Nigrum)的种子,又称胡麻、脂麻、乌麻、油麻等。主要成分有卵磷脂、芝麻酚、芝麻黄酮苷等，还有丰富的维生素 E、钙和钾。含维生素 E 和芝麻酚可防衰老，对改善血液循环、促进新陈代谢；含卵磷脂和亚油酸可降胆固醇，与维生素 E 并存可加强这种作用；加上丰富的钙和钾，有调节血压的作用以及预防骨质疏松症的作用。黑芝麻还能治肝肾不足、大便燥结、虚风眩晕等。

2. 决明子

豆科植物钝叶决明或小决明的种子，又名草决明、羊角、狗屎豆、千里光等。钝叶决明含大黄素、大黄酚、钝叶素等；小决明含决明内酯、红镰霉素等。决明子有清肝明目、润肠通便、抗菌、降血压、降血脂、抗血小板聚集等作用。

3. 莱菔子

十字花科萝卜属植物萝卜的种子，又名萝卜子。含挥发油（己烯醛、醇等）、脂肪油（芥酸、亚油酸、亚麻酸等）和莱菔素等。莱菔子提取物有降压、解毒及抗病原微生物的作用，还有消食下气、化痰等功能。

五、 花草类保健（功能）食品原料资源

花草类原料资源有金银花、菊花、玫瑰花、红花、黄莲花、三七花、丁香、蒲公英、鱼腥草、薄荷、藿香等。

（一） 花粉

花粉是蜜蜂在开花植物的花蕊部分所采集的粉状物质，为植物的雄性细胞，也称为植物的"精子"，是植物生命的精华，享有"最理想天然营养宝库"、"超浓缩天然药库"等美称。

1. 花粉的主要成分

花粉富含碳水化合物、蛋白质、各种氨基酸、脂类及必需脂肪酸、卵磷脂、核酸、各种维生素、微量元素、活性酶、黄酮类化合物、芸苔素及植酸等。其中氨基酸组成接近联合国粮农组织（FAO）推荐的氨基酸模式。被称为"浓缩营养库"。

2. 花粉的功能作用

（1）增强免疫作用　所含各种维生素、矿物质、多种氨基酸和花粉多糖可提高人体免疫力，增强抵御疾病的能力。

（2）改善皮肤及延缓衰老作用　花粉中丰富的 B 族维生素、维生素 E、SOD、硒等成分可通过改善血液循环、促进代谢、抗氧化等作用改善皮肤品质。丰富的维生素 B_2 可促进饱和脂肪酸的代谢，使皮肤不再油腻，减少青春痘的发病机会。花粉中其他成分如维生素 E、胡萝卜素和硒等也有清除自由基和抗氧化能力，抑制体内脂肪和蛋白质的过氧化反应，有抗衰老作用。常服花粉能消除老年斑，恢复青春活力。

（3）对心血管系统的保护作用　花粉丰富的黄酮类、卵磷脂、维生素 C、维生素 E、胡萝卜素和矿物质（Se、Zn 及 Mg）都能维护心脑血管系统，降血脂和胆固醇，维持正常血压。各种维生素和生物黄酮可增加血管壁的弹性，改善心脏和大脑的微循环；Mg 可激活三百多个酶系统及作为各种营养素的载体。所含卵磷脂是人体细胞膜、维护循环系统和防止细胞氧化的必要成分。

（4）肝脏保护及改善胃肠道功能　喂食花粉能明显减少酒精中毒小鼠的死亡数和减轻肝脏肿大。不论是甲型、乙型、丙型肝炎或肝硬化，服用花粉都能保护肝脏和减轻肝病的症状。花粉能预防由于过量饮酒所导致的酒精性肝硬化，帮助受损伤的肝脏功能康复。花粉含多种氨基酸和近百种酶类可促进胃肠蠕动，增进食欲，帮助消化，对胃肠功能紊乱有明显调

节作用；其中的 Mg 和维生素 B_6 还可防治因神经紧张与肌肉紧张所致的便秘。

（5）抗疲劳 花粉的全营养特性可促进消化吸收，有利于能量代谢和提高脑细胞的兴奋性，有利于脑力疲劳和体力疲劳的恢复。长期食用花粉可提高心脏功能、机体耐氧能力和改善能量代谢。

（6）其他作用 花粉可促进睡眠，能防治前列腺疾病，对贫血、糖尿病、改善记忆力、更年期障碍等有较好效果。

（二）金银花

金银花为忍冬科忍冬属忍冬（*Lonicera japonica* Thunb.）及同属植物的干燥花蕾或带初开的花，又名忍冬花、银花、金花、双花等。由于忍冬花初开为白色，后转为黄色，因此得名金银花。

1. 金银花的主要成分

金银花含生物黄酮、酚酸类、皂苷、肌醇及挥发油等。金银花主要功能成分酚酸类化合物有绿原酸（chlorogenic acid）、异绿原酸和新绿原酸等；黄酮类化合物有木犀草素、忍冬苷、金丝桃苷等；挥发油包括芳樟醇、棕榈酸等。

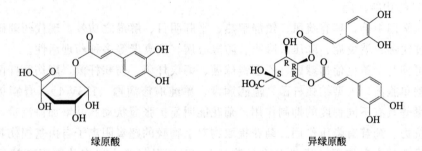

绿原酸　　　　　　　　　　异绿原酸

2. 金银花的功能作用

金银花有清热解毒、抗菌、抗病毒、抗内毒素的作用，可抑制多种致病菌如金黄色葡萄球菌、溶血性链球菌、伤寒杆菌、痢疾杆菌、大肠杆菌、白喉杆菌、人型结核杆菌、肺炎双球菌等，有较广的抗菌谱。对痈肿疗疮、肠痈、肺痈有较强的散痈消肿、清热解毒及消炎作用。对流感病毒、疱疹病毒和钩端螺旋体亦有抑制作用。

所含黄酮类及酚酸类等减少胆固醇吸收，能有效改善冠状动脉循环，有降血压、降血脂的作用。此外，金银花对肉瘤 S-180 和艾氏腹水癌有明显的细胞毒作用，还有镇静、镇痛和提高缺氧耐力的。

（三）红花

为菊科红花属植物红花（*Carthamus tinctorius* L.）的干燥管状花，又名红花菜、红花草、红兰花等，橙红色，有特异香气。红花原产中亚，我国吉林、新疆、陕西、山西、甘肃等地，特别是新疆，均有广泛栽培。

1. 红花的主要成分

红花主要成分有多酚类、色素、有机酸及活性多糖等。多酚类包括绿原酸、咖啡酸、儿茶酚和焦性儿茶酚等。红花黄色素有红花苷、前红花苷、红花黄色素 A 及 B 等。主要的有机酸有肉桂酸、月桂酸、对羟基桂皮酸及阿魏酸等。

2. 红花的功能作用

红花可扩张血管、增加冠脉血流量及心肌营养性血流量的作用，可缓解心肌缺氧损伤。

红花生理活性的重要成分红花黄色素有抗凝血和抗炎作用，可显著抑制大鼠实验性血栓形成，对组胺引起的大鼠皮肤毛细血管的通透量增加和甲醛性足肿胀有明显抑制作用。红花及红花黄色素还有降压、降脂、镇静、镇痛、抗疲劳和提高缺氧耐受力作用。红花多糖有免疫调节作用。

（四） 菊花

为菊科菊属植物菊花［*Dendranthema morifolium*（Ramat.）Tzvel］及其变形的头状花序。为多年生菊科草本植物，有观赏菊、食用菊、药用或茶用菊。药用或茶用菊主要品种有杭菊、亳菊、贡菊、滁菊、祁菊、怀菊、济菊和黄菊。

1. 菊花的主要成分

菊花含黄酮类、萜类、甾醇类、氨基酸、菊苷、腺嘌呤、胆碱及挥发油等。多酚及黄酮类化合物有绿原酸、咖啡酸乙酯、槲皮素、芹菜素及苷类、橙皮素及苷类、木犀草素及苷类、金合欢素及苷类、刺槐素及苷类、香叶木素及苷类等。菊花含 0.2%～0.85% 的挥发油，挥发油含量及种类因品种及加工方法而有较大的差异，主要有菊花酮、龙脑、龙脑乙酸酯等。

2. 菊花的功能作用

菊花是常用中药，具有疏风、镇静解热、平肝明目、解毒之功效。现代药理研究菊花具有抗菌、抗病毒、消炎症、降压、降脂、防冠心病、抗衰老等多种药理活性。

菊花可抑制金黄色葡萄球菌、乙型链球菌、痢疾杆菌、伤寒杆菌、副伤寒杆菌、大肠杆菌、铜绿假单胞菌、人型结核杆菌、流感病毒、单纯疱疹病毒（HSV-1）、脊髓灰质炎病毒和麻疹病毒等具有不同程度的抑制作用。菊花能明显扩张冠状动脉并增加血流量，可增强毛细血管抵抗力。菊苷有降压作用。菊花提取物对生物膜的超氧阴离子自由基损伤具有明显保护作用，具有抗衰老作用。菊花中的萜类对由 TPA 引起的小鼠皮肤肿瘤有较显著的抑制作用。

（五）丁香

药用丁香花为桃金娘科蒲桃属植物丁香（*Syzygium aromaticum*）的花蕾，又名公丁香、雄丁香、丁子香等，因花筒细长如钉且香而得名，以花蕾和其果实入药。

1. 丁香的主要成分

丁香含挥发油、丁香素、齐墩果酸、黄酮类及鞣质等成分。挥发油主要含丁香油酚、乙酰丁香油酚、石竹烯及苯甲醛、苯甲醇等。黄酮类主要有鼠李素、山奈酚等。

2. 丁香的功能作用

丁香有健胃、止痛、抗菌、驱虫的作用，可促进血液循环，治疗皮肤溃疡及伤口发炎、治疗疥癣、抗呼吸系统及泌尿系统感染和改善粗糙肌肤。

（六） 鱼腥草、蒲公英、薄荷和藿香

1. 鱼腥草

鱼腥草（*Houttuynia cordata* Thunb.）为三白草科植物蕺菜的全草，又名折耳根、猪鼻孔、臭牡丹、蕺菜等，是一种具有腥味的草本植物。我国长江流域以南各省均有出产，可入药。主要成分有挥发油（0.02%～0.05%）、蕺菜碱、黄酮类、酚酸类、甾醇类、脂肪酸、胡萝卜素、维生素 C 及矿物质钾盐等等。挥发油主要含有抗菌成分鱼腥草素（葵酰乙醛）、月桂醛、香叶烯、月桂烯、芳樟醇等。酚酸及黄酮类有绿原酸、芦丁、槲皮苷、异槲皮

苷等。

鱼腥草有清热解毒、利尿除湿、健胃消食、镇痛止血、抗菌和抗病毒等作用。现代药理实验表明鱼腥草可增强白细胞的吞噬能力、显著提高 T 淋巴细胞比例，有增强免疫的作用；鱼腥草提取物有抗病毒及抗炎作用，对流感病毒、大肠杆菌、金色葡萄球菌、肺炎球菌等有明显的抑制作用；所含槲皮素及大量钾盐有降压、降脂和增加冠状动脉血流量等作用。

2. 蒲公英

为菊科蒲公英属蒲公英（*Taraxacum mongolicum* Hand.-Mazz.）的全草。蒲公英全草含蒲公英醇、蒲公英素、叶黄素、胆碱、维生素 C、有机酸、菊糖和果胶等多种活性成分。有清热解毒、消痈散结、抗菌、缓泻、利尿及利胆等功效。还有改善湿疹、舒缓皮肤炎、关节不适等作用。蒲公英对肺炎双球菌、脑膜炎球菌、白喉杆菌、铜绿假单胞菌、痢疾杆菌、伤寒杆菌等有一定杀菌作用。

3. 薄荷

唇形科植物薄荷（*Mentha haplocalyx* Briq.）的地上部分，又名人丹草、升阳菜等。中国大部分地方如四川、云南、江苏、浙江、江西等都有出产。含萜类等挥发油、黄酮类、有机酸及树脂等。薄荷精油主要成分有薄荷醇、薄荷酮、乙酸薄荷酯、β-石竹烯、桉树脑、α-及 β-蒎烯、柠檬烯、α-松油醇及苯甲酸甲酯等。黄酮类成分有木犀草素-7-葡萄糖苷、薄荷异黄酮苷；有机酸包括迷迭香酸、咖啡酸等。

薄荷是常用中药之一，是辛凉性发汗解热药，能抑制胃肠平滑肌收缩，有解痉作用；能促进呼吸道腺体分泌，缓解其炎症；对多种病毒和细菌有抑制作用。薄荷挥发油有中枢抑制作用；所含薄荷脑有强的杀菌、镇痛止痒、抗刺激和止咳作用，d-薄荷脑比 l-薄荷脑的抑菌作用强；薄荷醇有利胆作用。薄荷水提物对单纯疱疹病毒、牛痘病毒和流行性腮腺病毒均有抑制作用。

4. 藿香

为唇形科植物广藿香［*Pogostemon cablin*（Blanco）Benth.］或藿香［*Agastache rugosa*（Fisch. et Mey.）O. Ktze.］的全草。广藿香又称土藿香、大叶薄荷、兜娄婆香、山茴香、水蘇叶等，云南、广东为主产地。藿香又名合香、苍告、山茴香等，主产于四川、江苏、浙江、湖南、广东等地。

藿香富含钙、胡萝卜素和多种维生素。藿香全草含芳香挥发油 0.5%～1.5%。藿香挥发油中甲基胡椒酚约占 80%，还有茴香醚、苎烯、柠檬烯、α-蒎烯、β-蒎烯、对伞花烃、芳樟醇等。广藿香挥发油中广藿香醇占比最高可达 52%～57%，还有桂皮醛、苯甲醛和萜类香气如石竹烯、β-榄香烯、α-广藿香烯和 γ-广藿香烯等。

藿香有解暑化湿、理气和胃及止吐止泻等功能作用。其芳香挥发油是制造多种中成药的原料，对多种致病性真菌都有一定的抑制作用。可治感冒暑湿、呕吐腹泻、疟疾痢疾、口臭、胃气痛、寒热头痛、食欲缺乏及鼻炎、副鼻窦炎等。

六、 蕈类保健（功能）食品资源

蕈类指大型食用的真菌。按形态可分为 5 类：褶菌类（有菌褶，如香菇）、非褶菌类（无菌褶，如灵芝）、腹菌类（子实层包裹在蕈体内，如鬼笔）、胶质菌类（担子柄分隔，如木耳）以及子囊菌类（孢子生长在子囊内，如冬虫夏草）。

（一） 虫草

虫草是虫草真菌寄生于虫草蝙蝠蛾幼虫体内形成的虫与菌的复合体。已报道的虫草属有300多个种，我国发现报道的约80种。其中，医疗保健价值较高的为冬虫夏草和蛹虫草。

冬虫夏草（*Cordyceps* sinensis）寄主为鳞翅目、鞘翅目等昆虫的幼虫，冬季菌丝侵入蛰居于土中的幼虫体内，使虫体充满菌丝而死亡。夏季长出子座。又称中华虫草。主要分布于西藏、青海、四川、云南、贵州、甘肃等地，是名贵中药材。

蛹虫草（*Cordyceps* militaris）又称北虫草，是夜蛾科幼虫蛰居土里，菌类寄生其中，吸取营养，幼虫体内充满菌丝而死。到了夏季，自幼虫尸体之上生出幼苗，形似草，夏至前后采集而得，是一种子囊菌，现已人工栽培。主产于云南、吉林、辽宁、内蒙古等。

1. 虫草的主要成分

虫草含丰富的蛋白质和氨基酸、脂类及脂肪酸、多种维生素和矿物质等一般营养成分。冬虫夏草含虫草酸、虫草素、虫草多糖、环二肽类化合物、核苷、甾醇、甘露醇等活性成分。蛹虫草含虫草菌素、虫草多糖、核苷及麦角甾醇等。

虫草多糖是由甘露糖、半乳糖及葡萄糖等组成的高分枝杂多糖，是冬虫夏草主要活性成分之一；已鉴定的环二肽类有 Gly-Pro 环二肽、Leu-Pro 环二肽、Ala-Leu 环二肽、Ala-Val 环二肽、Val-Pro 环二肽和 Thr--Leu 环二肽；虫草 D-甘露醇一般在 5%～8%，含量因虫草产地、种类及测定方法而异；虫草素是一种生物碱，含量约 8%；核苷类有腺苷、尿苷和嘌呤等，腺苷是虫草重要的活性成分。

2. 虫草的功能作用

冬虫夏草有补肾壮阳、补肺平喘、止血化痰的作用。现代药理学研究显示虫草具有如下功能。

（1）促进免疫作用　虫草可促进鼠的脾、肝吞噬活性，明显激活小鼠腹腔巨噬细胞吞噬功能，在体外促进淋巴细胞转化，提高血清 IgG 含量，选择性增强脾脏的营养性血流量，提高免疫调节功能。虫草对体液免疫有双向调节作用。

（2）对肝脏的保护作用　虫草可减轻有毒物质对肝脏的损伤，对抗肝纤维化的发生；虫草菌丝有较强的促肝细胞修复作用，虫草多糖能明显减少肝脏的胶原沉积。冬虫夏草和蛹虫草均能提高肝组织中 SOD 和 GSH-Px 的活性，降低脂质过氧化物的生成。

（3）对心血管系统的保护作用　虫草可降低血胆固醇和甘油三酯，提高对人体有利的高密度脂蛋白。能改善冠心病患者左心室舒张功能，减少心肌耗氧量，特异性增强心肌耐缺氧能力。

（4）抗肿瘤作用　虫草提取物在体外具有抑制和杀伤肿瘤细胞的作用，所含虫草素和虫草多糖是其发挥抗肿瘤作用的主要成分。虫草多糖及水提物对肉瘤 S-180、Lewis 肺癌、乳腺癌（MA737）、喉癌等离体培养瘤株均有显著的抑制作用。虫草制剂对中晚期肺癌、肝癌和前列腺癌患者均有显著功效。

（5）降血糖作用　蛹虫草能显著降低四氧嘧啶糖尿病小鼠的血糖水平和糖基化血红蛋白含量，改善糖尿病小鼠血糖耐量。

（6）其他作用　虫草具有扩张支气管、平喘、祛痰、防止肺气肿的作用，可治疗各种呼吸道疾病引起的咳喘痰多等症；可增强骨髓生成血小板、红细胞和白细胞的能力，具有调节造血功能；虫草还具有抗病毒、缓解疲劳、镇静催眠等作用。

（二）　灵芝

灵芝为多孔菌科灵芝属真菌赤芝（*G. lucidum* Karst）和紫芝（*G. japonicrn* L. Sinense）的总称，又称灵芝草、仙草、瑞草等。

1. 灵芝的主要成分

灵芝含多种营养成分和生物活性成分，如蛋白质、多糖、萜类、多肽类、核酸和有机硒等微量元素等。灵芝多糖主要为β-型的葡聚糖，也有α-型的葡聚糖；三萜类化合物有130多种，主要活性物质为灵芝酸。

2. 灵芝的功能作用

（1）抗肿瘤作用　灵芝是最佳的免疫功能调节和激活剂，可显著提高机体的免疫功能，增强患者自身的抗癌能力。灵芝能抗肿瘤、防癌及癌症辅助治疗，促进白介素-2的生成，促进单核巨噬细胞的吞噬功能、提升人体造血能力尤其是白细胞的指标水平，对癌细胞有抑制作用。

（2）保肝解毒作用　灵芝能促进肝脏对药物、毒物的代谢，对多种理化及生物因素引起的肝损伤有保护作用。对中毒性肝炎有确切疗效。灵芝可用于治疗慢性中毒、各类慢性肝炎、肝硬化、肝功能障碍。

（3）对心血管系统的作用　灵芝对心肌缺血有保护作用，可广泛用于冠心病、心绞痛等的治疗和预防。灵芝可明显降低血胆固醇和甘油三酯，并能预防动脉粥样硬化斑块的形成。

（4）抗衰老作用　灵芝所含多糖作为抗氧化物可减轻自由基损伤，有效清除自由基，有明显的延缓衰老功效。

（5）抗神经衰弱作用　灵芝对中枢神经有良好作用，主要表现为镇痛和镇定。灵芝提取物能激发运动性抑制，使运动性降低，使协调运动失调；对环已巴比妥睡眠作用能缩短睡眠时间，能延长中枢兴奋药咖啡因致痉挛及死亡的时间，可有效治疗神经衰弱症与失眠。

（三）　密环菌

蜜环菌（*Armillaria mellea*）为白蘑科真菌假蜜环菌的子实体，是一种药（食）用的寄生真菌类，可在600多种树木或草本植物上兼性寄生，大多在夏、秋季生长。

1. 密环菌的主要成分

蜜环菌含蛋白质、脂肪、碳水化合物等营养成分。还含多元醇、酚、有机酸、酯类化合物、嘌呤衍生物及倍半萜芳香酸酯等活性成分。

2. 蜜环菌的功能作用

（1）清除自由基及延缓衰老作用　蜜环菌所含多糖可有效清除自由基；提高机体SOD活性，延缓细胞衰老。

（2）对缺血性脑组织的保护作用　蜜环菌子实体中分离出一种AMG-1的化合物，对大脑具有保护和镇静作用。蜜环菌的固体发酵制品对高血压椎-基底动脉供血不足、梅尼埃症、自主神经功能紊乱等疾病引起眩晕的患者，有较好的治疗效果。

（3）催眠镇静和抗眩晕作用　将蜜环菌制剂注射到小鼠腹腔，能明显减少小鼠的自发活动时间，使小鼠睡眠时间延长。蜜环菌发酵物对中枢有镇静作用，对不同病因引发的眩晕症患者有很好的治疗效果。同时，对顽固性神经衰弱、癫痫、血管性头痛、耳鸣、三叉神经痛、肢麻和帕金森综合征也有一定疗效。

（四）　茯苓

茯苓[*Poria cocos*（Schw.）Wolf]为多孔菌科真菌茯苓的菌核，一种寄生在松树根上的菌类植物（多寄生于马尾松或赤松的根部），形状像甘薯，外皮黑褐色，里面白色或粉红色。俗称云苓、松苓、茯灵，产于云南、安徽、湖北、河南、四川等地。

1. 茯苓的主要成分

茯苓含有少量蛋白质、脂肪、矿质元素、维生素。其主要有效成分为茯苓多糖、β-茯苓聚糖等多糖类、茯苓酸等三萜类物质。

茯苓多糖

2. 茯苓的功能作用

（1）利尿作用　茯苓素是起利尿的主要成分。实验表明，茯苓对健康人不具有利尿作用，但是对水肿患者利于尿液排出。与利尿药呋塞米相比，茯苓利尿持久，且对由电解质紊乱所引起的乏力、心律失常、肠蠕动紊乱、倦怠、嗜睡、烦躁甚至昏迷等不良反应较少。

（2）增强免疫及抗癌作用　茯苓多糖（包括茯苓多糖、羧甲基茯苓多糖、羟乙基茯苓多糖）具有增强机体免疫的功用。茯苓三萜类对食管癌、胃癌、肝癌、鼻咽癌、舌癌、乳腺癌、膀胱癌、肺癌、溃疡性黑色素瘤等癌瘤有明显抑制增殖作用。

（3）对胃肠功能及胃肠道微生物的影响　茯苓浸剂对大鼠胃溃疡有防治作用，能抑制胃液的分泌。增加肠道有益微生物的定殖。茯苓煎剂能有效抑制金黄色葡萄球菌、大肠杆菌、铜绿假单胞菌的生长。

（4）其他　茯苓还具有镇静安神、抗炎、保肝等作用。

（五）木耳

木耳科木耳属木耳[*Auricularia auricula*（L. ex Hook.）Underw]的子实体，又名黑木耳、木菌、光木耳等。产区主要分布在广西、云南、贵州、四川、湖北、黑龙江、吉林等地。

1. 木耳的主要成分

黑木耳含蛋白质、脂肪、磷脂、甾醇、多糖、胡萝卜素、丰富的维生素（如维生素 B_1、维生素 B_2、烟酸等）和矿物质如钙、磷、铁等营养素。

2. 木耳的功能作用

（1）对心血管的保护作用　木耳可降低高脂血症大鼠血清甘油三酯和血清总胆固醇含量，提高血清高密度脂蛋白胆固醇（HDL-C）与总胆固醇比值的作用。木耳多糖有降低兔血浆胆固醇、过氧化脂质（LPO）、血栓素 A_2（TXA_2）的作用，可提高前列环素/血栓素 A_2（PGI_2/TXA_2）比值，减轻动脉粥样硬化。木耳及所含多糖还有抗凝血、抗血小板聚集及抗血栓形成的作用。

（2）增强免疫和延缓衰老作用　黑木耳多糖能增加小鼠脾指数、半数溶血值（HC_{50}）和玫瑰花结形成率，促进巨噬细胞吞噬功能和淋巴细胞转化等。黑木耳可通过降血胆固醇，减少脂质过氧化产物脂褐质的形成，以维护细胞的正常代谢，显示延缓衰老的作用。

（3）其他作用　黑木耳多糖能明显降低四氧嘧啶糖尿病小鼠血糖水平，对大鼠由鸡蛋清引起的足跖肿胀有一定的抗炎症作用，还能促进大鼠醋酸型胃溃疡的愈合，对胃酸分泌和胃蛋白酶活性无明显影响。黑木耳及多糖还有抗辐射、抗突变、抗菌等作用。

七、　藻类保健（功能）食品资源

藻类是原生生物界一类真核生物（有些也为原核生物，如蓝藻门的藻类）。主要水生，无维管束，能进行光合作用。常见藻类有螺旋藻、小球藻、杜氏藻及海藻等。

（一）　螺旋藻

螺旋藻（*Spirulina*）属于颤藻科螺旋藻属，是一类由单细胞或多细胞组成的丝状的低等的原核生物。体长 $200\sim500\mu m$，宽 $5\sim10\mu m$，圆柱形，呈疏松或紧密的有规则的螺旋形弯曲。螺旋藻共有 35 种，常用于培养的螺旋藻有钝顶螺旋藻、极大螺旋藻和盐泽螺旋藻。作为保健品食用的主要是极大螺旋藻（*Arthrospira maxima*）及钝顶螺旋藻（*Arthrospira platensis*）。天然螺旋藻主要产于世界四大湖泊，非洲乍得湖（Tchad Lake）、墨西哥特斯科科湖（Texcoco Lake）、中国云南程海湖和鄂尔多斯的哈马太碱湖。

1. 螺旋藻的主要成分

螺旋藻富含蛋白质，达 $60\%\sim70\%$，其中藻蓝蛋白 20%；必需氨基酸模式与 FAO/WHO 提出的学龄前儿童必需氨基酸模式相似；所含脂肪富亚油酸和 γ-亚麻酸；富含维生素（如维生素 B_1、维生素 B_2、维生素 B_6、维生素 B_{11}、维生素 B_{12}、维生素 C、维生素 E、烟酸、泛酸、肌醇、生物素等）和矿物质（如钙、镁、钾、碘、硒、铁、锌等）。活性成分有螺旋藻多糖、多种酶、叶绿素、核酸、唾液酸及胡萝卜素等。因营养成分丰富全面和均衡，有"地球上的营养冠军"、"生命营养库"之称。

2. 螺旋藻的功能作用

（1）增强免疫力　含人体所需几乎全部营养素，对机体的调节功能是全方位的。所含丰富的多糖、维生素，特别是胡萝卜素和独特的藻蓝蛋白可提高机体免疫功能。

（2）抗氧化及延缓衰老作用　丰富的维生素 E、SOD 和核酸等有抗衰老作用。动物喂食螺旋藻后，血中丙二醛明显降低，SOD 活力明显升高。体外培养人体二倍体细胞，经 60代后，加入螺旋藻的 RNA 合成无衰减迹象，不加的已明显衰减。

（3）对心脑血管疾病的作用　丰富的必需脂肪酸亚麻酸和亚油酸，能预防胆固醇和甘油三酯在肝脏和血管的堆积，有降血脂、降胆固醇、改善血液循环的作用。丰富的矿物质如钾很高，对防止高血压有一定作用。

（4）防慢性胃炎和消化性溃疡　螺旋藻丰富的叶绿素、β-胡萝卜素和 γ-亚麻酸有抗黏膜组织炎症、修补细胞组织损伤和恢复正常分泌功能的功效；所含丰富的叶绿素 a 对胃蛋白酶有抑制作用，对抗变态性消化道炎症、消化道溃疡病等有效。日本已用来防治胃炎、胃溃疡和胃下垂。

（5）防治糖尿病　螺旋藻含优质高蛋白、丰富的维生素及低碳水化合物，是糖尿病患者理想的营养食品。所含丰富的 γ-亚麻酸、Zn 和 Mg 等可促进体内胰岛素的合成。

（6）其他作用　螺旋藻含肝脏所需的各种维生素和微量元素，是保护肝功能和修补肝组织的最佳补品，对肝脏的合成分解、贮存和解毒都有作用；螺旋藻多糖、胡萝卜素、维生素 E、葡聚糖、多种抗自由基的微量元素、藻蓝素及其他色素有助于合成和调节人体代谢的多种重要的酶，对抑制癌细胞生长和促进人体细胞新生有重要作用。螺旋藻富含铁和叶绿素a，被认为是"绿色血液"，是补铁的天然食物。

目前国内外都先后研制成功一系列螺旋藻营养食品和保健（功能）食品如添加螺旋藻的啤酒、营养豆、冷饮、糕点、糖果和巧克力等，以及螺旋藻粉、螺旋藻胶囊、螺旋藻浓缩液和螺旋藻片，并逐步供应市场。

（二） 小球藻

小球藻（*Chlorella*）属绿藻门绿藻纲小球藻属，是一类普生性单细胞绿藻，目前世界上已知的小球藻约 10 种，加上其变种达数百种之多。我国常见的种类有蛋白核小球藻、椭圆小球藻、普通小球藻等，其中蛋白核小球藻蛋白质含量高，营养价值最高。

1. 小球藻的主要成分

小球藻粉蛋白质含量约 63%，优于其他植物性蛋白源，接近鱼粉及啤酒酵母的蛋白质水平。异养蛋白核小球藻粉脂肪中的不饱和脂肪酸的比例高达 77.24%，其中必需脂肪酸亚油酸和 α-亚麻酸含量分别为 47.17% 和 13.03%，小球藻富维生素、矿物质和小球藻多糖。

2. 小球藻的功能作用

小球藻，特别是小球藻多糖能提高巨噬细胞的吞噬能力，促进淋巴细胞转化，增加淋巴细胞数，增强自然杀伤细胞的活力来提高机体免疫力。小球藻糖蛋白具有抗氧化作用，可清除体内自由基。小球藻可抑制脂肪吸收，可用于防治高血脂及与脂肪过剩有关的疾病。小球藻还具有抗肿瘤、解毒、抗辐射、抗炎症等功效。

目前已经开发的小球藻主要制品有小球藻片和胶囊、小球藻面条、小球藻面包、小球藻饼干、小球藻饮料等。日本曾推出了加小球藻提取液酿造的绿酒和蜂蜜绿藻精。小球藻作为一种添加剂，可广泛用于食品行业，同时可利用其生产叶绿素、脯氨酸等。

（三） 杜氏藻

杜氏藻（*Dunaliella*）属杜氏藻科杜氏藻属。在高光、高温、高盐浓度或营养不足的生境条件下，杜氏藻积累大量类胡萝卜素，因此已成为商业化生产天然 β-胡萝卜素的最好藻种。澳大利亚、美国和中国等国家已利用其来大规模生产天然 β-胡萝卜素。

1. 杜氏藻的主要成分

杜氏藻含丰富的油脂、β-胡萝卜素、蛋白质、多糖等，同时含较高的 Ca、P、Zn 等矿物质，还含有包括人类必需氨基酸在内的 18 种氨基酸。在适当的条件下，体内合成的 β-胡萝卜素可达细胞干重的 10% 上。

2. 杜氏藻的功能作用

由于杜氏藻含有丰富的氨基酸、藻多糖、β-胡萝卜素及 SOD 等多种成分，可有效清除自由基，起到抗辐射、抗氧化、抗衰老及增强免疫的作用。

可以利用杜氏藻生产天然类胡萝卜素、高营养藻粉等。

（四） 海藻

为海产藻类（*Algae*）的统称，如海带、紫菜、石花菜、龙须菜等。最常见的大型海藻是海草，如红藻、褐藻和绿藻。常见的红藻包括掌状红皮藻、紫菜、石花菜属（*Gelidium*）和角叉菜属（*Chondrus*）；常见的褐藻有大型褐藻、马尾藻和墨角藻属。绿藻较少，石莼属（*Ulva*）是其中之一。海藻有重要的价值，如海带、紫菜等。石花菜常用来制造琼脂。

1. 海藻的主要成分

海藻中蛋白质含量与氨基酸总量均较高,氨基酸组成齐全。均含有大量膳食纤维(海藻多糖),富含矿物元素,尤其微量元素丰富;海藻的脂肪含量均较低,但富含 ω-3-PUFA。

2. 海藻的功能作用

从马尾藻、海带等褐藻中提取的甘露醇、褐藻酸、褐藻氨酸、碘等生物活性物质,在心血管防治上可发挥重要作用,其中所含的褐藻酸(钠)具有明显抗凝血、降低血液黏稠度和降血脂等作用,且毒副作用小。而海藻酸性多糖和凝集素等具有抗肿瘤活性,我国民间也有用石花菜、马尾藻、海带等治疗乳腺癌、子宫癌和甲状腺癌。海藻还有防辐射、抗菌、抗病毒等作用。

八、 动物类及蜂原保健 (功能) 食品资源

该类资源主要有昆虫类、海洋动物、蛇类、蚯蚓、鸡内金及蜂王幼虫等。

(一) 昆虫类

昆虫种类繁多、形态各异,是地球上数量最多的动物群体,已知的昆虫约有 100 万种。根据昆虫身体构造和幼虫发育的方式,昆虫被分成五大类:甲虫、蝶和蛾;蚂蚁、胡蜂和蜜蜂;蝇;蜻类和其他昆虫。昆虫富含蛋白质、脂肪、碳水化合物和矿物质等,还有大量人体所需的游离氨基酸和维生素。

1. 蚕蛹

蚕蛹(silkworm pupa)为蚕蛾科家蚕 *Bombyxmori* L. 的蛹,又名小蜂、蝶元、蚕女,是缫丝工业的主要副产品。

蚕蛹富含蛋白质、脂肪和矿物质如钾、钠、钙、镁、铜、锌、铁、锰、硒、铬等。其中,蛋白质必需氨基酸比例适宜,生物利用率高;脂肪中 α-亚麻酸含量高。蚕蛹还含多糖、甲壳素及其衍生物等活性物质,具有增强免疫、降血糖、降血脂和促进伤口愈合等功效。

2. 蜂蛹

蜂蛹又名蜂胎、蜂子,是蜜蜂幼虫在封盖房未羽化的变态虫体。

蜂蛹(包括雄蜂蛹、工蜂蛹、少数蜂王幼虫)在发育过程中以王浆、蜂蜜、花粉为食,为高蛋白、低脂肪并含多种维生素及微量元素的保健(功能)食品原料资源。其中维生素 D 含量较高,为鱼肝油的 10 倍。蜂蛹含有甲壳素、黄酮类等活性物质。所含甲壳素可有效促进肠道蠕动和调节肠道菌群,可预防大肠癌、皮肤癌、肝癌的发生;黄酮类具有抗氧化、抗炎症、抗病毒、提高身体免疫力等功效。

3. 蚂蚁

蚂蚁属昆虫纲膜翅目蚁科 (*formicidae*),种类繁多,全世界约有 16000 多种。我国估计达 2000 种以上。

蚂蚁粗蛋白含量达 40%～67%,维生素、矿质元素也很丰富,尤其锌含量高。含有脂肪酸类及蚁酸等成分。有研究表明,蚂蚁蛋白质氨基酸营养液可加速白细胞的恢复,增强免疫力,对肿瘤化疗有很好辅助效果。蚂蚁还被用于治疗乙型肝炎、类风湿关节炎、肾虚、糖尿病和神经衰弱等。

(二) 海洋动物类

海洋动物资源是陆生生物难以比拟的。包括作为食品的鱼贝类如鲍鱼、鳗鱼、毛蚶、蛤

蜊、贻贝、扇贝等，以及作为功能成分来源进行研究的海鞘、鲨鱼、海葵及海蛾等资源。

1. 海洋动物类主要成分

海洋动物富含蛋白质，特别是鱼、贝、虾、蟹等海洋生物蛋白质含量丰富，富含赖氨酸且 8 种必需氨基酸含量充足。所含脂肪有丰富的 ω-3-PUFA。海洋动物富含矿物质，其中，海虾、海鱼中钙的含量是禽畜肉的几倍至几十倍；牡蛎富含锌。

海洋动物活性成分主要有多糖、肽类、萜类、大环内酯类、生物碱类等活性成分。

2. 海洋动物类主要活性成分及功能作用

（1）多糖及糖苷类 主要有壳多糖和甲壳胺多糖、海参多糖、鲨鱼软骨多糖等。多具有提高免疫力、抗癌、抑菌、降压、护肝等功效。

（2）脂类及脂肪酸类 主要为鱼油和 ω-3 系列多不饱和脂肪酸，这些活性成分是人正常生长发育必需的。具有促进前列腺素及抑制血栓素形成的作用，可有效防止动脉粥样板块及血栓的形成。

（3）甾醇类 具有抗肿瘤、降脂、抑菌、抗病毒的功效。海绵多羟基甾醇类化合物、珊瑚多羟基甾醇类化合物能有效抑制宫颈癌、鼻腔癌、肺癌、胃癌细胞的生长。

（4）生物碱类 对抗肿瘤、抗病毒有一定抑制作用。

（5）聚醚类化合物 具有强烈的活性，且多数有毒性。如沙群海葵毒素，抗肿瘤作用明显，促使血管强烈收缩和冠状动脉痉挛。

（三）蛇类

蛇属爬行纲有鳞目蛇亚目。蛇的种类很多，约 3000 种，遍布世界，热带最多。我国境内的无毒蛇有锦蛇、蟒蛇、大赤练等；毒蛇有五步蛇、竹叶青、眼镜蛇和金环蛇等。

1. 乌梢蛇及主要作用

乌梢蛇为游蛇科乌梢蛇属体形较大的无毒蛇，俗称乌蛇、乌风蛇，广泛分布于中国，栖息于海拔 1600m 以下的丘陵地带、农田、河沟附近。

乌梢蛇富蛋白质（22.1%）、人体必需的脂肪酸和多种微量元素、果糖-1,6-二磷酸酯酶、蛇肌缩醛酶及胶原蛋白。具有镇痛、镇静、抗惊、抗炎作用。还可治疗慢性荨麻疹、疥疮等。

2. 蝮蛇及主要作用

为蝮蛇科蝮蛇（*Agkistrodon halys*），有毒，主要分布于我国北部和中部。

蝮蛇主要含蛋白质、磷脂、胆甾醇、牛磺酸、有机酸、维生素。蝮蛇脂肪酸主要为油酸、亚油酸、花生四烯酸等不饱和脂肪酸。蝮蛇有扩血管、降血压、降血脂、抗血栓、抗凝血等作用，被用于治疗皮肤癌、红斑狼疮、骨髓炎、骨结核、风湿麻痹症。

（四）鸡内金

鸡内金是指家鸡的干燥砂囊内壁（肌胃），又名鸡肫皮、鸡肫、鸡胵等。

1. 鸡内金的主要成分

鸡内金含胃激素（ventriculin）、角蛋白、消化酶、多种氨基酸、矿物质和维生素。消化酶有胃蛋白酶和淀粉酶。矿物质有钙、锌、铬、钴、铜、铁、镁、锰、钼、铅、锌等微量元素。维生素有维生素 B_1、维生素 B_2、烟酸和维生素 C。

2. 鸡内金的功效作用

鸡内金为传统中药之一，用于消化不良、遗精盗汗等症。鸡内金含微量的胃蛋白酶和淀粉酶，服用后能使胃液分泌量增加和胃运动增强。鸡内金水煎剂对加速排除放射性锶有一定的作用。

（周 琼）

思考题

1. 常见根茎类保健(功能)食品原料资源有哪些？大蒜和洋葱中的主要功效成分有哪些？其主要功能作用是什么？

2. 常见叶类保健(功能)食品原料资源有哪些？茶叶、银杏和芦荟的主要功能成分是什么？各自具有哪些功效作用？

3. 常见果类保健(功能)食品原料资源有哪些？沙棘和枸杞子的主要功能成分是什么？各自具有什么功能作用？

4. 简述豆类和种仁类各自主要的营养成分及功能成分。

5. 简述花粉的主要功能成分及功能作用。

6. 常见蕈类和藻类保健(功能)食品资源有哪些？简述螺旋藻主要功能成分及功能作用。

7. 海洋动物及昆虫类保健(功能)食品资源有哪些？简述海洋动物主要功能成分及功能作用。

第五章　保健（功能）食品的功能作用（一）

教学目标：

了解保健（功能）食品功能作用原理，掌握具有相关功能改善作用的食物及功能因子。并结合相关功能作用了解目前已经开发的相应的保健（功能）食品。

一、有助于增强免疫力功能

免疫（immunity）是指机体识别和清除外来病原微生物及其毒素，以及内环境中产生的异常物质成分的一种特异性生理反应。免疫功能是机体抗感染、抗肿瘤和维持自身生理平衡的重要保障，而免疫功能的发挥有赖于机体正常的免疫系统。

（一）免疫系统

免疫系统是由淋巴器官和多种免疫细胞及其产生的免疫因子组成的复杂系统。

淋巴器官包括中枢淋巴器官和外周淋巴器官。前者是淋巴细胞生成和分化成熟的场所，后者是成熟的免疫细胞对抗原产生免疫应答的部位。中枢淋巴器官包括骨髓和胸腺，其中骨髓是制造 B 淋巴细胞和 T 淋巴细胞及 B 淋巴细胞成熟的场所；胸腺是 T 淋巴细胞分化成熟的场所。外周淋巴器官包括脾脏、淋巴结、肠相关淋巴组织和扁桃体、腺样体和阑尾。

免疫细胞包括多种不同类型的细胞：淋巴细胞、粒细胞和单核-巨噬细胞，均来源于多能造血干细胞，见图 5-1。淋巴细胞是免疫系统主要成员，包括 B 细胞、T 细胞和自然杀伤细胞（NK 细胞）。被激活成熟的 B 细胞可分化为能分泌抗体的浆细胞，是体液免疫应答的主要细胞。T 细胞可分化为细胞毒性 T 淋巴细胞（CTL）和辅助性 T 淋巴细胞（进一步可分为 Th1 和 Th2 细胞）。细胞毒性 T 淋巴细胞可杀伤被病毒感染的细胞和肿瘤细胞，辅助性 T 淋巴细胞可产生细胞因子进一步调节机体免疫反应：Th1 细胞可产生白介素-2（IL-2）和干扰素-γ（IFN-γ），主要功能为促进细胞免疫及激活巨噬细胞；Th2 细胞可产生 IL-4、IL-5、IL-10，并通过刺激 B 细胞分化促进体液免疫应答。NK 细胞无需特异抗原刺激即可杀伤感染的细胞和肿瘤细胞。粒细胞根据其所含颗粒染色特点进一步可分为中性粒细胞、嗜酸粒细胞和嗜碱粒细胞，单核细胞随血液循环流动全身，当受到诱导迁移进入组织后即分化为各种巨噬细胞，发挥吞噬作用，作为抗原递呈细胞参与细胞免疫应答，产生可溶性细胞因子在炎症反应中发挥调节作用。

免疫因子是指由免疫细胞和非免疫细胞合成并分泌的分子，包括免疫球蛋白、补体、细胞因子及黏附分子等。一方面，这些免疫因子是免疫细胞参与免疫应答重要的调节方式，另一方面，也可通过测定这些免疫因子的类型和数量判定机体免疫应答水平的高低。表 5-1 列举了常见的细胞因子及其意义。

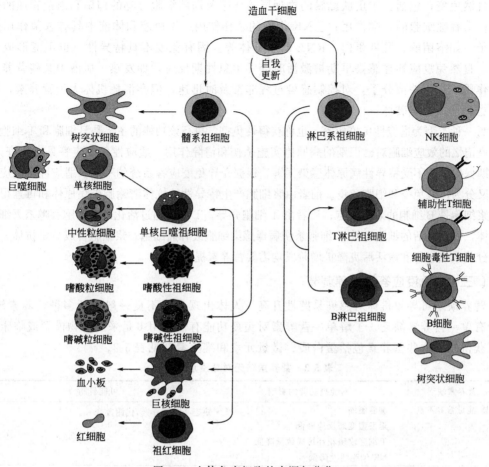

图 5-1 人体免疫细胞的来源与分化

资料来源：金伯泉主编．医学免疫学．第 5 版．北京：人民卫生出版社，2008．

表 5-1 常见细胞因子及其功能意义

细胞因子	来源	功能
IL-2	Th-1	T 细胞生长
		活化巨噬细胞和 NK 细胞
IFN-γ	Th-1，CTL	抗病毒
		B 细胞分化
		促进 B 细胞产生 Ig E
IL-4	Th-2	抑制巨噬细胞活化
		Th-2 细胞生长和分化
IL-1	巨噬细胞、上皮细胞、内皮细胞	介导局部炎症反应
		诱导急性期反应
TNF-α	巨噬细胞、T 细胞、NK 细胞	巨噬细胞活化、诱导 NO 合成
		诱导急性期反应
IL-6	巨噬细胞、成纤维细胞、内皮细胞	促进 B 细胞增殖分化
		诱导急性期反应

摘自：荫士安等译．现代营养学．第 8 版．北京：化学工业出版社，2004．

（二） 免疫应答类型及作用

体内有两种免疫应答类型，针对病原体入侵首先迅速发起防卫作用的为固有免疫应答，也称自然免疫，包括：①皮肤黏膜的物理屏障作用及局部细胞分泌的抑菌和杀菌物质的化学作用；②吞噬细胞的吞噬作用；③NK细胞的杀伤作用；④血液和体液中具有杀菌作用的杀菌分子，如溶菌酶、乳铁蛋白、RNA酶、补体等。固有免疫不具特异性，也不能形成免疫记忆。自然免疫应答在感染早期被激活时会发生急性期反应，如发热、血液中某些营养素的螯合作用、产生杀菌分子，对控制感染过程非常及时迅速，但会消耗机体大量营养素，炎症反应也会造成组织破坏。

另一种类型为适应性免疫应答，也称获得性免疫，执行该功能的主要是B细胞和T细胞，形成免疫记忆的效应细胞对已识别的病原体实施杀伤和清除作用。适应性免疫应答具有免疫记忆，能长期保护宿主不受特异性病原体感染损害。根据介导免疫应答系统的不同，适应性免疫应答进一步又分为体液免疫和细胞免疫。前者由浆细胞产生特异性的抗体清除胞外病原体和毒素得以实现，浆细胞是B细胞的效应细胞；后者由T细胞介导，T细胞通过活化巨噬细胞吞噬杀灭细胞内病原体，或由激活的细胞毒性T细胞杀伤病毒感染细胞或肿瘤细胞。浆细胞合成分泌抗体、淋巴细胞分化成熟过程和激活后克隆扩增阶段均需要营养素提供保障。

（三） 免疫应答的营养调节

营养缺乏可导致机体对感染易感性升高。人体出现营养不良一般包括多种营养素缺乏，很少有单一营养素缺乏。了解单一营养素对免疫功能有何作用多是采用动物模型或临床实验观察获得的，这些营养素包括蛋白质、微量元素和维生素，见表5-2。

表5-2 营养素缺乏对免疫功能影响

营养素缺乏	对免疫功能的影响	可能机制
蛋白质-能量营养不良	胸腺萎缩 迟发型变态反应降低 T细胞玫瑰花环形成数量降低 NK细胞活性降低	• 缺乏必需营养素，代谢改变
铁缺乏	淋巴细胞发育受损 NK细胞活性降低 IL-1生成减少 迟发型变态反应降低 抗菌能力降低	• 影响线粒体顺乌头酸酶、核糖核酸还原酶等含铁酶类活性 • 影响活性氧的生成
铜缺乏	迟发型变态反应降低 淋巴细胞增殖能力降低 抗体生成量降低 IL-2生成减少 中性粒细胞减少	• 影响铜依赖性细胞抗氧化酶活性，从而影响转录因子对氧化还原状态敏感性
硒缺乏	IgG、IgM滴度降低 抗体产生减少 中性粒细胞趋化性降低 对柯萨奇病毒抵抗力降低	• 影响抗氧化功能
锌缺乏	胸腺萎缩 骨髓中发育过程B细胞损耗 T细胞、B细胞增殖降低 迟发型变态反应降低 NK细胞活性降低 IL-2、IFN-γ生成减少 趋化反应降低	• 影响转录酶活性和DNA复制 • 影响NF-KB与DNA的结合

续表

营养素缺乏	对免疫功能的影响	可能机制
维生素 B_6	抗体反应性降低 迟发型变态反应降低 NK 细胞活性降低 淋巴细胞增殖降低 IL-1、IL-2、IL-2 受体生成减少	• 影响一碳单位的合成速率,影响核酸和蛋白质的合成 • 以维生素 B_6 为辅酶的丝氨酸羟甲基转移酶活性降低

摘自:荫士安等译.现代营养学.第 8 版.北京:化学工业出版社,2004.

(四) 具有免疫调节作用的物质和活性成分

营养素缺乏可造成机体免疫功能降低,所以营养素充足摄取是防止免疫功能降低最基本的途径。此外,目前还发现较多功能性物质具有增强免疫功能的作用。

1. 必需营养素

(1) 蛋白质　是构建机体免疫系统的主要物质基础。皮肤、黏膜、胸腺、脾脏、免疫细胞、抗体、补体及细胞因子等,均需蛋白质或氨基酸参与构成。当发生蛋白质-能量营养不良时,这些组织器官及功能均会受到影响,尤其是细胞免疫功能降低较为明显。

(2) 维生素　与维持正常免疫功能关系最为密切的维生素包括维生素 A、维生素 E、维生素 C、维生素 B_6。摄入充足的维生素 A 可防止皮肤、黏膜结构完整性破坏和局部免疫功能降低。缺乏维生素 A 可导致皮肤黏膜感染增加、淋巴器官萎缩、NK 细胞活性降低、细胞免疫功能下降,特异性抗体生成减少。维生素 E 是有效的免疫调节剂,能促进免疫器官发育和免疫细胞分化。维生素 C 通过促进中性粒细胞杀菌活性、促进免疫球蛋白合成、促进淋巴细胞转化和补体产生维持人体免疫功能。

(3) 微量元素　铁缺乏可影响细胞内核酸合成,干扰含铁酶类活性,从而影响细胞代谢、吞噬细胞髓过氧化物酶活性降低,最终可导致吞噬细胞杀菌功能降低。锌有助于维持免疫系统的正常发育和功能发挥,锌缺乏可导致胸腺萎缩,细胞免疫功能下降,抗体形成受影响。但过量的铁和锌反而可以降低免疫功能,增加感染发生率。

2. 活性多糖

目前已开发的活性真菌多糖有灵芝多糖、香菇多糖、猴头菇多糖、茯苓多糖、银耳多糖等;人参、枸杞、刺五加、黄芪等植物中也含具有促进免疫功能的活性多糖。活性多糖大多能刺激免疫活性,能增强网状内皮系统的吞噬功能,促进淋巴细胞转化,激活 T 细胞和 B 细胞并促进抗体形成。活性多糖能降低甲基胆蒽诱发肿瘤的发生率。来自真菌的各种葡聚糖,其抗肿瘤的活性与分子大小有关,相对分子质量大于 1.6×10^4 时才具有刺激免疫功能和抗肿瘤活性。各种活性多糖的来源与作用见表 5-3。

表 5-3　有助于增强机体免疫力的活性多糖

活性多糖	来源	生理功能
香菇多糖	香菇子实体	• 增强体液免疫和细胞免疫功能,诱导 IFN-γ 生成,增加受试小鼠胸腺和脾脏重量;具有调节血脂作用
灵芝多糖	灵芝或紫芝子实体或孢子粉	• 增强迟发型变态反应;增强 B 细胞转化为浆细胞,促进抗体产生;激活 NK 细胞;增强脾脏淋巴细胞 DNA 多聚酶活性
云芝多糖	云芝子实体	• 提高淋巴细胞转化率;诱导 IL-1、IFN-γ 生成
猪苓多糖	猪苓干燥菌核	• 激活巨噬细胞吞噬功能;促进淋巴细胞转化率
金针菇多糖	金针菇子实体和菌丝体	• 增强巨噬细胞吞噬能力;增强迟发型变态反应

续表

活性多糖	来源	生理功能
黑木耳多糖	黑木耳子实体	• 增强细胞免疫功能,抑制肿瘤细胞
银耳多糖	银耳子实体或孢子	• 激活巨噬细胞吞噬功能;促进 T 细胞和 B 细胞增殖;诱导 IFN-γ 生成
茯苓多糖	茯苓菌核	• 增强巨噬细胞吞噬功能,抑制肿瘤细胞
虫草多糖	虫草菌体,人工培养菌丝体	• 促进淋巴细胞转化率;促进抗体生成;增强巨噬细胞吞噬功能,抑制肿瘤细胞
螺旋藻多糖	螺旋藻	• 增强迟发型变态反应;增强巨噬细胞吞噬功能
山药多糖	薯蓣干燥根茎	• 增加巨噬细胞功能;提高玫瑰花环形成率
黄芪多糖	黄芪干燥根	• 增加受试动物脾脏和胸腺重量;促进淋巴细胞转化率;促进巨噬细胞功能;增加补体生成;促进 IL-2 和 IL-2 受体生成
牛膝多糖	牛膝干燥根	• 增强 NK 细胞对肿瘤细胞的杀伤作用;促进抗体生成
枸杞多糖	枸杞果实	• 非特异性免疫增强剂
人参多糖	人参根	• 刺激小鼠巨噬细胞的吞噬功能;促进补体和抗体的生成
刺五加多糖	刺五加根	• 促进淋巴细胞转化率;促进干扰素生成

资料来源:凌关庭主编. 保健食品原料手册. 北京:化学工业出版社. 2002.

3. 免疫球蛋白

免疫球蛋白具有明显提高人体免疫功能的作用,其中 IgG 更易透过毛细血管壁发挥抗感染、中和毒素的作用。鸡蛋黄中含丰富 IgG,称为蛋黄免疫球蛋白(IgY)。采用各类特异性抗原使母鸡获得免疫后可获得均一、高效价的 IgY。

4. 益生菌和益生因子

肠道益生菌具有增强机体免疫系统活性、激活巨噬细胞、提高 NK 细胞活性、促进多种细胞因子分泌的作用,增强局部或全身抗感染能力;益生菌在肠道产生乳酸可抑制肠内腐败菌的繁殖和有害物质形成;益生菌菌体抗原及其代谢物还可通过刺激肠相关淋巴结激发免疫活性细胞,产生特异性抗体和致敏淋巴细胞,调节机体免疫应答。

5. 其他具有增强机体免疫功能的物质

(1)核酸 为机体提供外源性核苷酸,可作为细胞增殖过程中 DNA 复制的原料。虽然核苷酸并非人体必需营养素,但对特殊群体,如老年人、患者、免疫力降低等人群,外源性核苷酸仍具有改善机体免疫功能的作用。

(2)蚂蚁 含 40%～70% 优质蛋白质,富含牛磺酸和锌,还含有蚁酸、蚁醛、三萜类化合物和 ATP 等功效成分,具有增加受试动物胸腺和脾脏的作用,增加巨噬细胞吞噬功能。

(3)蜂王浆 主要成分 10-羟基-2-癸烯酸(即王浆酸,10-HDA),具有增加胸腺重量、促进淋巴细胞转化率、抗体生成的作用。

(4)花粉 工蜂采集植物花粉加入唾液腺分泌物加工而成。主要成分为蛋白质、维生素 C、核酸、酶、黄酮类物质。

(5)阿胶 主要成分为骨胶原蛋白及其水解物,能提高玫瑰花环形成率和单核细胞吞噬功能,对 NK 细胞也有促进作用。

二、 抗氧化功能

食物中的能量营养素通过有氧氧化方式释放可供细胞利用的能量物质 ATP 是机体使用

能量的主要途径,该过程有赖于线粒体的电子链传递系统。其中可产生大量化学性质极活泼的含氧化合物,称活性氧类(reactive oxygen species,ROS),包括氧离子、含氧自由基和过氧化物,活性氮自由基也被认为是类似的高活性分子,活性氧的生成过程见图5-2。虽然活性氧对生物有氧氧化必不可少,机体免疫细胞也可利用活性氧杀菌抗感染,但过高水平的活性氧会对细胞和基因结构造成损坏,从而促进细胞衰老和引起各类慢性疾病。因此,维持机体良好的氧化与抗氧化平衡对延缓衰老、防治慢性疾病是非常必要的。

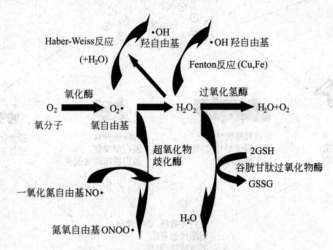

图 5-2 活性氧类的生成和分解反应

摘自:Paul E. Milbury and Alice C. Richer. Understanding the Antioxidant Controversy: scrutinizing the "fountain of youth". 2008, Praeger Publishers

(一) 氧化应激

活性氧包括超氧阴离子(O_2^-)、羟自由基($\cdot OH$)、过氧化氢(H_2O_2)和单线态氧等;活性氮(RNS)包括一氧化氮(NO)、二氧化氮(NO_2)和过氧化亚硝酸盐($ONOO^-$)等。那些至少含一个未配对电子的原子或分子称为自由基(free radicals),其余则称非自由基活性氧类。氧化应激是指机体在遭受各种有害刺激时,如辐射损伤、紫外线暴露、吸烟、接触污染物、缺血再灌注损伤,体内高活性分子产生过多,氧化程度超出氧化物的清除能力,氧化系统和抗氧化系统失衡,从而导致组织损伤。氧化应激是活性氧在体内产生的一种负面作用,是促进机体衰老和引发疾病的一个重要因素。

(二) 氧化应激与衰老、疾病的关系

活性氧对组织细胞的影响是基于高度化学活性的分子与生物大分子发生反应,从而导致细胞结构和功能异常,最终导致衰老和疾病,见图5-3。自由基作用于核酸类物质引起核酸的碱基氧化、核糖氧化和磷酸酯键断裂等,核酸的破坏可导致细胞死亡或基因突变。自由基作用于多糖,可破坏细胞膜糖链结构,影响细胞膜功能。自由基作用于不饱和脂质,可导致生物膜脂质分子过氧化,引起膜中蛋白质及酶的交联或失活,膜通透性改变,影响细胞膜和细胞器的生理功能;脂质过氧化物还可进一步分解产生丙二醛,可与蛋白质、磷脂酰乙醇胺、核酸等生物大分子间发生交联聚合形成脂褐素,沉积在皮肤则形成老年斑,在脑细胞中沉积则会出现记忆力或智力衰退。H_2O_2 或 $O_2\cdot^-$ 对蛋白质氨基酸侧链的氧化可导致羰基产物的积累,也可通过脂质过氧化物间接损伤蛋白质,表现为多肽链断裂、蛋白质分子交联聚

合、某些氨基酸发生化学变化，进而导致组织退行性改变，如老年人皮肤弹性降低、关节软骨退化、晶状体浑浊等。ROS引起的上述改变可导致细胞膜、遗传物质受损，引发衰老和各种慢性疾病，如动脉粥样硬化、2型糖尿病、老年性眼病、肿瘤、神经退行性疾病等。临床实验和人群流行病学研究结果表明，抗氧化剂能在一定程度降低这些疾病的发生率。

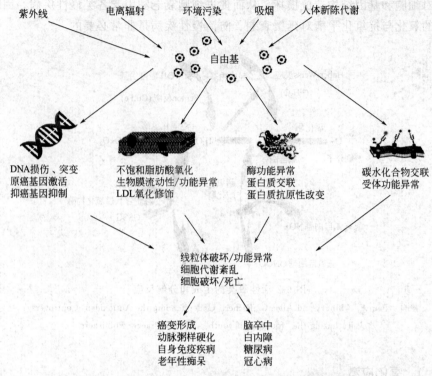

图 5-3   活性氧对生物大分子的损伤导致机体衰老和疾病

1. 氧化应激与动脉粥样硬化

氧化应激可损伤血管内皮细胞，是引起动脉粥样硬化斑块形成的第一步。血液中低密度脂蛋白（LDL）中不饱和脂肪酸也易遭受氧化形成 ox-LDL，巨噬细胞摄入 ox-LDL 后转变为泡沫细胞，最终沉积于血管壁形成粥样斑块。抗氧化物质可保护内皮功能，LDL 中主要的抗氧化物质为维生素 E 和番茄红素等脂溶性物质，也为 LDL 免受氧化修饰提供了保护作用。

2. 氧化应激与 2 型糖尿病

在 2 型糖尿病高血糖水平或终末糖基化产物刺激下，可激活 NADPH 氧化酶系统从而导致氧自由基和氮氧自由基生成增多，该氧化应激与糖尿病多种并发症的发生发展密不可分。如引起血管内皮功能障碍终至动脉粥样硬化，大脑淀粉样蛋白沉积导致老年性痴呆等。

3. 氧化应激与神经系统疾病

越来越多资料表明，氧化应激与一些神经元退行性疾病有关。在生成多巴胺的代谢过程中产生的自由基对黑质和基底核细胞造成氧化损伤，导致帕金森症；流行病学研究发现膳食营养因素与阿尔茨海默病存在一定联系，检测发现部分患者存在某些营养素的缺乏，如 ω-3 多不饱和脂肪酸，B 族维生素，抗氧化维生素如维生素 E、维生素 C，类胡萝卜素，提示补充这些营养素结合药物治疗可能对防治此类疾病有利。

4. 氧化应激与老年性眼病

活性氧可引起晶状体浑浊,是引起老年人群白内障的常见病因;老年性视网膜黄斑变性也与此处抗氧化物质叶黄素和玉米黄素含量降低有关。

5. 氧化应激与肿瘤

细胞暴露于氧化应激时,可出现 DNA 碱基修饰,如羟基胸腺嘧啶和羟基鸟嘌呤形成增多。遗传物质碱基修饰可导致点突变、缺失或基因扩增,增加了细胞发生癌变的可能性。

(三) 人体抗氧化防御系统

人体抗氧化防御系统包括抗氧化酶类和非酶抗氧化物质。抗氧化酶是通过酶促反应清除氧自由基或过氧化物的重要分子,这些酶的组成中含有人体微量元素,如铁、铜、锌、硒、锰,表 5-4 列举了部分重要的氧化还原酶类。体内还存在一些具有抗氧化作用的分子,如硫辛酸、辅酶 Q_{10}、褪黑素、胆红素、尿酸,其抗氧化作用是通过捕获自由基而非酶促反应实现的;此外,体内尚可通过食物途径获得多种抗氧化成分,如维生素 E、维生素 C、类胡萝卜素、多酚类化合物,与体内抗氧化酶和非酶抗氧化成分构成了人体抗氧化防御体系。

表 5-4 人体重要抗氧化酶类

抗氧化酶	常用缩写形式	生理功能
超氧化物歧化酶	SOD1:位于细胞浆中的 CuZn-SOD SOD2:位于线粒体中的 Mn-SOD SOD3:位于胞外的 CuZn-SOD 和 Mn-SOD	催化氧自由基发生歧化反应
过氧化氢酶	CAT:含铁酶	分解 H_2O_2
NADH 过氧化物酶		分解 H_2O_2
NADPH 过氧化物酶		分解 H_2O_2
细胞色素 C 过氧化物酶		分解 H_2O_2
谷胱甘肽过氧化物酶	GPx:含硒酶	分解 H_2O_2
谷胱甘肽还原酶	GR	增加 GSH
谷胱甘肽硫转移酶	GST	联合 GSH 催化环氧化物分解

摘自:Paul E. Milbury and Alice C. Richer. Understanding the Antioxidant Controversy: scrutinizing the "fountain of youth". 2008,Praeger Publishers.

(四) 具有抗氧化功能的物质和功效成分

1. 维生素类

(1)维生素 E 通过自由基中间体氧化为生育醌,将 ROO 转变为化学性质较不活泼的 ROOH,中断脂质过氧化连锁反应。能保护多不饱和脂肪酸、细胞骨架及其他蛋白质巯基和细胞内核酸免受自由基攻击。该作用与机体免疫系统、神经系统、心血管系统、皮肤和生殖系统正常功能维持关系密切。

(2)维生素 C 可还原超氧化物、羟基、次氯酸及其他活性氧。此外,由于其还原性质,可使二硫键还原为巯基,对恢复谷胱甘肽还原状态非常重要。因此,维生素 C 与其他抗氧化剂在清除自由基方面形成了一个有效的联合体系,见图 5-4。

2. 蛋白质和多肽类

(1)超氧化物歧化酶(SOD 常见有 Cu-SOD、Zn-SOD 和 Mn-SOD,目前主要从动物血液红细胞中提取获得。SOD 有助于催化氧自由基的歧化反应从而清除自由基。

(2)谷胱甘肽 GSH 是由谷氨酸、半胱氨酸和甘氨酸组成的三肽,分子中含一个活泼

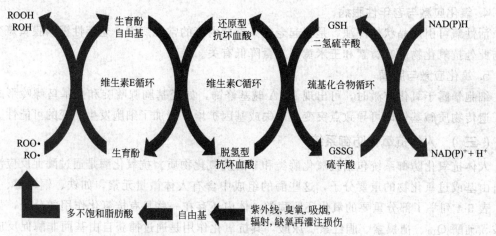

图 5-4　氧化应激的产生与抗氧化联合体系

的巯基（—SH），易被氧化脱氢。两分子 GSH 脱氢后转变为氧化型谷胱甘肽（GSSG）。是机体抗氧化系统中重要的一环。

3. 硒化合物

硒是谷胱甘肽过氧化物酶（GSH-Px）的必需组成因子，硒代半胱氨酸是该酶的催化部分，其中的硒氢基（SeH）代表酶的活性还原形式，以清除过氧化物。硒化合物也能与单线态氧 $^1O_2$ 形成电荷迁移配合物，从而淬灭单线态氧。

4. 植物化学物质

（1）类胡萝卜素　β-胡萝卜素能有效淬灭活性氧。番茄红素是人体重要抗氧化剂之一，淬灭单线态氧速率常数是维生素 E 的 100 倍，不仅具有抗癌抑癌功效，且对预防心血管疾病、前列腺疾病、增强人体免疫系统以及延缓衰老等都具有重要意义。

（2）酚类化合物　目前研究报道较多的有茶多酚、木酚素、葡萄籽提取物和松树皮提取物等。由于其分子结构中有多酚羟基，是优良的氢供体，有很强的抗氧化能力。

木酚素是芝麻中提取的不皂化物中含酚羟基的成分，具有抗氧化作用。人体试验观察到芝麻木酚素能有效抑制血浆中过氧化脂质上升。此外，亚麻籽中木酚素含量也很突出，占 0.9%～1.5%。

葡萄籽提取物和松树皮提取物均含约 85% 左右的前花色素，以及少量儿茶素和咖啡酸。

（3）姜黄素　从姜科植物姜黄根中提取的橙黄色粉末状物质，包括姜黄素、脱甲氧基姜黄素、双脱甲氧基姜黄素和四氢姜黄素四种主要结构。每分子姜黄素含两个多电子酚结构，能捕获清除自由基，提高组织中抗氧化酶活性，因此具有非常强的抗氧化活性。

5. 其他具有抗氧化功能的物质

（1）生育三烯酚　存在于以椰子油为代表的热带植物油中。在较高温度下对动物性油脂具有抗氧化能力。在细胞模型试验中，生育三烯酚具有比生育酚更强的抗氧化能力，这可能与其侧链上所持有的不饱和键有关。

（2）α-硫辛酸　作为辅酶参与机体物质代谢过程中酰基转移，起递氢和转移酰基的作用，具有与维生素相似的功能。α-硫辛酸含有双硫五元环结构，电子密度很高，具有显著的亲电子性和与自由基反应的能力，因此具有很强抗氧化性。丰富来源是动物肝肾、酵母、菠菜、番茄和甘蓝等。

（3）褪黑素　具有抗氧化活性，可能是通过非受体途径清除自由基和受体途径增加抗氧化酶表达水平实现。该作用可有效保护缺血组织出现再灌注氧化应激损伤。

(4) 辅酶 Q_{10} 也称泛醌，还原型为泛醇，带有一条长的异戊烯侧链，具有严格脂溶性，使其能固定在生物膜内外层之间，分布于高尔基体、溶酶体、线粒体和血浆脂蛋白中。泛醇能还原过氧化自由基，使生育酚苯氧基自由基转为生育酚，自身则氧化为泛醌形式而终止自由基链式反应。泛醌在琥珀酸和琥珀酸还原酶作用下也能有效还原生育酚苯氧基自由基。

三、 有助于改善记忆功能

大脑的高级功能包括学习、记忆、判断、语言和其他心理活动。有助于改善记忆的保健食品通过提供神经系统发育所需成分、合成神经递质的前体物质，达到增强学习记忆能力的作用。

(一) 学习与记忆的形式和机制

学习和记忆是两个有联系的大脑高级神经活动过程。学习是指人和动物依赖于经验来改变自身行为以适应环境的神经活动过程。记忆则是学习到的信息的贮存和"读出"的神经活动过程。

1. 学习与记忆的形式

学习的形式分为非联合型学习和联合型学习。前者指不需要在刺激和反应之间形成某种明确的联系。各种刺激使突触发生习惯化和敏感化的可塑性改变就属于非联合型学习形式。后者指两个事件在时间上很靠近地重复发生，最后在脑内逐渐形成联系，如经典的条件反射和操作式条件反射则属于这种学习类型。

根据记忆的贮存和回忆方式可将记忆分为两类。一类为陈述性记忆，也称清晰记忆，它与觉知和意识有关，记忆会在海马、内侧颞叶及其他脑区内滞留，如通过学习掌握的知识，人生中经历的重大事件都属陈述性记忆。第二类为非陈述性记忆，也称含糊记忆，它与觉知和意识无关，也不涉及到在海马的滞留，如某些技巧性的动作、习惯行为和条件反射均属非陈述性记忆。根据记忆保留时间长短分为短时程记忆、中间时程记忆和长时程记忆三类。短时程记忆保留时间仅几秒钟到几分钟；中间时程记忆能保留数分钟到几天，记忆在海马区和其他脑区进行处理，可转变为长时程记忆；长时程记忆保留的时间从数天到数年，甚至保持终生。

2. 学习与记忆的形成机制

(1) 学习与记忆的脑功能定位 借助阳离子射线断层摄像（PET）扫描和功能性磁共振（fMRI）等新技术确定了与学习和记忆功能有关的脑内结构，包括大脑皮质联络区、海马及其邻近结构、杏仁核、丘脑和脑干网状结构。

(2) 陈述性记忆和非陈述性记忆的形成机制 中、短时程的陈述性记忆需要在大脑皮质联络区和海马的参与下形成海马环路，大致的神经通路是视觉、听觉、触觉等刺激进入大脑感觉皮质后达到皮质联络区，味觉、嗅觉刺激是经颞叶和额叶边缘皮质达到皮质联络区，两路信息再经内侧颞叶边缘系统、丘脑内侧核团、额叶腹内侧进入基底-前脑胆碱能系统，最后又回到大脑皮质联络区。参与形成非陈述性记忆的结构主要是大脑皮质-纹状体系统，小脑、脑干和脊髓也参与其中，大致的神经通路是感觉冲动进入大脑感觉皮质后达到皮质联络区，经颞叶皮质进入纹状体，又经纹状体-黑质通路到达脑干运动系统。

(3) 记忆形成的细胞和分子机制 神经元突触的可塑性改变是学习和记忆的神经生理学

基础。现在认为长时程记忆与以下改变有关：①与蛋白质合成有关，蛋白质合成发生在从短时程记忆向长时程记忆转变的阶段，可能是结构改变的物质基础。②与神经组织形态学改变有关，例如，感觉神经末梢激活区数量可发生增减，在习惯化处理后有激活区的神经末梢减少；相反，敏感化处理后有激活区的感觉神经末梢明显增多，③与神经元之间建立新的突触联系有关。

（二） 营养与记忆的关系

营养素对学习和记忆的作用可通过为大脑提供能量、影响神经系统发育、提供神经递质合成的前体物质等多条途径实现。目前发现的神经递质和神经调质包括七大类，见表 5-5。

表 5-5　哺乳动物神经系统内神经递质和神经调质分类

分类	常见家族成员
胆碱类	乙酰胆碱
胺类	多巴胺、去甲肾上腺素、肾上腺素、5-羟色胺、组胺
氨基酸类	谷氨酸、天门冬氨酸、甘氨酸、γ-氨基丁酸
肽类	下丘脑调节肽、血管升压素、催产素、P物质、阿片肽、
	脑肠肽、血管紧张素Ⅱ、心房利钠肽、神经肽Y、降钙素基因相关肽
嘌呤类	腺苷、ATP
气体分子类	一氧化氮、一氧化碳
脂类	花生四烯酸及其衍生物、神经类固醇

摘自：姚泰主编．生理学．第7版．北京：人民卫生出版社，2001.

1. 宏量营养素

碳水化合物是大脑能量主要来源。大脑神经元对低血糖反应非常敏感，可出现头晕、注意力不集中、学习效率降低甚至昏迷。大脑中蛋白质含量占 35%，是神经系统发育和功能维持的物质基础；某些特殊氨基酸可通过影响神经系统递质合成调节脑的高级功能，如谷氨酸、γ-氨基丁酸、甘氨酸、色氨酸、苯丙氨酸等。脂质是构成神经系统最重要的物质原料，占 60% 左右，磷脂和胆固醇是参与构成神经元和神经纤维的主要成分，磷脂还是提供胆碱和 DHA 的重要来源。

2. 微量营养素

在生长发育阶段，维生素 A 对神经元增殖和分化成熟而言是必不可少的，维生素 E 有利于清除自由基，防止氧化损伤带来的神经系统退行性改变，如老年性痴呆和帕金森综合征，胆碱和 B 族维生素中的叶酸和维生素 B_{12} 影响甲基化反应、降低血浆同型半胱氨酸水平，与减轻神经系统氧化应激和神经递质合成均有非常重要的联系。

碘缺乏可导致甲状腺激素合成不足，后者是神经系统发育至关重要的激素，碘缺乏可导致严重的智力损害。铁缺乏可导致缺铁性贫血，大脑的活动可因供氧不足而出现障碍，可出现头晕、乏力、记忆力减退等贫血症状。

（三） 具有改善记忆作用的食物和功效成分

1. 功能性脂类

（1）磷脂　主要是卵磷脂。在肠道被消化后分解为脂肪酸和溶血磷脂被吸收，运送至相应组织器官用于重新合成磷脂分子或提供胆碱，后者也是胆碱能神经元用于合成神经递质乙酰胆碱的前体物质。目前使用最多的原料为大豆磷脂和蛋黄磷脂。

（2）多不饱和脂肪酸　花生四烯酸（AA）和二十二碳六烯酸（DHA）都是神经系统和

视网膜细胞膜上含量最多的两类多不饱和脂肪酸。在胎儿期和幼儿期，提供足量的 AA 和 DHA 对神经系统和视网膜发育十分关键。AA 可通过白被孢霉菌经发酵培养获取，而 DHA 主要提取自海洋鱼类和海洋哺乳动物。此外，从某些种类的藻类如双鞭甲藻、小球藻中提取的藻油也是 DHA 的良好来源。

2. 牛磺酸

具有结合胆汁酸、抗氧化和参与大脑与视网膜正常发育的作用。机制尚不完全阐明，国内动物实验研究结果显示动物在妊娠期和哺乳期缺乏牛磺酸可损伤子代动物海马的发育，牛磺酸也能改善由重金属、β-淀粉样蛋白、D-半乳糖诱导的学习记忆障碍程度。

3. 胆碱

围生期是大脑功能中胆碱能系统构造的关键时期。动物实验中发现在海马和基底-前脑神经元的形成和突触结构的发生都可因胆碱缺乏出现发育受损。胆碱对神经系统作用的机制包括：①甲基化反应，与脑组织发育过程中基因表达变化有关。②构成生物膜磷脂成分，大脑神经元 DHA 主要呈现在磷脂酰胆碱分子中。③作为信号分子参与控制细胞周期，磷脂酰胆碱水解后产生的磷酸胆碱、甘油二酯、神经酰胺都是调节细胞周期的信号分子。④用于合成乙酰胆碱的前体物质，乙酰胆碱不仅是神经递质，还是脑发育的一个直接调节因子。

4. 其他具有改善记忆功能的物质

(1) 远志　已从远志根中分离到远志皂苷、远志酮、皂苷细叶远志素、树脂等成分，与降低脑内氧化应激损伤、抑制胆碱酯酶活性和增加乙酰胆碱含量有关。

(2) 银杏叶　含黄酮类、黄烷醇类和双黄酮等黄酮类化合物和内酯化合物，能促进大脑蛋白质合成、乙酰胆碱含量以及保护胆碱能神经元。

四、 有助于缓解运动疲劳功能

人体在从事以肌肉活动为主的体力活动或是以思维活动为主的脑力活动时，经过一定时间或达到一定强度后会出现活动能力下降的现象，表现为疲倦、肌肉酸痛、全身无力，这种现象就是疲劳的表现。根据国际运动生物化学学会定义，疲劳（fatigue）是指机体的生理过程不能维持在一特定水平或器官不能维持其预定的运动强度。疲劳现象是机体自我保护的一种机制，可防止体能衰竭或机体受损。本节所述疲劳主要是指体力活动引起的运动疲劳。

（一） 疲劳的发生机制

1. 生理学机制

从生理学角度看，疲劳发生在以下两个部位，分别称中枢性疲劳和外周性疲劳。中枢性疲劳的三个机制分别是大脑高级运动中枢兴奋性减弱、运动中枢对下级运动神经元的刺激减弱和直接控制肌肉的运动神经元兴奋性减弱。外周疲劳发生在运动效应器处，机制包括三神经肌肉接头传导能力降低、肌纤维膜兴奋性降低和兴奋-收缩耦联机制效率降低。

2. 生物化学机制

从生物化学角度看，疲劳发生涉及物质代谢的改变。与中枢性疲劳发生有关的改变主要包括血糖水平降低和血液中氨基酸浓度变化。血液中葡萄糖是大脑和肌肉收缩最直接的能量来源，运动过程中出现血糖水平降低时可导致大脑运动中枢神经元兴奋性降低。氨基酸浓度改变导致中枢疲劳的理论中被普遍接受的观点是运动导致血液中色氨酸和支链氨基酸水平改变。血液中支链氨基酸被运动的肌肉大量消耗而降低；因此，会有更多的色氨酸通过竞争性机制进入大脑，在酶作用下转变为神经递质 5-羟色胺，引起疲倦、思睡等中枢疲劳现象。

与外周疲劳有关的生化改变主要发生在肌肉中，包括肌肉中糖原耗竭、高能磷酸物质（如ATP和磷酸肌酸）减少、乳酸堆积、磷酸盐堆积。

（二） 体力疲劳对机体的损害

疲劳未得到及时缓解时，可出现肌肉系统和中枢神经系统症状。全身性剧烈运动后，除直接参加运动的肌群发生疲劳外，呼吸肌也将出现疲劳，导致心率增加和呼吸困难。中枢神经疲劳表现为头痛、眩晕、恶心、口渴、乏力等感觉。疲劳可使工作效率降低，对外界刺激反应迟钝，学习效率下降。长期疲劳若得不到及时休息，可产生过劳状态进而导致健康受损。除使身体部分器官和系统过度紧张引起各种不同类型的病损外，也会出现机体免疫系统、呼吸循环系统和消化系统功能减退。

（三） 营养素与运动能力

1. 宏量营养素

碳水化合物是人体主要供能物质，以葡萄糖形式为大脑和肌肉系统提供最迅速的能量来源。肝脏和肌肉中能贮存350～500g糖原，可在高强度的运动中迅速水解提供葡萄糖。糖原耗竭致血糖水平降低是影响运动能力最主要的原因。因此，运动前通过肌糖原超量恢复或运动过程中补充简单糖类都是提高运动能力的营养措施。

体脂肪是人体主要的能量储备，且体内贮存脂肪几乎没有限制。在安静和中低强度有氧运动中，脂肪是人体主要的能量来源。如安静时85%能量来自血液中游离脂肪酸的有氧氧化，轻微活动时脂肪供能大约占总能量的60%。

蛋白质是构成肌纤维重要原料，通过阻力训练同时补充足量优质蛋白质，有助于增加肌肉量从而提高力量；蛋白质也是血液中血红蛋白与肌肉中肌红蛋白合成必需原料，保证充足蛋白质能提高机体有氧代谢能力，从而降低疲劳程度。

2. 微量营养素

维生素 B_1 作为丙酮酸脱羧酶辅酶在糖代谢中参加丙酮酸或 α-酮戊二酸脱羧反应，维生素 B_2 是黄素腺嘌呤二核苷酸或黄素单核苷酸辅酶，并且作为电子转移系统的一个重要组成部分，参与机体中复杂的氧化还原过程。若机体缺乏这两种维生素将直接影响氧化供能系统，使机体在活动中产生疲劳感。运动过程中活性氧产生增多，不及时清除会影响细胞线粒体功能而导致能量生成受阻。维生素 C 和维生素 E 具有抗氧化作用，可以增强人体在运动中机体的抗氧化防御能力，促进疲劳的恢复。

矿物质不仅参与构成机体组织，也是很多酶系统的激活剂和调节神经肌肉兴奋性、维持细胞膜通透性的重要成分。钙是构成骨骼的主要成分，肌肉神经正常兴奋性及其兴奋传导也必须依赖正常的钙离子浓度，血清钙水平下降可导致神经肌肉的兴奋性增高而引起肌肉抽搐。钙还是许多酶的激活剂，钙能激活肌细胞内 ATP 酶，促进肌肉收缩。

3. 水分

人体重的60%由水构成。运动过程可导致机体大量流汗脱水，如未及时补充将会影响机体汗液形成从而影响机体散热功能，还可导致水、电解质紊乱，引起神经肌肉兴奋性紊乱。

（四）具有缓解运动疲劳功能的食物和功效成分

1. 具有缓解运动疲劳的物质

（1）人参和西洋参　均属五加科人参属植物。主要使用其干燥根，功效成分为人参皂苷、人参多糖、低聚肽和精油。人参皂苷可分为 Rb 组（人参二醇型）、Rg 组（人参三醇型)和 Ro 组(齐墩果酸型),对中枢神经系统具有一定兴奋作用和抗疲劳作用。此外,人参皂苷也具有促进机体免疫力功效。

(2)刺五加　五加科五加属植物,多用其干燥根茎。含刺五加苷、刺五加多糖及芦丁等功效成分,具有抗疲劳、提高机体耐缺氧能力和调节免疫力作用。

(3)三七　五加科人参属植物。其总皂苷中含人参皂苷和三七皂苷 A、B、R1、R2、R3、Fa。人参皂苷具有与人参一样的抗疲劳功效,还有止血、止痛、抗炎、降低血脂和提高免疫力作用。

(4)葛根　豆科葛属植物葛根的块茎,葛根总黄酮中以异黄酮为主,另含葛根皂苷、三萜类化合物和生物碱。葛根具有改善心脑血液循环,增加心肌血流量,达到抗疲劳作用。

(5)鱼鳔胶　即鱼鳔(俗称鱼肚)干制品,含较丰富胶原蛋白和黏多糖,有助于促进肌肉组织合成,增加肌肉力量。

2. 具有缓解运动疲劳的功能成分

(1)二十八烷醇　提高运动能力的作用表现在增强耐力,提高肌肉力量,减轻肌肉疼痛,减少肌肉摩擦,缩短肌神经反应时间。它还可增强心脏机能,提高基础代谢率,提高氧的输送能力以增强人体对高山反应的适应能力。

(2)咖啡因　一种中枢神经系统兴奋剂和肌肉系统松弛剂。咖啡因能明显增加血浆中游离脂肪酸浓度,提高中低强度运动细胞利用脂肪酸获得能量的能力。

被批准用于缓解运动疲劳的物质和功效成分还包括红景天、淫羊藿、枸杞子、熟地黄、砂仁、山药、肉桂、丁香、何首乌、红花、牛磺酸等。

五、 有助于改善睡眠功能

睡眠是人类生命活动中必需的生理过程。在睡眠过程中,体力得以恢复,生长激素分泌量增多促进了体格生长,神经系统也在发生蛋白质合成增多、突触联系建立等过程,有利于记忆的建立。睡眠时间长短最主要的影响因素为年龄,出生后 3 天的婴儿每天睡眠达到 12~22h,青年人每天睡眠 6~8h,中老年人睡眠时间进一步减少。而睡眠障碍在生活中和临床上都很常见,包括失眠、觉醒与睡眠节律障碍、过度嗜睡等。

(一) 睡眠机制

1. 维持觉醒状态的机制

各种感觉冲动的传入对大脑维持觉醒状态十分重要。目前认为蓝斑上部去甲肾上腺素递质系统与维持觉醒有关,可能起着持续性紧张性作用;而脑干网状结构上行激动系统属于胆碱能系统,其作用呈现阶段性,可能具有调节去甲肾上腺素递质系统的脑电觉醒作用。

2. 睡眠的时相和产生机制

睡眠具有两种不同的时相,一是慢波睡眠时相,二是快波睡眠时相,也称快速眼球运动睡眠。慢波睡眠阶段脑垂体分泌生长激素水平达到顶峰,有利于体格生长和促进体力恢复;快速眼球运动睡眠阶段,脑内蛋白质合成加快,有利于幼儿神经系统发育成熟,并对建立新的突触联系和促进学习记忆十分重要。

(1)慢波睡眠产生机制　有三个皮质下脑区与慢波睡眠发生有关,它们分别是间脑睡眠区、延髓同步化区、前脑-基底部睡眠区。神经递质在慢波睡眠中起一定作用。有研究发现5-羟色胺受体阻断剂 Retanserin 能促进慢波睡眠;腺苷是一种促眠因子,而作为腺苷受体拮抗剂的咖啡因具有提神醒脑作用,已得到了公认;前列腺素类 PGD_2 在下丘脑内侧视前区释放后可引起慢波睡眠和快速眼球运动睡眠都增加，所以 PGD_2 可能是一种促眠因子，而 PGE_2 则可引起觉醒。

（2）快速眼球运动睡眠产生机制　产生快波睡眠的脑区主要在脑桥网状系统。脑桥被盖外侧区胆碱能神经元兴奋时就会产生快速眼球运动睡眠，而相应的脑桥蓝斑处去甲肾上腺素能神经元和中脑中缝核 5-羟色胺神经元则处于静止。

3. 睡眠与觉醒昼夜节律产生机制

几乎所有生物活动都会随地球的自转表现出昼夜节律。哺乳动物下丘脑存在两个神经元群落，被称为视交叉上核，它调节生物钟节律以适应外界环境的节律（如白昼和黑夜）。其操作模式大致为光感受机制→生物钟→输出途径。光感受机制既不是视杆细胞，也不是视锥细胞，最有可能的是视网膜中存在的一种色素蛋白（隐花素蛋白）。生物钟接受刺激后通过 SCN 中的特殊神经元，表达相应的基因，通过合成效应蛋白质向其他控制睡眠和觉醒的脑区输出。位于第三脑室后壁的松果体很可能通过接收此类信号调节其分泌褪黑素的量以控制睡眠周期。

（二）　失眠的原因及危害

失眠是最常见的睡眠障碍，导致失眠的原因主要为心理因素，如遭遇负面生活事件、焦虑等。其他原因还包括：饮酒、服用药物、含咖啡因的饮料；肥胖所致睡眠呼吸暂停引起的窒息；精神疾病的伴发症状，如抑郁症；睡眠中的肌肉阵挛或不宁腿综合征引起；疼痛、中毒或环境因素等。

睡眠对维持躯体和精神心理健康均具有重要作用，有助于消除躯体的疲劳，恢复精力，保持良好的觉醒状态，提高工作效率。失眠将引起身体疲乏、嗜睡、注意力不能集中、恶心呕吐、头痛、幻听、幻觉，严重者甚至产生类似精神分裂症的妄想症。

（三）　有助于改善睡眠的食物和功效成分

1. 褪黑素

补充褪黑素（melatonin）能缩短入睡前时间、睡眠中觉醒次数减少，从而改善睡眠质量和调整睡眠节律。褪黑素还具有抗氧化作用，有助于增强免疫力。

2. 酸枣仁

鼠李科乔木酸枣的果仁，从中分离的成分有三萜类化合物如白桦脂酸和白桦脂醇、酸枣仁皂苷、阿魏酸、植物甾醇和大量 cGMP 和 cAMP 样活性物质。酸枣仁总皂苷和总黄酮均显示具有镇静促眠作用。

3. 其他具有改善睡眠的物质

也有研究结果提示远志、五味子、益智仁、缬草等具有改善睡眠作用。

六、　有助于缓解视疲劳功能

视觉是指通过视觉系统的外周感觉器官接受光波刺激，经神经中枢特殊功能区进行编码分析后获得的主观感觉。人脑所获得的关于周围环境的信息中，约 95% 以上来自视觉，可见视觉功能对人体获取外界信息的重要地位。视疲劳是以眼部症状为基础，合并全身、精神和心理因素相互作用的结果，是一种涉及生理、心理及全身机体状态的疲劳症候群。

（一）　眼的解剖结构及视觉形成

1. 眼球

视觉的外周感觉器官是眼，包括眼球和眼附属器官。眼球由含感光细胞的视网膜和作为附属结构的折光系统等主体部分组成。与视觉直接有关的是位于眼球中线上的折光系统和位于眼球后部的感光系统，即视网膜。视网膜上主要有两种感光细胞，即视杆细胞和视锥细胞。视杆细胞主要分布在周边区域，主要在黑暗或较弱光线环境中发挥作用。视锥细胞则主要密集地分布在靠近视网膜中心凹的区域，位于黄斑中心，主要对较强光线和颜色光起反应。视网膜结构见图 5-5。

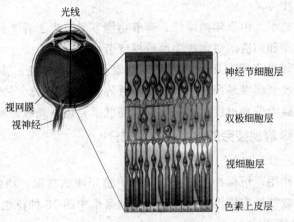

图 5-5　视网膜的结构层次

资料来源：贝尔，康纳斯，帕拉迪索．神经科学（影印版）．北京：高等教育出版社，2002

　　视细胞层的两种感光细胞是真正的光感受细胞，其外段是视色素集中的部位，在感光换能过程中起重要作用。视杆细胞只含有一种视色素，即视紫红质。而视锥细胞含三种视锥色素。这些色素均含 11-顺式视黄醛，不同之处在于结合的视蛋白。11-顺式视黄醛是维生素 A 的一种功能形式，在光线刺激下转变为反式结构，与视蛋白分离从而引起感光细胞的神经冲动，传入视觉中枢形成视觉。因而维生素 A 营养状况对维持正常视觉是非常关键的。

　　2. 眼的附属器官

　　眼的附属器官包括眼眶、眼外肌、眼睑、结膜和泪器。眼眶骨缘与眼眶骨壁形成三角形，保护眼球不受损伤。在眼眶骨壁与眼球之间除有眼外肌、神经、血管组织外，尚有较多的眶内脂肪组织。眼的前方有眼睑，能保护眼球免受外伤、污染和伤害。结膜覆盖在眼球表面（球结膜）与眼睑内表面（睑结膜）。泪腺位于眼眶外上方，分泌的泪液能湿润眼球以保证眼球前部角膜透明。

（二）　视疲劳及原因

　　1. 视疲劳

　　视疲劳眼部症状包括眼红、胀痛、眼眶疼痛、视物模糊、眼干涩、流泪、异物感、眼睑沉重、不能持久近距离工作。全身症状包括头痛头晕、恶心呕吐、精神萎靡、注意力不集中、记忆力下降、食欲缺乏、颈肩腰背酸痛、指关节麻木、原有眼病加重。

　　2. 引起视疲劳或视力减退的原因

　　（1）屈光不正　包括近视、远视、散光没有得到及时矫正，易导致视物时调节过度或调节不足，将使眼长期处于紧张状态出现视疲劳。

　　（2）眼镜佩戴不合适　由于各种因素导致之前眼镜定配不适或者度数有所变化未及时更换眼镜引起的视疲劳。

　　（3）隐斜视、眼外肌麻痹、眼肌用力不平衡　轻微隐斜视并无症状，但如果隐斜视度数过大或者融合不足，就会引起肌性视疲劳。眼位不正主要表现在外隐斜患者中，在近距离工作或阅读时的外隐斜大于看远时，正像融合范围小，辐辏功能不足，为保持双眼单视，双眼内直肌需要更强的收缩，以引起集合性视疲劳。

（4）两眼屈光度参差　由于屈光参差两眼视网膜上的成像大小不等，但双眼调节作用是相等且同步的，为使双眼成像得到更好融合并能产生立体视觉，两眼可因调节矛盾和双眼成像融合困难而引起视疲劳。

（5）年龄因素　老年人由于年龄增长，调节功能下降，为了看清目标需要增加调节，常产生因睫状肌过度收缩和相应的过度集中而致视疲劳症状。

（6）眼科疾病　如青光眼时眼压高、交感性眼炎、睫状体炎、糖尿病、贫血、营养不良、内分泌障碍、神经衰弱等易出现调节性视疲劳等。

（7）其他因素　脑力劳动过度、写字时桌椅高低不合适、光线过强或过弱等。

（三）　有助于缓解视疲劳的食物和功效成分

1. 花色苷类

具有较强抗氧化作用，可保护毛细血管，保护感光细胞功能，增强对黑暗的适应能力。对保护视力功能效果较好的有欧洲越橘和普通越橘浆果中的 15 种花色苷类。

2. 叶黄素与玉米黄素

叶黄素和玉米黄素均为黄斑中的主要色素成分，具有对蓝色光的滤过和抗氧化应激作用，对老年性黄斑变性（AMD）有预防作用，以缓解老年性视力衰退等。老年人和易出现视力疲劳者应经常选用含叶黄素丰富的食物。叶黄素广泛存在于蔬菜和水果中，如西蓝花、菠菜、桃、芒果、木瓜等。工业化生产主要以万寿菊花瓣为原料提取获得。

3. 维生素 A 和胡萝卜素

维生素 A 参与视网膜两种感光细胞内视色素形成。如缺乏维生素 A，视网膜内视紫红质的再生过程变得缓慢而不完全，暗适应时间延长，甚至导致夜盲症。胡萝卜素在小肠内可被转化为维生素 A，也具有维护健康视觉功能。维生素 A 最好食物来源为动物肝脏、鱼肝油、禽蛋等；胡萝卜素良好来源包括胡萝卜、菠菜、苋菜、苜蓿、红心甜薯等蔬菜水果中。

4. 锌

眼角膜、虹膜、视网膜及晶状体内含锌量高。锌在眼内参与维生素 A 的代谢与运输，维持视网膜色素上皮的正常组织状态，维持正常视力功能。人群干预实验结果提示同时补充锌和叶黄素对防治老年性黄斑变性有一定作用。含锌较多的食物有牡蛎、肉类、动物肝、蛋类、花生、豆类等。

5. 其他有助于缓解视疲劳的物质

决明子、枸杞子、菊花、牛磺酸、维生素 B_2 等。

七、　有助于泌乳功能

哺乳期是女性在分娩后通过分泌乳汁喂养婴儿的特殊阶段。母乳喂养有利于婴儿获得均衡而充足的营养，对乳母自身健康也具有重要作用。因此，积极地进行母乳喂养得到国际社会普遍认同。

（一）　泌乳生理机制

乳腺分泌乳汁涉及复杂的神经体液调节：分娩后血中胎盘生乳素、雌激素、孕激素水平急剧下降，垂体催乳激素分泌增加，乳汁开始分泌。虽然垂体催乳素是泌乳的关键调节机制，但后续乳汁分泌很大程度受哺乳时婴儿的吸吮刺激影响。当婴儿吸吮乳头时，由乳头传来的感觉信号，经传入神经纤维抵达下丘脑，可能通过抑制下丘脑多巴胺及其他催乳激素抑制因子，使垂体催乳激素呈脉冲式释放，促进乳汁分泌。这一过程称为"泌乳反射"。吸吮动作还能反射性地引起神经垂体释放缩宫素，使乳腺腺泡周围的肌上皮细胞发生收缩，使乳汁从腺泡、小导管进入输乳导管和乳窦最终被喷出。这一过程被称为"喷乳反射"。由此可见，婴儿吸吮刺激是保持乳腺不断泌乳的关键，乳房不断被排空也是维持泌乳的另一个重要条件。此外，乳汁分泌还与乳母的睡眠、情绪、健康和营养状况有关。

(二)　母乳喂养的健康意义

1. 母乳喂养对婴儿健康有利

母乳喂养对婴儿的健康价值体现在：①提供全面而充足的营养素。单纯母乳喂养几乎能满足半岁以内婴儿所有营养素需要，且生物利用率高。②提供免疫保护作用。母乳中富含分泌型 IgA、乳铁蛋白、溶菌酶、低聚糖，还含有巨噬细胞和淋巴细胞，有助于降低感染率。③喂养过程有利于母子间的情感交流，可促进婴儿心理发育。

2. 母乳喂养对母亲健康的益处

母乳喂养对母亲的益处体现在：①有助于防止产后子宫出血。哺乳过程可增加缩宫素分泌，后者可减少子宫出血，并有利于宫体的复原。②哺乳可促进乳汁的排空，避免发生乳房肿胀和乳腺炎。③有利于产后身体恢复。通过泌乳，消耗妊娠期贮存的皮下脂肪用于乳汁合成，有利于体形恢复。④减少母亲患乳腺癌、卵巢癌的风险。哺乳可降低雌性激素水平，后者是此类肿瘤的危险因素之一。

(三)　营养对泌乳的影响

1. 宏量营养素

蛋白质摄入量对乳汁分泌的数量和质量影响最明显。乳母膳食中蛋白质量少且营养价值低时，乳汁分泌量将大大减少，并会动用母体蛋白质贮存来维持，从而损害乳母的健康。富含优质蛋白的食物有禽蛋、鱼类水产、牛奶、瘦肉、动物肝、豆类。

脂肪是乳汁中含量仅次于水分的能量营养素，占成熟乳的 3‰～5‰。而且含量和脂肪酸构成会受乳母膳食脂肪摄入影响。

2. 微量营养素

母乳中大多数矿物质和维生素含量都受乳母膳食营养状况影响。如果缺乏，可引起乳汁中这些微量营养素明显不足。这些微量营养素包括维生素 A、维生素 B_1、维生素 B_2、维生素 B_6、碘、硒。而母亲膳食中或机体中储备的维生素 D、叶酸、钙、铁、铜、锌等对乳汁中相应营养素的影响微乎其微，但对乳母自身健康而言仍应该得到满足。

3. 水分

产后 3 个月每日泌乳量可达到 750～850mL，而水是乳汁中构成比最大的成分。当水分摄入不足时会使乳汁分泌量减少。除主动饮水外，应在每日膳食中多以汤汁的形式安排，如各种肉汤、小米粥。

(四)　有助于泌乳的食物和成分

(1) 牡蛎　由牡蛎科动物近江牡蛎、长牡蛎、大连湾牡蛎等去壳取肉干制而成。牡蛎肉含蛋白质 50%、脂肪 10%、糖原 25%。并富含牛磺酸、神经酰胺和锌，营养丰富，具有滋阴补血作用。

（2）中药原料　麦冬、龙眼肉、大枣、生地黄、黄芪等。祖国医学理论认为乳汁由血所化，赖气以运行，故产后乳汁分泌不足与气血虚弱或肝气虚有关。上述中药材具有滋补气血、通络下乳功能。

八、 有助于减少体内脂肪功能

肥胖本身即为一种疾病，而且还是 2 型糖尿病、心血管疾病、痛风和多种癌症的危险因素，被 WHO 列为导致疾病负担的十大危险因素之一。超重和肥胖是一种生活方式病，防治措施除了药物、手术外，饮食、运动和行为矫正也不应忽视。

（一） 肥胖的概念、 病因和危害

1. 概念

肥胖是指体内脂肪细胞体积和细胞数目增加，体脂占体重的百分比异常增高，并在某些局部过多沉积脂肪。如果脂肪主要在腹壁和腹腔内蓄积，称为"中心性"或"向心性"肥胖，是多种慢性病的重要危险因素之一。存在明确病因的肥胖称继发性肥胖，如某些药物或内分泌疾病可引起肥胖；无内分泌疾病或找不出可能引起肥胖特殊病因的肥胖症为单纯性肥胖，单纯性肥胖者占肥胖症总人数的 95％以上。

判定肥胖有多种方法，如可以较精确地测定体脂百分含量的计算机体层摄影术和核磁共振成像术等，但这些仪器设备比较昂贵，无法普遍采用。故常使用人体测量学指标，如体质指数（BMI）和腰围。BMI 是以体重（kg）除以身高（m）的平方，即 BMI＝体重/身高^2（kg／m^2）。我国用于判定成人超重和肥胖的 BMI 切点值见表 5-6。腰围（WC）是指腰部周径的长度，是衡量脂肪在腹部蓄积（即中心性肥胖）程度的最简单、实用的指标。我国判定中心性肥胖的标准为：成年男性腰围≥85cm，成年女性≥80cm。

表 5-6　我国用于判定成人超重和中心性肥胖的 BMI 标准

分类	体重过低	正常体重	超重	肥胖
BMI/(kg/m^2)	＜18.5	18.5 ～23.9	24.0 ～ 27.9	≥28

资料来源：中国肥胖问题工作组．中国成年人超重和肥胖预防控制指南．北京：人民卫生出版社，2003.

2. 病因

肥胖症是一种多病因疾病，包括遗传因素、膳食、体力活动及心理因素。多项研究表明单纯性肥胖具有遗传倾向，肥胖者的基因可能存在多种变化或缺陷。进食高能量、高脂肪食物过多，进食过快，使能量总摄入量超过能量消耗。静态生活时间的增加，可能导致多余的能量以脂肪的形式贮存起来。

脂肪细胞增多、细胞内甘油三酯过量蓄积是肥胖者白色脂肪组织主要病理特点。肥胖状态多伴随胰岛素抵抗或 2 型糖尿病，高胰岛素水平一方面可促进脂肪细胞脂肪合成，同时也抑制脂肪分解（图 5-6）。值得注意的是，腺苷酸环化酶的激活对酯解过程有利，而该作用可被 A1 型腺苷受体阻断。能抑制 A1 型腺苷受体活性的物质有希望成为有助于减少体内脂肪保健食品的功效成分。

3. 危害

肥胖是糖尿病、非酒精性脂肪肝、血脂紊乱、动脉粥样硬化、高血压、痛风的重要危险因素。肥胖者比正常者冠心病的发病率高 2～5 倍，高血压发病率高 3～6 倍，糖尿病发病率高 6～9 倍，脑血管病发病率高 2～3 倍。肥胖使躯体各脏器处于超负荷状态，可导致肺功能

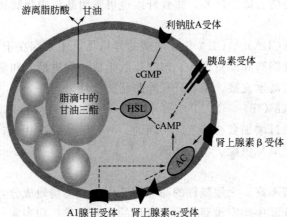

图 5-6　脂肪细胞中甘油三酯分解调控示意图

HSL—激素敏感性酯酶；AC—腺苷酸环化酶。实线箭头表示促进过程，虚线箭头代表抑制作用

资料来源：文秀英 主译．肥胖症：从基础到临床．北京：北京大学医学出版社，2012

障碍、骨关节炎；还可引起代谢异常，出现痛风、胆结石、睡眠呼吸暂停综合征等。肥胖还增加某些肿瘤发病风险增加，如结肠癌、乳腺癌等。

（二）　肥胖的营养防治原则

1. 限制总能量摄入

根据肥胖程度分别作不同的膳食总能量限制。轻度肥胖者能量限制到正常成人能量推荐水平的 80%，中度肥胖限制至 60%，重度肥胖供给总量 40%～60%。不宜采取极低能量膳食（每日总能量摄入低于 800kcal），否则易出现疲劳、乏力、注意力不集中等。

2. 限制膳食脂肪摄入

脂肪能量密度高，限制脂肪摄入有助于减少膳食总能量摄入。因此每日脂肪摄入量应控制在总能量 25% 以内。烹调用油 30～50g，以植物油为主，严格限制动物油。

3. 限制碳水化合物

限制碳水化合物摄入量，尤其是少用或忌用含单糖、双糖较多的食物。一般认为，碳水化合物所供给能量为总能量的 45%～60%，主食每日控制在 150～250g。

4. 供给足量优质蛋白质

蛋白质是维持组织器官结构和功能必需的营养素，在限制饮食期间应避免蛋白质缺乏。应选择高蛋白质低饱和脂肪的食物，如牛奶、鸡蛋、鱼、鸡、瘦牛肉等。

5. 供给充足矿物质和维生素

矿物质和维生素供给应满足机体生理需要量。采取限制饮食时，可通过多种维生素和矿物质补充剂加以满足。

6. 供给充足的膳食纤维

膳食纤维可延缓胃排空时间，增加饱腹感，从而减少食物摄入量，有利于减轻体重和控制肥胖；膳食纤维还能促进肠道蠕动，防止便秘。谷物中糙米、燕麦、麦麸，蔬菜和水果含膳食纤维较丰富，螺旋藻及食用菌也是膳食纤维良好来源。

（三）　具有减少体内脂肪作用的食物和功效成分

1. 膳食纤维

膳食纤维本身能量较低，是低能量代餐食品的主要成分。可溶性膳食纤维能通过减缓餐后血糖水平，减少脂肪的合成。此外，膳食纤维也可吸附肠道中脂肪从而减少吸收。

2. 功能性脂类

（1）共轭亚油酸（CLA） CLA 是亚油酸的异构体，主要存在于乳脂中。CLA 降体脂作用机制包括减少膳食脂肪和能量摄入、抑制脂肪生成、促进酯解和氧化。但也有报道其存在不良反应，包括高胰岛素血症、脂肪肝和脾脏脂肪变性。

（2）中链脂肪酸（MCT） MCT 主要来源于椰子油、棕榈油和乳脂。MCT 有助于降低体内脂肪的作用是通过增加食物热效应实现的。与长链脂肪酸相比，摄入 MCT 后机体不易蓄积而更容易被用于氧化供能、增加体温。

3. 功能性甜味剂

具有甜味但能量值不高、无致龋性的甜味物质作为一类功效成分，在有助于减少体脂保健食品和降血糖保健食品中均有重要地位。常用的有糖醇类、甜蜜素、甜味素、安赛蜜、三氯蔗糖、甜叶菊苷、甘草甜等。

（1）糖醇类 具有蔗糖的甜度、黏度，但能量值较低，不会增加血糖水平和胰岛素分泌，也不致龋。常用糖醇类包括木糖醇、山梨醇、甘露醇、麦芽糖醇、乳糖醇、异麦芽酮糖醇等。

（2）甜蜜素 环己氨基磺酸盐，甜度为蔗糖的 50 倍，广泛用于食品、医药品和调味品。

（3）甜味素 为天冬氨酸和苯丙氨酸与甲醇结合的二肽甲酯，甜度为蔗糖的 160～220倍。因含苯丙氨酸，食品标签中应注明苯丙酮尿症（PKU）患者慎用。

（4）安赛蜜 为一种氧硫杂环丁嗪酮类化合物，甜度为蔗糖的 200 倍。

（5）三氯蔗糖 以蔗糖为原料经氯化制成，甜度为蔗糖的 400～800 倍。

（6）甜叶菊苷 从菊科植物甜叶菊的叶片中提取到，甜度为蔗糖的 200～300 倍。

（7）甘草甜 豆科植物甘草中提取的一种三萜类，即甘草酸，甜度为蔗糖的 50～100 倍。

4. 其他食物和功效成分

（1）乌龙茶提取物 含多酚类和生物碱。提取物中的可水解单宁类可形成邻醌类发酵聚合物，对膳食脂类具有结合能力，增加从肠道排泄的作用。此外，茶叶中所含咖啡因和茶碱具有 A1 腺苷受体阻断剂作用，从而增加脂肪细胞激素敏感酯酶（HSL）活性，促进脂肪细胞内甘油三酯的分解过程。

（2）钙 补充剂或乳制品钙可通过在肠道与脂肪酸结合增加从粪便排出而达到减少脂肪摄入的作用；也有研究认为补充钙元素可降低 PTH 水平，从而减少脂质蓄积。然而补充钙降低体内脂肪的作用尚需要更多研究证据。

（3）L-肉碱 是脂肪酸被运送进入线粒体进行有氧氧化不可缺少的成分。但是，除了接受透析治疗的肾病患者外，机体一般不会缺乏 L-肉碱，多数研究结果也并未充分证明补充L-肉碱能提高运动能力和增脂肪酸的氧化分解。

（4）中药原料 黄芪、荷叶、银杏叶、茯苓、决明子、泽泻、制大黄、熟大黄、山楂、香橼、何首乌、枳壳、三七、白术、甘草、菊花、莱菔子、番泻叶。决明子、枳壳、白术具有通便作用，大黄中所含蒽酮苷和双蒽酮苷具有致泻作用，从而减少肠道脂肪消化吸收。

九、 有助于降低血脂功能

血脂异常属于脂质代谢障碍的表现之一，属代谢性疾病。其对人体健康的损害主要体现在心血管系统,可导致冠心病及其他动脉粥样硬化性疾病。我国流行病学研究资料表明,血脂异常不仅是冠心病发病的危险因素,也会增加缺血性脑卒中发病危险。因此,防治血脂异常对冠心病和脑卒中均有重要的公共卫生意义。

(一) 血浆脂蛋白组成、来源和临床意义

血脂是血浆中的胆固醇、甘油三酯(triglyceride,TG)和类脂如磷脂等的总称。与临床密切相关的血脂主要是胆固醇和 TG,其他还有游离脂肪酸(FFA)和磷脂等。在人体内胆固醇主要以游离胆固醇及胆固醇酯形式存在。血液中的胆固醇和 TG 是与载脂蛋白(apo-lipoprotein,ap)结合形成脂蛋白形式存在。血浆脂蛋白可分为乳糜微粒(CM)、极低密度脂蛋白(VLDL)、中密度脂蛋白(IDL)、低密度脂蛋白(LDL)和高密度脂蛋白(HDL)。还有一种脂蛋白称脂蛋白(a)或简写为 Lp(a)。各类脂蛋白的物理特性、主要成分、来源和功能见表 5-7。

表 5-7 血浆脂蛋白的特性及功能

分类	颗粒大小/nm	主要脂质	主要载脂蛋白	来源	生理功能
CM	80~500	TG	apoB48、apoA I、apoA II	小肠合成	将食物中的 TG 和胆固醇从小肠转运至其他组织
VLDL	30~80	TG	apoB100、apoE、apoCs	肝脏合成	转运 TG 至外周组织,经脂酶水解后释放游离脂肪酸
IDL	27~30	TG、胆固醇	apoB100、apoE	VLDL 中 TG 经脂酶水解后形成	属 LDL 前体,部分经肝脏摄取
LDL	20~27	胆固醇	apo B100	VLDL 和 IDL 中 TG 经脂酶水解形成	胆固醇的主要载体,经 LDL 受体介导摄取而被外周组织利用,与冠心病直接相关
HDL	5~17	磷脂、胆固醇	apoA I、apoA II、apoCs	肝脏和小肠合成,CM 和 VLDL 脂解后表面物衍生	促进胆固醇从外周组织移去,转运胆固醇至肝脏或其他组织再分布,HDL-C 与冠心病负相关
Lp(a)	26	胆固醇	apoB100、Lp(a)	肝脏合成后与 LDL 形成复合物	可能与冠心病相关

摘自:中国成人血脂异常防治指南制订联合委员会,中国成人血脂异常防治指南,中华心血管病杂志 2007,35(5).

LDL 是致动脉粥样硬化的因素。LDL 通过血管内皮进入血管壁内,在内皮下滞留的 LDL 被修饰成氧化型 LDL(ox-LDL),巨噬细胞吞噬 ox-LDL 后形成泡沫细胞,后者不断地增多、融合,构成了动脉粥样硬化斑块的脂质核心。

HDL 是具有抗动脉粥样硬化的一种脂蛋白。因为 HDL 可将泡沫细胞中的胆固醇逆向转运至肝脏进行分解代谢。HDL 还有抗炎、抗氧化和保护血管内皮功能。HDL-C 水平受遗传因素影响。严重营养不良者,伴随血浆 TC 明显降低,HDL-C 也低下。肥胖者和高甘油三酯血症患者 HDL-C 一般会偏低。吸烟可使 HDL-C 下降;而少量饮酒和体力活动会升高 HDL-C。糖尿病、肝炎和肝硬化等疾病状态可伴有低 HDL-C。

TG 水平轻至中度升高者患冠心病的危险性增加。当 TG 重度升高时,常可伴发急性胰腺炎。血清 TG 升高主要见于糖尿病和代谢综合征。

(二) 血脂异常的定义和分类

血脂异常通常指血浆中胆固醇和(或)TG 升高,俗称高脂血症。实际上高脂血症也泛

指包括低高密度脂蛋白血症在内的各种血脂异常。我国人群的血脂合适水平见表5-8。

表5-8　我国居民血脂水平分层标准

分层	TC	LDL-C	HDL-C	TG
合适范围	<5.18mmol/L	<3.37mmol/L	≥1.04mmol/L	<1.70mmol/L
	(200 mg/dL)	(130mg/dL)	(40mg/dL)	(150mg/dL)
边缘升高	5.18~6.19mmol/L	3.37~4.12mmol/L		1.70~2.25mmol/L
	(200~239mg/dL)	(130~159mg/dL)		(150~199mg/dL)
升高	≥6.22mmol/L	≥4.14mmol/L	≥1.55mmol/L	≥2.26mmol/L
	(240mg/dL)	(160mg/dL)	(60mg/dL)	(200mg/dL)
降低			<1.04mmol/L	
			(40mg/dL)	

摘自：中国成人血脂异常防治指南制订联合委员会，中国成人血脂异常防治指南，中华心血管病杂志2007，35(5).

根据不同脂蛋白水平改变，临床上将血脂异常分为四型，见表5-9。

表5-9　血脂异常临床分型

临床分型	TC	TG	HDL-C
高胆固醇血症	增高		
高甘油三酯血症		增高	
混合型高脂血症	增高	增高	
低高密度脂蛋白血症			降低

摘自：中国成人血脂异常防治指南制订联合委员会，中国成人血脂异常防治指南，中华心血管病杂志2007，35(5).

（三）　具有降血脂功能的食物和功效成分

由于血脂异常与饮食和生活方式有密切关系，所以无论是否进行药物调脂治疗、饮食治疗和改善生活方式都应该作为防治血脂异常的基本措施。根据中国成人血脂异常防治指南的建议，应积极采取7个方面的措施，见表5-10。

表5-10　血脂异常的转变生活方式防治措施

要素	建议
减少使 LDL-C 增加的营养素	
饱和脂肪酸	<总能量的 7%
（包括反式脂肪酸）	反式脂肪酸也能够升高 LDL-C，不宜多摄入
膳食胆固醇	<200mg/d
增加能降低 LDL-C 的膳食成分	
植物固醇	2g/d
可溶性纤维素	10~25g/d
总能量	调节到能够保持理想的体重或能够预防体重增加
体力活动	包括足够的中等强度锻炼，每天至少消耗 200kcal 能量

摘自：中国成人血脂异常防治指南制订联合委员会，中国成人血脂异常防治指南，中华心血管病杂志2007，35(5).

1. 功能性脂类

（1）多不饱和脂肪酸　亚油酸对胆固醇代谢十分重要，只有当胆固醇与亚油酸结合至载脂蛋白后才能在体内形成脂蛋白进行转运、代谢。

γ-亚麻酸可明显降低血清 TG 水平，对降低血胆固醇水平也有作用，还有助于恢复受损神经细胞功能、抑制血小板凝集、促进酒精性损伤肝功能恢复、改善皮肤炎症状态，含 γ-

亚麻酸较突出的原料包括月见草油（3%～15%）、琉璃苣油（15%～25%）、黑加仑籽油（22%）和螺旋藻油（20%）。

花生四烯酸是细胞合成二十碳烷酸类化合物（如系列 2 的前列腺素类与血栓素类和系列 4 的白三烯类）的前体物质，主要原料来源为花生油。

α-亚麻酸可在体内进一步转变为 ω-3 系的其他脂肪酸，如二十碳五烯酸（EPA）和二十二碳六烯酸（DHA），后者可能是 α-亚麻酸发挥预防心血管疾病作用最主要的形式，含量较为突出的有大麻籽油（35%）、亚麻籽油（45%～50%）和紫苏籽油（65%），此外，某些野生植物如马齿苋鲜叶中 α-亚麻酸含量也可达到 300～400mg/100g。

EPA 是细胞合成二十碳烷酸类化合物的前体物质，具有抑制炎症反应、抗血小板凝集、扩血管的功能。含 EPA 丰富的原料主要为海洋哺乳动物和深海鱼类油脂，海洋藻类（硅藻、小球藻）也含较丰富的 EPA。

DHA 是大脑神经元、视觉细胞膜上重要的组分，对这些特殊细胞的功能维持和防治心血管疾病具有非常显著的作用。其来源与 EPA 相同。

（2）磷脂　参与构成生物膜、神经髓鞘，提供胆碱和必需脂肪酸，也是构成脂蛋白颗粒的重要成分。因此，卵磷脂具有促进神经传导、改善记忆、促进脂肪代谢、预防脂肪肝、降血清胆固醇、预防心血管疾病的作用。目前，蛋黄和大豆是提取卵磷脂的主要原料。

（3）脂肪替代物　这类物质是以脂肪酸为基本成分的酯化产品，但其酯键不被脂肪酶水解，因此在提供油脂口感的同时却不会增加能量摄入。具有代表性的例子有蔗糖聚酯、羧酸酯、苯氧基甘油酯、三烷氧基丙三羧酸酯。

2. 膳食纤维

可溶性膳食纤维可降低肠道对胆固醇的吸收，减少肠肝循环从而促进胆汁排泄，达到降低 LDL 的作用。但不可溶性膳食纤维对血清 TC 水平的影响较小。富含可溶性膳食纤维的原料包括燕麦、麦麸、车前草籽、亚麻籽、苹果、黄瓜等。

3. 植物化学物质

（1）植物甾醇　可竞争性抑制胆固醇在肠道的吸收。主要来源为植物油精炼过程中水蒸气蒸馏脱臭所得馏出物，再经分离浓缩精炼而成。

（2）皂苷　大豆皂苷和绞股蓝皂苷能增加胆汁分泌，降低血中胆固醇和 TG 含量，预防高脂血症。大豆皂苷由至少 15 种组分混合而成，多使用大豆粕乙醇提取而得。绞股蓝总皂苷约有 80 余种成分，其中有一部分分别为人参皂苷 Rb1、Rb3、Rd，以及人参二醇、α-羟基人参二醇、2,19-二羟基-12-脱氧人参二醇等。是从葫芦科草本植物绞股蓝茎叶为原料提取所得产物，总皂苷占原料干重 47%。

（3）大蒜素　主要有二烯丙基二硫醚、二烯丙基三硫醚等 30 多种化合物。大蒜素除了具有抗肿瘤、杀菌作用外，也有降低血清总胆固醇、LDL 和 TG 作用，此外，抑制 LDL 氧化修饰也可能是大蒜素降低心血管疾病风险的机制之一。

（4）银杏叶提取物　主要成分为银杏黄酮类、银杏（苦）内酯和白果内酯。具有清除活性氧防止脂质过氧化、改善微循环、降低血脂水平的作用。

4. 其他有助于降低血脂功能的物质

（1）红曲　红曲米属传统食品，为大米经水浸湿，蒸熟后接种红曲霉后培养制成，可用乙醇抽提得红曲提取物。现代工业常用紫色红曲霉、安卡红曲霉、巴克红曲霉等发酵生产。红曲粗制品有 18 种以上成分，均为红曲菌类次生代谢产物，包括一些呈色物质和功能化合物，如洛伐他汀（也称莫那柯林 K）、潘红、安卡黄素、γ-氨基丁酸等。这些物质在降血压、抗肿瘤、预防骨质疏松、抑菌、保护肝脏功能和降低血脂方面各有其作用。其中，洛伐他汀是降血脂的主要成分，作用机制为抑制胆固醇合成限速酶 HMG-CoA 还原酶活性。

（2）山楂　含山楂黄酮类，包括金丝桃苷、槲皮素、牡荆素、表儿茶素等；另有绿原酸、熊果酸等，能促进胆固醇的排泄，显著降低血清总胆固醇。

（3）大麦苗　含丰富钾、钙、镁、叶绿素、类胡萝卜素、维生素 B_1、维生素 B_2 及 SOD 等数十种酶。动物试验表明能降低血清 TG、TC 含量，提高 HDL-C 含量。

十、 有助于降低血糖功能

糖尿病在我国传统医学上称之为"消渴症"，是目前全世界发病率较高的一种慢性非传染性疾病，是由于胰岛素分泌和（或）作用缺陷引起的以血糖升高为特征的代谢病。随着生活方式的改变和老龄化进程的加速，我国糖尿病的患病率呈快速上升趋势。长期血糖控制不佳的糖尿病患者，可伴发各器官，尤其是眼、心、血管、肾、神经损害或器官功能不全或衰竭，导致残废或者早亡。此外，人群中未达到糖尿病诊断标准但已存在糖调节受损的比例也相当高。如不加以防治，这一部分人也可能会发展为糖尿病。

（一） 血糖及调节

糖尿病是根据血糖水平进行诊断的，标准见表 5-11。血糖主要来自肠道吸收、肝脏糖原分解和肝脏内糖异生。血糖的摄取利用包括三种形式：组织细胞氧化供能、肝脏和肌肉组织合成糖原、在脂肪和肝脏组织转变为甘油三酯。血糖水平受激素调节，包括胰岛素、胰高血糖素、糖皮质激素和肾上腺素，其中胰岛素是唯一降低血糖的激素。胰岛素分泌不足或胰岛素作用缺陷，血糖水平异常升高，则会导致糖调节受损或糖尿病。糖尿病共分为 4 类，即 1 型糖尿病、2 型糖尿病、妊娠期糖尿病和特殊类型糖尿病。其中 1 型糖尿病、2 型糖尿病和妊娠糖尿病是临床的常见类型。

表 5-11　糖代谢状态分类标准（参考 1999 年 WHO 标准）

糖代谢分类	静脉血浆葡萄糖水平/(mmol/L)	
	空腹血糖	糖负荷后 2h 血糖
正常血糖	<6.1	<7.8
空腹血糖受损	6.1～<7.0	<7.8
糖耐量减低	<7.0	7.8～<11.1
糖尿病	≥7.0	≥11.1

（二） 糖尿病的营养治疗

糖尿病是一种进展性疾病，常需多种手段联合治疗。生活方式干预是 2 型糖尿病的基础治疗措施，应贯穿糖尿病治疗的始终。如果单纯生活方式不能使血糖控制达标，应开始药物治疗。生活方式干预包括营养治疗、运动治疗、戒烟。糖尿病营养素摄取应符合以下原则。

1. 能量

维持合理体重为宜。超重或肥胖患者减重目标是在 3～6 个月减轻 5%～10% 的体重。消瘦患者应通过均衡营养计划恢复并长期维持理想体重。一般以每日 25～30kcal/kg 计算基础能量值，再根据患者身高、体重和劳动强度进行调整。

2. 脂肪

膳食脂肪供给应符合以下要求：①脂肪供能比不超过总能量 30%。②饱和脂肪酸摄入量应不超过饮食总能量的10%,不宜摄入反式脂肪酸。单不饱和脂肪酸是较好的膳食脂肪来源,在总脂肪摄入中的供能比宜达到10%~20%。可适当提高多不饱和脂肪酸摄入量,但不宜超过总能量摄入的10%。③食物中胆固醇摄入量<300mg/d。

3. 碳水化合物

碳水化合物供能比应占总能量的50%~60%,其中,蔗糖不应超过总能量的10%,蔗糖分解后生成的果糖易致 TG 合成使体脂积聚;尽量选择低 GI 食物有利于血糖控制;糖尿病患者适量摄入糖醇和非营养性甜味剂是安全的;每日三餐定时,碳水化合物均匀分配。

4. 蛋白质

摄入蛋白质不引起血糖升高,但可增加胰岛素的分泌反应。蛋白质摄入应考虑是否存在肾功能不全。①肾功能正常的糖尿病个体,推荐蛋白质的摄入量占供能比的10%~15%。②有显性蛋白尿的患者蛋白摄入量宜限制在每日 0.8g/kg,从肾小球滤过率下降起,即应实施低蛋白饮食,推荐蛋白质摄入量每日 0.6g/kg,并同时补充复方 α-酮酸制剂。

5. 膳食纤维

提高纤维摄入量对健康有益,建议糖尿病患者首先达到普通人群推荐摄入量。

6. 食盐

食盐摄入量限制在每天 6g 以内,高血压患者更应严格限制摄入量。限制摄入含盐量高的食物,例如味精、酱油、加工食品、调味酱等。

7. 饮酒

不推荐糖尿病患者饮酒,酒精可能诱发使用磺脲类或胰岛素治疗的患者出现低血糖。此外,饮酒时需把饮酒中所含能量计入总能量范围内加以扣除。每日不超过 1~2 份标准量(一份标准量:啤酒 285mL、清淡啤酒 375mL、红酒 100mL、白酒 30mL,各约含酒精 10g)。

(三) 有助于降低血糖的食物

1. 糖醇类

重要的糖醇类有木糖醇、山梨糖醇、甘露糖醇、麦芽糖醇、乳糖醇和赤藓糖醇等。糖醇类可用于无蔗糖食品的生产。常见糖醇类的甜度与能量值与蔗糖对比情况见表5-12。

糖醇类本身无降血糖作用,但是糖醇类在体内的代谢不会引起血糖值和胰岛素水平的波动,因此可用于糖尿病患者的特定食品。此外,糖醇类还具有不致龋的优点,另有与膳食纤维相似功能,可预防便秘、改善肠道菌群等作用。

表 5-12　各种糖醇类的相对甜度和能量值

糖醇类	相对甜度	能量值/(kJ/g)	糖醇类	相对甜度	能量值/(kJ/g)
蔗糖	1	16.7	乳糖醇	0.35	8.4
木糖醇	0.9	16.7	异麦芽酮糖醇	0.3~0.4	8.4
山梨糖醇	0.6	16.7	氢化淀粉水解物	0.45~0.6	16.7
甘露糖醇	0.5	8.4	赤藓糖醇	0.7~0.8	1.7
麦芽糖醇	0.8~0.9	8.4			

摘自:凌关庭主编,保健食品原料手册,北京:化学工业出版社,2002.

2. 三价铬

作为葡萄糖耐量因子的组成分具有改善糖耐量作用。该作用可能是通过增强胰岛素与细胞膜受体结合实现的。目前常用的三价铬化合物包括有机形式的富铬酵母、氨基酸铬、甲基吡啶酸铬、烟酸铬，无机形式为三氯化铬。

3. 其他有助于降低血糖的原料

（1）苦荞麦　仅在中国黄土高原、云贵高原高寒地区栽培，尤以四川凉山州地区最为集中。主要功效成分为芦丁、儿茶素等黄酮类物质，芦丁含量约为普通荞麦的 200 倍。

（2）蜂胶　蜂胶为蜜蜂从植物叶芽、树皮中采集到的树胶和工蜂分泌物、蜂蜡组成的混合物。主要功效成分为黄酮类化合物，包括槲皮素、白杨黄素、山奈酚、高良姜精等。

（3）桑叶　桑叶中功效成分包括黄酮类、植物甾醇、生物碱类、γ-氨基丁酸等。生物碱是桑叶中具有降血糖作用的主要活性成分，其中 1-脱氧野尻霉素为桑叶独有的成分，是一种 α-糖苷酶抑制剂，有助于延迟碳水化合物在肠道的消化吸收。

（4）地肤子　别名地葵、地麦、落帚子，石竹目藜科植物。目前已明确 4 种地肤皂苷成分具有抑制葡萄糖吸收和改善糖耐量作用。

（5）番石榴叶　番石榴为桃金娘科番石榴属植物，番石榴叶提取物主要成分是多酚类物质，以单宁为主要有效成分，还含有皂苷、黄酮类、植物甾醇和若干精油成分。

（6）肉桂　功效成分主要为肉桂酸、肉桂醛和肉桂醇、原花青素 A 型聚合物。其中肉桂醛为活性最强的一种，具有镇静、抗炎、抑菌、抗病毒作用。其降血糖作用与增加细胞膜上胰岛素受体和葡萄糖转运体 4（GLUT4）数量有关。

其他报道的具有降血糖作用的物质有南瓜粉、刺老芽和匙羹藤。南瓜粉功效成分主要为南瓜戊糖、果胶和铬。刺老芽含有多种刺老芽皂苷类物质，具有抑制葡萄糖和乙醇吸收的作用。匙羹藤功效成分为三萜类化合物匙羹藤酸。

（李继斌）

思考题

1. 人体免疫应答分为哪两种类型？适应性免疫应答包括哪两种类型？

2. 试述能增强人体免疫功能的物质和功效成分有哪些种类？

3. 请判断配方中原料为"茯苓、山楂、金针菇、大枣、香菇、银耳、甜菊糖苷、水"的保健食品最适合申报的保健功能是什么？

4. 何谓活性氧？何谓自由基？何谓氧化应激？人体抗氧化防御体系有哪些组成部分？

5. 试述能增强人体抗氧化功能的物质和功效成分有哪些？

6. 请判断配方中原料为"葡萄籽提取物、维生素 E、大豆色拉油、蜂蜡、明胶、甘油、红氧化铁、棕氧化铁、水"和"茶多酚、天然维生素 E（D-α-生育酚醋酸酯）、富硒酵母、淀粉、二氧化硅"的保健食品最适合申报的保健功能是什么？

7. 记忆形成的细胞分子机制有哪些？

8. 哪些营养因素对大脑学习和记忆功能可产生影响？

9. 试述能改善记忆的物质和功效成分有哪些种类？

10. 请判断配方中原料为"DHA 油、牛磺酸、葡萄糖酸锌、大豆油、蜂蜡、明胶、甘油、水"和"金枪鱼油、银杏叶提取物、柑橘生物类黄酮提取物、积雪草提取物、β-胡萝卜素、明胶、甘油、大豆油、黄蜂蜡、卵磷脂、玉米油、天然焦糖色素"的保健食品最适合申报的保健功能是什么？

11. 我国用于判定肥胖的体质指数和腰围切点值分别是多少？

12. 试述肥胖症的营养原则。哪些物质和功效成分有助于减少体内脂肪?

13. 请判断配方中原料为"左旋肉碱酒石酸盐、乌龙茶提取物、葡萄籽提取物、亚麻籽油、蜂蜡、明胶、甘油、二氧化钛、可可壳色素、水"和"番泻叶、绿茶、决明子、荷叶、泽泻"的保健食品最适合申报的保健功能是什么?

14. 人体疲劳根据发生部位可分为哪两种类型?分别涉及哪些生物化学机制?

15. 营养素对运动能力存在哪些影响?

16. 试述有助于缓解运动疲劳的物质和功效成分有哪些?

17. 请判断配方中原料为"红景天提取物、西洋参、精氨酸、微晶纤维素"和"水、白糖、咖啡因、柠檬酸、牛磺酸、柠檬酸钠、赖氨酸、苯甲酸钠、肌醇、香精、烟酸、柠檬黄、维生素 B_6、胭脂红、维生素 B_{12}"的保健食品最适合申报的保健功能是什么?

18. 试述有助于改善睡眠功能的物质和功效成分有哪些种类?

19. 请判断配方中原料为"褪黑素、聚乙二醇 400、明胶、水、甘油、山梨糖醇液、二氧化钛、柠檬黄"和"酸枣仁、制远志、五味子、柏子仁、林蛙油、预胶化淀粉、麦芽糊精、滑石粉、硬脂酸镁"的保健食品最适合申报的保健功能是什么?

20. 试述有助于缓解视疲劳功能的物质和功效成分有哪些种类?

21. 请判断配方中原料为"越橘提取物、叶黄素、葡萄糖酸锌、维生素 A、维生素 B_1、维生素 B_2、羧甲淀粉钠、硬脂酸镁、淀粉、蔗糖粉"的保健食品最适合申报的保健功能是什么?

22. 泌乳的生理过程涉及哪两种神经内分泌反射?试述乳母营养对泌乳可产生哪些影响?

23. 请判断配方中原料为"猪蹄、龙眼肉、大枣、枸杞子、赤砂糖、木瓜蛋白酶、水"的保健食品最适合申报的保健功能是什么?

24. 试述有助于降低血脂的物质和功效成分有哪些种类?

25. 请判断配方中原料为"大蒜油、紫苏籽油、鱼油、明胶、甘油、水、尼泊金乙酯"和"纳豆粉末、卵磷脂粉、红曲、维生素 E、微晶纤维素"的保健食品最适合申报的保健功能是什么?

26. 糖尿病的营养治疗中营养素摄入的指导原则有哪些?

27. 试述有助于降低血糖的物质和功效成分有哪些种类?

28. 请判断配方中原料为"苦瓜、桑叶、西洋参、蜂胶、吡啶甲酸铬"和"蜂胶粉(提纯蜂胶、淀粉、硬脂酸镁)、苦瓜提取物、铬酵母、玉米油、蜂蜡、明胶、甘油、纯化水、二氧化钛、可可壳色"的保健食品最适合申报的保健功能是什么?

第六章　保健（功能）食品的功能作用（二）

了解保健（功能）食品的功能作用及其原理，掌握具有相关功能改善作用的食物、功能因子，以及目前已经开发的相关保健（功能）食品。

一、有助于改善缺铁性贫血功能

营养性贫血（nutritional anemia，NA）是最常见的营养缺乏疾病，是指人体缺乏某些造血所必需的营养素，如铁、叶酸、维生素 B_{12} 等，使红细胞或血红蛋白的生成不足而引起的一类贫血，包括缺铁性贫血和巨幼红细胞性贫血。据 WHO 统计，全球约有 30 亿人不同程度贫血，每年因患贫血引致各类疾病而死亡的人数上千万。

由缺乏微量元素铁所引起的贫血称缺铁性贫血（iron deficiency anemia，IDA）。其特点是骨髓、肝、脾等器官组织中缺乏贮存铁，导致血清铁浓度及血清铁饱和度降低。由缺乏叶酸和（或）维生素 B_{12} 引起的贫血称巨幼红细胞性贫血（megaloblastic anemia，MgA），源于叶酸和（或）维生素 B_{12} 缺乏使胸腺嘧啶脱氧核苷酸合成减少，DNA 合成障碍，细胞分裂增殖速度下降，从而在骨髓中出现大量巨幼细胞。近年发现，MgA 亦可因遗传性或药物等获得性 DNA 合成障碍引起。

（一）缺铁性贫血的原因与危害

IDA 是贫血中最常见的一种类型，占各类贫血的 $50\%\sim60\%$，影响着全世界大概十亿人口。IDA 产生于铁摄入量不足、吸收量减少、需要量增加、利用障碍或丢失过多所致。形态学表现为小细胞低色素性贫血。缺铁性贫血发病女性高于男性，以婴儿、儿童、孕妇和乳母发病率最高，发生的主要原因有以下几点。

1. 需铁量增加和铁摄入不足

人体在一些特殊生理时期如婴幼儿期、青春期、妊娠期和哺乳期等，对铁的需求量增加，此时铁的补充不足可致缺铁性贫血。以植物性食物为主的膳食结构和长期素食的人，可能会出现缺铁性贫血，这是因为植物性食物铁的实际吸收率通常低于 5%。

2. 铁的吸收不良和丢失增加

慢性萎缩性胃炎、胃大部切除、消化性胃溃疡、肠息肉、尿血、痔疮、钩虫病、慢性腹泻及肠道功能紊乱等均可导致铁的吸收不良或丢失增加。此外，大量急性出血也可导致体内贮存铁的大量丢失而引起缺铁性贫血。

此外，长期持续的剧烈运动可使体内红细胞破坏速度大大增加，引发运动型贫血。研究发现，在运动中双脚着地时，足部血管受到大力冲击，足部肌肉急剧伸缩会使红细胞和血管壁发生摩擦，使红细胞受损，甚至出现血红蛋白尿。

缺铁性贫血危害人体消化系统、神经系统、心血管系统和免疫系统。初期患者无明显自觉症状，只是化验血液时表现为血红蛋白低于正常值。随病情进一步发展，出现不同程度的缺氧症状。轻度贫血患者自觉经常头晕耳鸣、注意力不集中、记忆力减退。进一步发展可出现心跳加快、经常自觉心慌。肌肉缺氧常表现全身乏力，容易疲倦。消化道缺氧可出现食欲缺乏、腹胀腹泻，甚至恶心呕吐。严重贫血时可出现心脏扩大、心电图异常甚至心力衰竭等贫血性心脏病的表现，有的还出现精神失常或意识不清等。此外，有 15%～30% 的病例表现有神经痛、感觉异常。

(二) 具有改善缺铁性贫血的食物

1. 动物类食物

猪牛羊等动物性食品的瘦肉和肝脏富含优质蛋白质、铁、铜、维生素 A 及 B 族维生素等。其他富铁食物有动物血、蛋、牛肾、鱼子酱等。

2. 蔬菜水果类

蔬菜水果富含维生素和矿物质，特别是丰富的维生素 A 源、维生素 C 和铁。维生素 C 可帮助铁的吸收。有补血功能的蔬菜水果有菠菜、芹菜、油菜、萝卜缨、苋菜、莴苣、韭菜、樱桃、山楂、草莓、大枣、葡萄和番茄等。

3. 其他食物

黑木耳、海带、紫菜、香菇、黄豆、芝麻酱、红糖等富含铁。用铁的炊具烹调食物可使食物中的铁含量大大增加。

其他被认为有补血作用的食物还有阿胶、乌鸡、当归等。也有强化铁的酱油——乙二胺四乙酸铁钠（NaFe-EDTA）强化酱油，是推广最为广泛的强化铁的酱油。

二、 有助于增加骨密度功能

(一) 骨质疏松与骨密度

1. 骨质疏松

骨质疏松（osteoporosis，OP）是每个单位内骨组织数量减少。骨质疏松症是低骨量、骨组织微细结构退变及被破坏为特征的一种全身性骨骼疾病，是机体自然衰退及老化过程的一种表现。其特点是骨脆性增加和骨强度降低，易发生骨折。

骨质疏松引发的骨骼与关节疾病作为一种退行性病变，已成为继心脑血管疾病、糖尿病、恶性肿瘤三大慢性病之后对人类威胁最广泛的疾病。

（1）骨质疏松的分类和起因　骨质疏松症可分为原发性骨质疏松症、继发性骨质疏松症和特发性骨质疏松症。

原发性骨质疏松症分Ⅰ型（绝经后骨质疏松）和Ⅱ型（老年性骨质疏松），见表 6-1。常见原因：①内分泌紊乱：女性绝经后，男性 55 岁后，由于性激素、降钙素、前列腺素等代谢失调，导致骨吸收增加和骨代谢紊乱造成。②营养不良：饮食缺乏蛋白质、钙磷比不当或缺钙引起，维生素 C 缺乏也会影响基质形成并使胶原组织的成熟受阻。③遗传：维生素 D 受体基因、雌激素受体基因等与钙吸收和骨建造有关，其基因缺陷可导致骨质疏松。白种人、黄种人发生概率高于黑种人。④活动减少、吸烟以及过量饮酒等不良生活习惯也与骨质疏松有密切关系。

表 6-1　Ⅰ型和Ⅱ型骨质疏松症的特点

项目	Ⅰ型	Ⅱ型
年龄/岁	>50	>70
性别比(女∶男)	6∶1	2∶1
骨丢失率	加速丢失	缓慢丢失
甲状旁腺功能	降低	亢进
骨折部位	脊椎和桡骨远端	脊椎和髋部
主要原因	雌激素减少	年龄老化

摘自：金宗濂主编. 功能食品教程. 北京：中国轻工业出版社，2005.

继发性骨质疏松症是由于其他疾病或药物等因素诱发的，最常见的是由肝肾疾病、甲状腺和甲状旁腺功能亢进、慢性胃肠炎、糖尿病、类风湿等疾病引起。

特发性骨质疏松多见于青年人，原因不明，多伴随遗传史，女性高于男性。患者内分泌系统无异常，对治疗反应差。

（2）骨质疏松症的症状　骨质疏松是全身性疾病，但进展缓慢，开始可能没有任何症状或症状轻微而未被重视。有明显症状时，病情已经比较严重。其主要症状如下。

①疼痛：以腰背痛多见，占疼痛患者的 70%～80%。疼痛沿脊柱向两侧扩散，仰卧或坐位时疼痛减轻，直立时后伸或久立、久坐时疼痛加剧，日间疼痛轻，夜间和清晨醒来时加重，弯腰、肌肉运动、咳嗽和大便用力时加重。一般骨量丢失 12% 以上时即可出现骨痛。

②身长缩短、脊柱变形：这些症状多在疼痛后出现。脊椎椎体前部多为松质骨组成，而且此部位是身体的支柱，负重量大，容易压缩变形，使脊椎前倾，背曲加剧，形成驼背。

③骨折：是退行性骨质疏松症最常见和最严重的并发症。骨折易发生部位是桡骨远端、髋骨、脊柱和股骨上端，也有患者发生踝关节骨裂、骨折。

④呼吸功能下降：胸椎、腰椎压缩性骨折，脊椎后弯，胸廓畸形，可使肺活量和最大换气量显著减少，患者可出现胸闷气短、呼吸不畅等症状。

2. 骨密度

骨密度（bone mineral density，BMD）指骨单位面积的骨质密度，是反映骨量的一个指标，骨密度越高，骨质强度越好。BMD 也是衡量骨质疏松和预测骨折危险性的重要依据。

目前治疗骨质疏松及其引起的骨折效果不太理想，因此预防骨质疏松尤为重要。预防骨质疏松根本性重要措施是提高成年早期的骨峰值和适当运动。

（二）　钙代谢与骨骼的生长发育

1. 钙代谢

钙是体内含量最多的矿质元素。钙以羟磷灰石结晶 $[3Ca_3(PO_4)_2]$ 和磷酸钙集中于骨牙中，骨钙约占人体总钙量的 99%，成人骨钙含量（60kg 体重）约 1180g，牙齿含钙总量约 7.0g。其余 1% 的钙或与柠檬酸螯合或与蛋白质结合，但多以离子状态存在于软组织、细胞液与血液中，即混溶钙池。骨骼里的钙和骨骼外的混溶钙间存在相互转变现象，当摄入和吸收的钙不足时，骨骼会释放钙以维持正常血钙水平，反之，大部分钙会被贮存于骨骼，以保持正常的血钙水平。

骨骼更新和转换随增龄而逐渐减慢，儿童骨骼更新每年转换 10%，成人 10～12 年更换一次，40～50 岁后骨骼中钙含量逐渐减少（即骨密度下降），每年下降约 0.7%，绝经后妇女和 50 岁以上中老年人骨骼钙含量明显减少，易发生骨质疏松症。

2. 钙代谢影响因素与骨质疏松

(1) 激素调控　正常情况下，钙在各组织的代谢过程中主要受甲状旁腺激素的调节，还受甲状腺素、降钙素、活性维生素 D、生长激素、肾上腺皮质激素和性腺激素等的影响。其中，甲状旁腺激素可控制细胞外液的钙浓度，进而控制骨、肾和肠等靶器官上钙的转运过程，使血钙保持正常浓度；雌激素具有促进降钙素分泌、抑制破骨细胞及刺激成骨细胞、抑制甲状旁腺激素分泌、促进维生素 D 合成等作用；降钙素可降低血钙、抑制骨吸收。

(2) 物理因素　与骨质疏松和骨密度密切相关的物理因素包括运动、日光照射等。体育运动能改善和维持骨结构，对骨的生长、发育、成熟、老化均有重要影响，其机制可能是体育运动能影响内分泌、促进钙吸收。较低和中度的运动负荷相当于以适宜的压力作用于骨以刺激骨正常生长，使皮质骨和小梁骨形成增加，这样的体育锻炼对于未成年人骨骼影响较大，可提高骨密度，预防骨质疏松。成年人适量运动可使骨量、骨密度增加；老年人能明显改善肌肉神经功能，增加肌肉强度，减少骨量丢失速率。充足的日照可有效预防维生素 D 缺乏而引起的骨质疏松，尤其是对钙要求较高的儿童、孕妇、乳母和老年人。

(3) 免疫状况　具有免疫功能的细胞因子有促进骨吸收作用，这些细胞因子有白介素类、肿瘤坏死因子 (TNF)、集落刺激因子和前列腺素等。如 TNF 有抑制骨形成和促进骨吸收的作用。

(4) 其他　长期过量饮酒使骨代谢发生障碍，可能导致或加重骨质疏松症，这可能与乙醇对骨细胞功能、性激素分泌、维生素 D 代谢等有关。大量饮用咖啡或碳酸饮料等也有可能导致骨质疏松症。研究表明，咖啡摄入量与妇女髋骨骨折发生率呈正相关，过量摄入咖啡导致骨丢失。咖啡中的咖啡因可能影响磷酸二酯酶、肾 1α-羟化酶活性，进而影响钙的吸收和沉积。长时间吸烟，特别是从青少年期开始吸烟的人群，吸烟可能直接影响骨密度峰值的形成，长时间吸烟可能增加老年后骨质疏松症的发生率。

此外，双生子研究结果显示，峰值骨量的 60%～80% 和遗传有关（未排除家庭成员间相似生活习惯的影响）。

(三)　具有预防或改善骨质疏松作用的食物

1. 含钙丰富的食物

奶及奶制品含钙丰富，吸收率高，是补钙的良好来源。其他含钙丰富的食品有蛋黄、鱼贝类、泥鳅、蚌、螺、虾皮、海带和紫菜等。

植物性食物以大豆类、硬果类和菌菇类等含钙量较高；蔬菜中的茼蒿、荠菜、鸡毛菜、卷心菜、小葱、芹菜、乌塌菜、苋菜、落葵、冬寒菜、萝卜、西蓝花、芥蓝、菠菜等钙含量都比较高。谷物含钙量不算高，但由于摄入量高，也是钙的一个主要来源。

2. 钙制剂

常用的钙制剂有无机钙和有机钙，目前临床上常用的有碳酸钙、乳酸钙、葡萄糖酸钙、柠檬酸钙和活性钙等。以碳酸钙含钙量高，是使用较多的无机钙。其他正在被尝试利用的钙制剂来源包括马哈鱼骨、鸡蛋壳和珍珠粉等。常见钙制剂的吸收率见表 6-2。

表 6-2　常见钙制剂的吸收率

钙剂	剂型	成分	钙含量/%	肠对钙元素吸收率/%
碳酸钙	片剂	碳酸钙	40	≥39
葡萄糖酸钙	片剂	葡萄糖酸钙	9	≥27
葡萄糖醛酸钙	—	葡萄糖醛酸钙	6.5	约≥39

续表

钙剂	剂型	成分	钙含量/%	肠对钙元素吸收率/%
柠檬酸钙	片剂	柠檬酸钙	21.2	约≥39
多维钙	片剂	葡萄糖酸钙	9	≥27
乳酸钙	片剂	乳酸钙	13	≥30
维他钙	片剂	乳酸钙	13	≥30
活性钙	片剂	天然生物钙	1.9	≥40
钙尔奇D	片剂	乳酸钙	40	≥39
999 纳米钙	胶囊	乳酸钙	40	≥73
乐力	胶囊	氨基酸螯合钙	27.5	≥90

摘自：范青生，龙洲雄主编. 保健食品功效成分与标志性成分. 北京：中国医药科技出版社，2007.

三、 清咽功能

（一） 咽喉组织结构及功能

1. 咽的结构及机能

咽（pharynx）是一前后略扁的漏斗形肌性管道，前后扁平，位于1～6颈椎前方，上端附于颅底，向下于第6颈椎下缘或环状软骨的高度续于食管，为呼吸道和消化道的共同通道。咽腔分别以软腭与会厌上缘为界，分为鼻咽、口咽和喉咽三部分（图6-1）。咽具有吞咽功能、呼吸功能、保护和防御功能、发音以及共鸣作用。

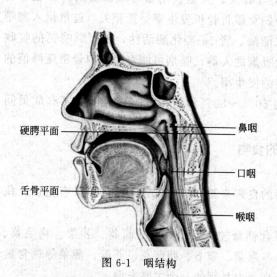

图 6-1　咽结构

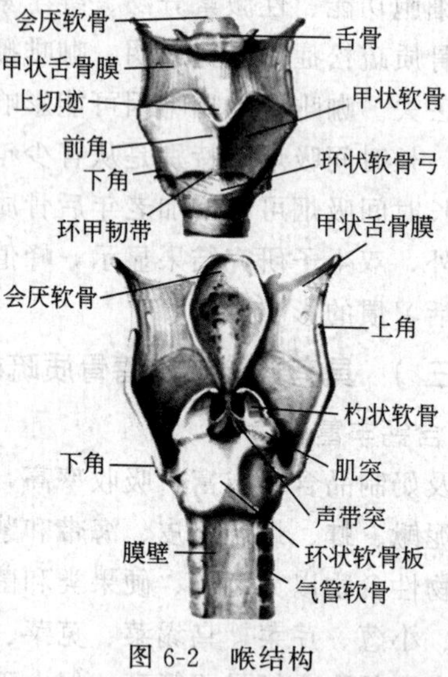

图 6-2　喉结构

2. 喉的结构及功能

喉（larynx）是由喉壁围成的管形腔，喉黏膜极为敏感，受异物刺激可引起咳嗽。喉腔上方借喉口开口于喉咽部，向下直通气管（图6-2）。可分为上、中、下三部。上部最宽大为喉前庭，中部最狭窄为喉中间部，下部为喉下腔。包括会厌软骨、甲状软骨、环状软骨、上角、杓状软骨、下角等部位。喉具有呼吸功能、发音功能、保护功能。咳嗽会在喉部引发反射反应，能将误入下呼吸道的异物通过防御性反射咳嗽迫使异物排出。

（二） 咽喉炎的发病原因

1. 咽炎发病机制

依据病程的长短和病理改变性质的不同，咽炎可分为急性咽炎和慢性咽炎。

急性咽炎（acute pharyngitis）为咽部黏膜及黏膜下组织的急性炎症，咽淋巴组织常被累及，以秋冬及冬春之交常见。炎症早期由急性鼻炎或急性扁桃体炎继发引起，随病情进展常可涉及整个咽腔，咽部黏膜充血、肿胀，黏液腺分泌物增多，可伴有浆液性渗出，故黏膜表面可能覆盖有分泌物。常因受凉、过度疲劳和烟酒过度等致全身及局部抵抗力下降，病原微生物乘虚而入引发本病。营养不良，患慢性心、肾、关节疾病，生活及工作环境不佳，经常接触高温、粉尘及有害刺激气体等皆易患本病。病原微生物主要为溶血性链球菌、肺炎双球菌、流行性感冒杆菌及病毒。

慢性咽炎（chronic pharyngitis）主要为咽黏膜慢性炎症，弥漫性炎症常为上呼吸道慢性其他性炎症的一部分。慢性咽炎在临床上多见成年人，病程长，易复发。各型慢性咽炎症状大致相似，如咽部不适感、异物感、咽部分泌物不易咳出、咽部痒感、烧灼感、干燥感或刺激感，还可有微痛感。

急性咽炎治疗不及时或反复发作，可转为慢性咽炎。此外，上呼吸道慢性炎症刺激，如鼻窦炎、慢性扁桃体炎等可导致慢性咽炎。烟酒过度、粉尘和有害气体等刺激，喜食刺激性食物，职业因素和体质因素等可引发慢性咽炎。新近研究表明，病毒感染在感染性咽炎的发病中起着重要作用，据报道咽炎患者咽部病毒检出率为27%，主要为EB病毒和腺病毒。细菌感染仍为咽炎重要致病因素之一。致病菌主要为溶血性链球菌，其次为金黄色葡萄球菌、流感嗜血杆菌、肺炎支原体等。

2. 喉炎

喉炎是指喉部黏膜的病菌感染或用声不当所引起的炎症。因病变程度的不同，可分为急性喉炎和慢性喉炎。

急性喉炎是喉黏膜的急性炎症，受凉和过劳是诱因。发声不当、用声过度及有害气体刺激等均可引起，也可继发于急性鼻炎、急性咽炎等上呼吸道感染。临床表现为骤起咽喉部灼热、咽干、咽痒等不适感，继而出现声音嘶哑，严重时失音，喉内有痰附着却咳不出。重者有畏寒、发热等全身不适症状。

慢性喉炎可由于急性喉炎反复发作未彻底治愈，或烟酒过度，或有害气体及粉尘经常刺激引起，也可继发于慢性鼻窦炎、气管炎、慢性支气管炎等。教师和演员因发音不当或发音过度也可引发。临床表现为喉部不适、发痒、喉部发干、声音嘶哑。喉黏膜慢性充血，声带肥厚，可有水肿样息肉变，声音嘶哑粗糙等。

（三）　具有清咽作用的物质

咽喉炎为常见病，据统计患有不同程度咽喉炎的患者占40%。对急性咽喉炎患者，要多饮水，保证充分休息，防止受凉，吃营养丰富、易消化的食物，保证大便通畅等，必要时就医，尽早控制炎症发展。而慢性咽喉炎的发病期，则要及时消除各种致病因素，避免刺激性食物及烟酒，不要超负荷使用声带，同时要注意加强体育运动，提高自身免疫力。

1. 具有清咽作用的食物

清热解毒、生津止渴的食物具有一定保护咽喉的作用，如苦瓜、绿豆、南瓜、丝瓜、莲藕、莲子、芹菜、马齿苋、鱼腥草、雪梨等。

血豆腐、胡萝卜、木瓜、西蓝花、菠菜和桃子等对慢性咽喉炎患者病情缓解有辅助作用。

2. 具有清咽作用药食兼用物质及其他

患者平时多饮水，也可多喝润喉的茶，如金银花、鱼腥草、蒲公英、胖大海、野菊花等有清热、解毒、消炎、止咳等功效，能有效缓解咽喉炎症。

目前，有关清热解毒、对咽喉炎有作用的一些产品有草珊瑚含片、冬凌草喷剂、荷叶金银花口香糖、仙人掌饮料、葛根饮料、胖大海茶、菊花茶、罗汉果饮及冰糖雪梨等。

四、 有助于改善胃肠功能

（一） 胃肠道的消化与吸收功能

胃肠道主要功能是容纳食物、消化食物及吸收营养物质。食物中的营养物质除无机盐、矿物质和水可直接被机体利用外，蛋白质、碳水化合物和脂肪一般需要经过消化道运动和消化液的作用将其分解为简单小分子，才能被肠黏膜吸收，为人体利用。

1. 胃及其功能

胃主要作用之一是贮存食物。胃黏膜含三种外分泌腺和多种内分泌腺，胃腺可分泌胃酸、胃蛋白酶原（pepsinogen）、胃脂肪酶（gastric lipase）、黏液（mucus）和内因子等，帮助食物消化吸收。正常情况下，胃内 pH 为 2.0，在低酸环境与胃腺分泌的胃蛋白酶作用下，胃内食物开始初步消化。胃的肌层厚而有力，在肌层工作时，食物经搅拌、研磨后与胃液充分混合，直至消化成食糜后，肌层运作将食糜推送至小肠进一步消化和吸收。

胃黏膜有屏障保护作用，可防止有害因子损伤胃黏膜而导致的出血、糜烂和坏死等发生。黏膜上皮可迅速重建和再生，有修复作用。如果屏障功能受损可导致溃疡。

2. 小肠及其功能

小肠内的消化液有胰液、胆汁和小肠液，是食物进行彻底的化学消化和营养吸收的主要场所。食物在小肠内停留 3～8h，这提供了充分吸收时间。小肠绒毛是吸收营养物质的主要部位。不被吸收的食物残渣、部分水分和无机盐等借助小肠的蠕动被推入大肠。

3. 大肠及其功能

食物在大肠中大约需要 16h 才可被消化，包括水的重吸收、肠道细菌合成的部分维生素的吸收、未被消化的多糖类（膳食纤维）被大肠内细菌分解为短链脂肪酸，并通过被动运输的方式被吸收以及代谢废物的排泄等。同时，大肠会分泌重碳酸盐帮助中和在生成短链脂肪酸的过程中产生的多余酸性物质；大肠内的细菌还会参与到一些交叉反应性抗体的生成，这些抗体由免疫系统产生，用来防止一些病原体入侵。

（二） 具有改善胃肠道功能的食物

胃肠道功能正常是维持人体生命活力和健康的保证。现代生活的快节奏、高压力使得人们的胃肠道健康问题非常突出。适时开发具有促进消化吸收、保护胃肠道黏膜、调节肠道菌群、润肠通便等作用的功能性食品，具有良好的市场前景。

1. 具有促进消化的物质

杂粮、根菜类和海藻类如牛蒡、胡萝卜、四季豆、红豆、薯类、小米、玉米等富含膳食纤维，可促进肠道蠕动和加快排便速度，有帮助消化作用。

一些含酶类食物可帮助消化。富含淀粉酶的食物有萝卜、莴苣、豌豆、南瓜、豆芽菜等；含蛋白酶的食物有菠萝、木瓜、动物胃肠等；含脂肪酶的食物有畜、禽、鱼等肉类。未成熟的番木瓜含木瓜蛋白酶，可促进食物的消化。

其他具有促进消化的食物：鸡内金含胃激素，可增加胃液和胃酸的分泌，促进胃肠蠕动。但胃激素遇高热易受破坏，以生食为宜。山楂含大量有机酸、胡萝卜素和维生素 C，可促进消化液的分泌，有开胃消食的作用。橘皮含挥发油可刺激胃液的分泌，促进胃肠蠕动。

2. 对胃肠道黏膜有辅助保护作用的物质

富含维生素的食物，如新鲜有色的蔬菜、水果。维生素 C 能促进胃黏膜损伤的愈合，并有助于铁的吸收。维生素 A 能维持上皮细胞的功能和健康，缺乏时可造成黏膜上皮细胞萎缩而使黏膜受损。

富含膳食纤维的食物，特别是含水溶性膳食纤维的食物，包括水果、藻类、菌类、南瓜和燕麦等。通过刺激肠道黏膜，加速粪便排泄，缩短脱氧胆汁酸、石胆酸和突变异原物质等有毒物与肠道黏膜接触时间，保护胃肠道黏膜。

部分药食兼用物质。丹参根具有活血祛瘀、排脓止痛、安心凝神等功效，丹参提取物能通过改善胃黏膜血氧供给，促进胃黏膜损伤修复。甘草具有补脾益气、清热解毒、缓解疼痛等功效，甘草提取物能促进黏膜细胞再生，增强黏膜防御机能。蒲公英、麦冬中含有的 β-谷甾醇-β-D-葡萄糖苷能通过抑制胃酸分泌，促进胃黏膜损伤愈合，达到保护胃黏膜的功效。

此外，牛奶对胃液的分泌是弱刺激物，具有弱碱性反应，既可补充营养和水分，又能中和胃酸，防止其对溃疡面的刺激，对胃及十二指肠有良好的保护作用。

3. 调节肠道菌群功能的物质

乳酸菌和双歧杆菌发酵食物。益生菌调理肠道菌群失调，阻止毒素胺的形成等。已发现的益生菌包括：①乳杆菌类（如嗜酸乳杆菌、干酪乳杆菌、詹氏乳杆菌、拉曼乳杆菌等）；②双歧杆菌类（如长双歧杆菌、短双歧杆菌、卵形双歧杆菌、嗜热双歧杆菌等）；③革兰阳性球菌（如粪链球菌、乳球菌、中介链球菌等）。这类食物主要有酸奶和一些发酵食品。

乳酸菌和双歧杆菌促进因子，能提高肠道内有益健康的优势菌群的构成和数量。目前最具开发前景的是功能性低聚糖，包括低聚果糖、低聚半乳糖及低聚异麦芽糖等，是双歧杆菌有效增值因子。每天摄取 10g 大豆低聚糖，2～3 周后双歧杆菌由 0.99％ 增加到 45％。

膳食纤维也能促进体内有益菌的生长繁殖。

4. 具有润肠通便作用的物质

膳食纤维能吸收水分，增加粪便体积，改变粪便性状，刺激结肠运动，促进排便。

糖醇不能被胃肠道中消化酶分解，在肠道中滞留时间比葡萄糖、果糖等长，有通便作用。目前开发的有山梨糖醇、赤鲜糖醇、麦芽糖醇、乳糖醇和木糖醇等，这些糖醇对酸、热有较高的稳定性，通便效果较好。需要注意的是，糖醇摄入过多易造成肠鸣、腹胀甚至腹泻等。

微生态制剂通过对肠道微生态系统平衡的调节，对由于肠道菌群失调引起的腹泻和便秘起双向调节作用。益生菌中的双歧杆菌、乳杆菌、丁酸梭菌等均具有调节肠道的功能。

一些植物天然活性成分具有刺激肠蠕动、润肠通便的功效。如大黄属（大黄根）、山扁豆属（番泻叶）、芦荟属等植物提取物中的蒽酮类化合物具有通便作用。因其功效强，短期改善便秘效果好，多为药品制剂开发，不能长期用于助消化或治疗便秘。

五、 有助于排铅功能

铅是环境中广泛存在的具有神经毒性的重金属元素，在人体内无任何生理功用，理想的血铅浓度为零。随着工业、农业、交通、油漆及印刷工业迅速发展，环境铅污染日趋严重。铅难以降解，主要以粉尘、烟或蒸气形式通过食物链、水、土壤和空气进入人体，可不同程度导致健康损害，其蓄积毒性导致对人体产生长期或潜在危害。

（一） 铅在体内的代谢及铅中毒

1. 铅在体内的代谢

人体主要通过呼吸道、胃肠道和皮肤吸收铅，其中，呼吸道是主要途径。当铅通过呼吸道吸入肺泡腔内，并经肺泡弥散进入血循环，或被吞噬细胞吞噬后进入淋巴系统，或咳嗽后咽入消化道。部分铅来自水和食物，儿童可因啃指甲、啃含铅油漆玩具等坏习惯而使铅经消化道进入人体。极少数特殊工种如铅作业工人可通过皮肤吸收铅。

一般每人每日通过食物摄入铅 $300 \sim 400 \mu g$，其中仅 $5\% \sim 10\%$ 可被胃肠道吸收，进入血液中形成血浆蛋白结合铅和可溶性的磷酸氢铅或甘油磷酸铅。随血液循环，铅迅速被肝、肾、脾、肺、脑等组织吸收，数周后转移到骨骼、毛发和牙齿等，在人体所有组织与脏器中均可能有铅存在。骨中铅含量约为人体总铅量 90% 以上（儿童仅占 64%），血铅量约占体内总量 2% 以下，其中绝大部分与红细胞结合，其余在血浆中，头发和指甲含铅量亦较高。骨骼内的铅较稳定，可长期贮存而不产生临床症状。在机体处于疾病状态或亚健康状态，如发热、手术、过度疲劳及代谢障碍等，骨中铅可转移到血液和软组织中引起铅中毒症状。

2. 铅中毒及症状

铅及其化合物对人体各组织均有毒性。中毒者一般有铅及铅化合物接触史。口服 $2 \sim 3g$ 可致中毒，$50g$ 可致死。临床铅中毒少见，大量的是因接触低浓度铅而致的亚临床病变。铅中毒的临床表现有头痛头晕、失眠烦躁、腹痛腹泻（大便呈黑色）、呕吐、心悸、面色苍白和贫血，严重者出现昏迷、血管痉挛和肝肾损害。

铅对各组织均有害，但以消化、神经、循环及造血系统影响最为严重。①血液系统中，铅会形成血浆蛋白结合铅和可溶性的磷酸氢铅、甘油磷酸铅，从而抑制血红蛋白合成和缩短循环中红细胞寿命，最终可导致溶血。②消化系统中，铅与口腔中少量硫化氢作用可形成灰蓝色硫化铅沉积物分布于齿龈、口唇等处，即"铅线"；铅中毒时抑制胰腺功能，同时因铅与肠道中硫化氢结合，使硫化氢失去其促进肠蠕动作用，引发顽固性便秘；腹绞痛是慢性铅中毒重要特征。③神经系统是铅毒性作用的主要靶系统，神经递质（乙酰胆碱）的释放在儿童神经发育中起重要作用，铅通过干扰甚至阻断钙离子对神经递质——乙酰胆碱的释放来实现。低浓度的铅即可引起神经细胞凋亡，其作用可从胎儿期开始。铅损伤婴幼儿认知和神经行为等脑功能，影响其生长和智力发育。儿童期铅暴露与智力、学习成绩、精神运动发育之间呈负相关。

（二） 具有促进排铅作用的物质

人体铅蓄积是一个缓慢的过程，而排铅则需要更长的时间。天然食物是健康又长期有效的排铅方式，对于预防及治疗低程度血铅毒性有较好的效果。

1. 奶、蛋等优质的高蛋白食物

足量优质蛋白质，特别是富含巯基的蛋白质对降低体内铅浓度，增强机体解毒能力，减轻中毒症状有利。这一类食物主要有牛奶、鱼虾、豆制品、瘦肉、内脏、蛋黄、贝类、芝麻及葵花子等。

2. 富含维生素和矿物质的食物

丰富的微量元素如铁、铜、锌、硒、锗等可与铅作用减弱铅毒性。含钙、铁和锌丰富的豆制品、海带、香蕉、动物血等可拮抗铅的吸收而有利于降低血液和其他靶器官如肝、肾、脑等内的含铅量；补钙可治疗腹痛，特别是调节钙磷比。硒作为带电荷的非金属离子，可与带正电荷的铅形成金属硒-蛋白质复合物，干扰铅的吸收和蓄积，富硒的食物有动物肝肾、海产品、肉类和薯类等。

富含 B 族维生素和维生素 C 的食物,补充维生素可减少铅吸收,缓减铅中毒症状,还可通过保护巯基酶参与解毒过程,促进铅排出;这些营养素富含在水果、果仁和蔬菜中,因此,每天要保证 2~3 种水果、3~5 种蔬菜。

3. 富含膳食纤维的食物

魔芋膳食纤维与铅有较强的特异性结合能力。果胶、海藻酸等膳食纤维大分子可吸附铅离子降低其吸收,所以可多食用富含果胶等膳食纤维的水果和粗粮等。含果胶较多的水果有柑橘、香蕉、苹果、菠萝和草莓等。

4. 其他

一些含无机阴离子或酸根,如碘离子、磷酸根离子、钼酸根离子等食物能与铅发生沉淀作用,降低其水溶性,使其不易吸收而排出体外。茶叶、茯苓、白茅根、海带、杭白菊等也有拮抗铅吸收或加速其排泄的作用。

六、 有助于提高缺氧耐受力功能

人体各器官都需要氧气,每个器官对于氧气都有不同量的需求,比如大脑耗氧量是人体耗氧总量的 25%,其次是心脏(12%)和肾脏(10%)。当氧气供应量或利用率减少时,器官就会缺氧而造成各种慢性疾病。

(一) 缺氧时机体功能和代谢变化

缺氧时机体的功能代谢变化,包括机体对缺氧的代偿性反应和由缺氧引起的代谢与功能障碍。轻度缺氧主要引起机体代偿性反应;快速严重缺氧而机体代偿不全时,出现的变化以代谢功能障碍为主,出现不可逆性损伤,甚至死亡。

1. 缺氧时机体的代偿性反应

(1) 呼吸系统　动脉血氧分压(PaO_2)降至 8.0kPa 以下时组织缺氧,可引起机体的呼吸、血液循环增强,以增加血液运送氧和组织利用氧的功能等。但过度通气使二氧化碳分压($PaCO_2$)降低,减低了 CO_2 对延髓中枢化学感受器的刺激,可限制肺通气量,导致呼吸性碱中毒,使呼吸减弱。

(2) 循环系统　主要表现为心输出量增加、血流分布改变、肺血管收缩与毛细血管增生。急性缺氧时,皮肤、腹腔内脏血管收缩;而心、脑血管扩张,血流增加,血液重新分配,对生命重要器官有保护作用。同时,心率加快和心收缩性增强、静脉回流量增加和心输出量增加可提高全身组织的供氧量,故对急性缺氧有一定的代偿意义。

(3) 血液系统　缺氧可使骨髓造血增强及氧合血红蛋白解离曲线右移,从而增加氧的运输和释放。急性缺氧时,因血液浓缩和肝、脾收缩,使储血进入循环血液中,增加血中红细胞数,血容量减少;慢性缺氧时,低氧血流经肾脏近球小体时,能刺激近球细胞,生成并释放促红细胞生成素,骨髓造血增强,红细胞生成增多,血容量增加。红细胞与血红蛋白增多,能提高血氧容量与血氧含量,具有代偿意义,但易引起高血红蛋白血症。

(4) 组织细胞的适应　在供氧不足时,组织细胞可通过增强利用氧的能力和增强无氧酵解以获取维持生命活动所必需的能量,达到细胞代偿性适应目的。慢性缺氧时,细胞内线粒体数目、膜表面积、呼吸链中酶增加,使细胞呼吸功能增强。慢性缺氧可使肌肉中肌红蛋白(Mb)含量增多,可能具有贮存氧的作用。

2. 缺氧时机体功能代谢的变化

缺氧时，机体的三大营养物质分解代谢加强，氧化不完全产物蓄积，可导致代谢性酸中毒。由于缺氧初期呼吸运动增强，体内 CO_2 排出增多，血液中 CO_2 含量相应减少，导致呼吸性碱中毒。严重缺氧时组织细胞可能发生严重的缺氧性细胞损伤（hypoxic cell damage），主要包括细胞膜、线粒体和溶酶体的损伤，器官可发生功能障碍甚至衰竭。

缺氧可导致中枢神经系统功能障碍。缺氧时脑血管扩张，使血流量增多，当脑血流的增加不足以维持脑所必需的能量供应时，则出现神经功能改变，表现为兴奋不安；随着缺氧的不断加重，大脑皮质由兴奋转为抑制，并降低了对皮质下中枢的控制和调节，表现运动失调、痉挛、昏迷和感觉丧失，最后可因呼吸中枢及心脏和血管运动中枢麻痹，引起呼吸、心跳停止而死亡。

急性低张性缺氧，如快速登上 4000m 以上高原时，可在 1～4 天内发生肺水肿，表现为呼吸困难、咳嗽、肺部有湿性啰音及皮肤黏膜发绀等。

严重的全身性缺氧还可导致心脏受损，如高原性心脏病、肺源性心脏病等，甚至发生心力衰竭。其他损害包括肝、肾、消化道、内分泌等各系统功能受损。

（二） 影响机体缺氧耐受性的因素

年龄、机体功能状态、营养、锻炼及气候等许多因素都可影响机体对缺氧的耐受性，这些因素可以归纳为两点，即代谢耗氧率与功能的代偿能力。

1. 代谢耗氧率

基础代谢高者，如发热、机体过热或甲状腺功能亢进等状况下，由于耗氧多，对缺氧的耐受性较低。寒冷、体力活动、情绪激动等可增加机体耗氧量，也使对缺氧的耐受性降低。体温降低、神经系统的抑制则因能降低功能耗氧率使对缺氧的耐受性升高。

2. 机体的代偿能力

机体通过呼吸、循环和血液系统的代偿性反应能增加组织的供氧。通过组织细胞的代偿性反应提高利用氧的能力。这些代偿性反应存在着显著的个体差异。有心、肺疾病及血液病者对缺氧耐受性低，老年人因为肺和心脏的功能储备降低、骨髓造血干细胞减少、外周血液红细胞数减少及细胞某些呼吸酶活性降低等原因，均可导致对缺氧的适应能力下降。

代偿能力可通过锻炼提高。轻度的缺氧刺激可调动机体的代偿能力，登高山者采取缓慢的上升比快速上升者能更好地适应。

（三） 具有耐缺氧作用的食物

1. 高碳水化合物膳食

碳水化合物消耗等量氧时产能高于脂肪与蛋白质，能提高抗急性缺氧的能力。碳水化合物呼吸熵为 1，能产生较多 CO_2，有利于纠正碱血症。富含碳水化合物的食物为粮谷类、杂豆类以及根茎类作物如马铃薯、山药、红薯等。

2. 富维生素的食物

维生素对人体有一定耐缺氧作用，高原上维生素的需要量增加。需要注意的是，复合维生素对增强体力、减少尿中乳酸排出量和改善心脏功能才有较好的效果。

3. 富铁的食物

高原上（缺氧环境）人体促红细胞生成素分泌量增加，造血功能亢进，进而红细胞增加有利于氧的运输和对缺氧的适应，这就对铁的摄入和储备有更高要求。富含铁的食物有动物肝、大豆、黑豆、黑木耳、蘑菇、芝麻等。

4. 大型真菌及药用植物提取物

红景天、银耳、灵芝等含特定功能成分，如红景天苷、活性多糖等具有提高缺氧耐受力作用。其他具有提高耐缺氧能力的植物提取物包括马齿苋、枸杞子、山茱萸、桑白皮、丹参和红花提取物。

七、 有助于降低酒精性肝损伤功能

酒精在少量摄取时有好处。当消费过量时，酒精是全世界最广泛滥用的成瘾药，损伤肝脏和其他器官。酒精性肝损伤（alcoholic liver damage）是由于长期大量饮酒而致的中毒性肝损伤。乙醇进入肝细胞后转化为乙醛，乙醇和乙醛均有直接刺激、损害肝细胞的毒性作用，使肝细胞发生变性、坏死。据报道，每日摄入乙醇40g以上，持续5年或暴饮者易引起酒精性肝损伤，导致酒精性脂肪肝（alcoholic fatty liver）、酒精性肝炎（alcoholic hepatitis）和酒精性肝硬化（alcoholic cirrhosis）。主要临床特征是恶心、呕吐和黄疸，可有肝大和压痛。并可并发肝功能衰竭和上消化道出血等。严重酗酒时可诱发广泛肝细胞坏死甚至肝功能衰竭。

（一） 酒精性肝损伤的类型

1. 酒精性脂肪肝

酒精性脂肪肝是酒精性肝病（alcoholic liver disease，ALD）中最先出现和最常见病变。乙醇中毒时，机体中 NAD^+ 减少，NADH增多，从而抑制脂肪氧化分解，多余的脂肪贮存于肝细胞中。肝脏被脂肪浸润后出现弥漫性肝大，脂肪颗粒将肝细胞核推移原位，线粒体变大，肝细胞变性甚至破裂坏死。轻中度酒精性脂肪肝可完全治愈，但重度病变则可发展为肝纤维化、肝硬化。

2. 酒精性肝炎

营养不良、体内免疫反应和自由基增加、重症脂肪肝的进一步发展可导致酒精性肝炎，并常伴随有贫血、血清胆红素和转氨酶增高、碱性磷酸酶活性增高、凝血时间延长等症状。乙醇代谢中直接或间接诱导炎症反应，氧化应激、肠源性内毒素、炎性介质和营养失衡等多种因素相互作用，尤其是肠道屏障功能受损引起的肠源性内毒素血症在酒精性肝炎的发生发展中有重要作用。乙醛与多种蛋白形成的乙醛加合物具有很强的免疫原性，刺激机体产生抗体引起免疫损伤，导致包括蛋白酶在内的重要蛋白质及DNA的损伤。

3. 酒精性肝硬化

长期饮酒引起的肝脏不可逆性损害，属酒精肝终末期表现。酒精性肝硬化发生于酒精中毒引发的高乳酸血症，刺激脯氨酸增多，使肝内胶原形成增加，加速肝纤维化进程，纤维组织不断增生可形成肝细胞再生结节，导致酒精性肝硬化的发生。典型的酒精性肝硬化患者其肝静脉周围纤维化尤其严重。

酒精性肝硬化早期可无症状，多有低热和肝大，典型表现在中晚期患者，表现乏力，腹痛、厌食、体重减轻和出血倾向；在肝脏功能失代偿期出现消瘦乏力、精神不振、食欲减退或厌食、上腹饱胀、恶心呕吐或腹泻等症状。酒精性肝硬化的发生与饮酒者饮酒方式、性别、遗传因素、营养状况及是否合并肝炎病毒感染有关。一次大量饮酒较分次少量饮酒的危害性大，每日饮酒比间断饮酒的危害性大。饮酒的女性较男性更易发生酒精性肝病。营养不良、蛋白质缺乏、合并慢性乙肝或丙肝病毒感染等因素都会增加肝硬化的危险。

（二） 酒精摄入与营养素的相互关系

1. 酒精摄入对能量及宏量营养素的影响

由于含酒精饮料对提供能量的重要作用，酒精具有很高的能力来顶替其他的必需营养素。酒精可能影响所有有利于能量平衡的成分。过多的酒精摄入改变了食物的营养成分，造成碳水化合物、脂类和蛋白质等营养素摄入不足并影响其代谢，嗜酒是造成营养不良的主要原因之一。

酒精在肝脏代谢时，乙醇脱氢酶和微粒体乙醇氧化系统（MEOS）起作用，产生毒性产物如乙醛以及高反应性的具有潜在危险的含氧分子。酒精加速脂肪贮存，体内既有脂肪又有酒精时，身体倾向贮存相对无害的脂肪，而把有毒酒精作为能源消耗。酒精无论是被添加到膳食中，还是替代日常饮食，脂质氧化都会被抑制大约 1/3 而产生脂肪正平衡。酒精性肝病早期特征性表现脂肪肝就是由于乙醇抑制了肝脏脂质氧化，并导致外周组织回流脂肪增加，也包括血清甘油三酯升高。但是乙醇对甘油三酯的影响可通过降低膳食脂肪摄入量以及餐前餐后体育活动部分抵消。长期适度饮酒可使 HDL-C 增加。

过量酒精摄入导致免疫系统中一些重要的蛋白质合成减慢，引起肝细胞合成与分泌蛋白质过程异常，使血浆白蛋白水平降低，进而影响人体各组织器官的修复和正常功能，削弱机体抗感染的能力。因此，必须摄入足量外源性白蛋白，才能弥补肝组织修复和功能。多余的酒精加重体内酸负荷，影响正常的尿酸代谢，引起像痛风一样的病症。

过量饮酒时，乙醇代谢氧化过程中可造成肾上腺素或生长激素分泌的变化，可合成葡萄糖代谢主要调节物烟酰胺腺嘌呤二核苷酸（还原型辅酶 I，NADH）和乙酸盐，导致糖异生降低，引起低血糖症，特别在膳食整体不足和碳水化合物摄入欠缺的酗酒者。过量酒精摄入抑制肝糖原贮存，加剧增加碳水物摄入不足时低血糖发生的可能。

2. 酒精摄入对维生素和矿物质的影响

在脂溶性维生素方面，长期酗酒者少见明显的维生素 A 缺乏（可能肝脏有较多储备），但可能会引起血浆维生素 A 降低，当出现酒精性肝病时，肝维生素 A 进行性下降。原因可能是胆汁和胰液分泌减少使维生素 A 吸收不良，也可能由于乙醇诱导的氧化作用对维生素 A 代谢产物的更新和胆汁排泄有影响；微粒体酶诱导引起的维生素 A 分解增加，以及乙醇诱导的视黄醇结合蛋白合成减少。维生素 A 缺乏可能促使引发肝疾病甚至更为严重的酒精性肝功能紊乱。维生素 E 被普遍认为是生物组织中最有效的脂溶性链阻断抗氧化剂，增加其含量能有效阻断脂质过氧化引起的氧化性肝损伤。过度饮酒导致维生素 E 摄入减少和需要增加。补充维生素 E 可减少乙醇诱导的脂质过氧化，但应保证维生素 K 营养充足，以免大剂量维生素 E 损害维生素 K 循环而增加出血倾向。过量饮酒可导致维生素 D 摄入量、吸收和活化均下降；由于乙醇对靶器官的影响，维生素 D 的组织特异性作用可能被减弱。乙醇对维生素 K 营养影响的数据极少。在酒精性肝病状态下，维生素 K 可能有利于骨骼健康。

在水溶性维生素方面，B 族维生素是推动体内代谢必需的，由酒精引起的肝功能损害多为 B 族维生素的缺乏，因此，补充维生素 B 族可修复肝功能紊乱。维生素 C 可通过保持谷胱甘肽的还原性、影响烟酰胺腺嘌呤二核苷酸磷酸（还原型辅酶 II，NADPH）的电子传递、抑制亚硝胺形成及与重金属离子如铅、镉等络合沉淀等而具有一定的肝保护作用。

矿物质方面，硒可通过改善肝病患者免疫和抗氧化能力来保护肝脏。铁离子在氧化应激时可致线粒体损害，过多的铁可促进自由基的生成，增强脂质过氧化作用，加重对肝脏的损害。钾、镁可促使肝细胞恢复、再生，促进胆汁排泄。其他矿物质如锌，因具有清除自由基、降血脂、抗氧化等作用，从而促进自由基的清除，从而降低脂质过氧化的降解产物MDA含量。

（三）　对酒精性肝损伤有保护作用的食物

富含饱和脂肪酸的饮食，可减缓或阻止脂肪肝和肝纤维化的发生，富含不饱和脂肪酸的饮食则可诱发和加剧脂肪肝和肝纤维化。但是考虑饱和脂肪可能带来的血脂升高及对血清脂质的影响，以及多不饱和脂肪为机体提供必需脂肪酸，在膳食脂肪方面为抵消乙醇对脂肪氧化的影响，在提供足量必需脂肪酸的同时应尽可能减少脂肪摄入量。磷脂酰胆碱可防止脂肪肝的形成，保护及修复受损的肝细胞，减少自由基攻击，降低脂质过氧化损伤；还可抑制肝细胞凋亡，减轻肝细胞脂肪变性和坏死，促进肝细胞再生，抑制炎症浸润和纤维组织增生，减少肝内纤维沉积。碳水化合物经消化后成为葡萄糖在肝脏转变成糖原贮存下来。丰富的肝糖原能促进肝细胞的修复和再生，增强对感染和毒素的抵抗能力。

在急性中毒性肝病的治疗中，饮食占重要地位，一般应给以易消化、高热量、高维生素、适量蛋白和脂肪的饮食，以保护肝脏，促进肝功能恢复。在此基础上，可适当选用一些具有肝脏保护作用的食物。

1. 富含维生素的食物

富含维生素 C 的新鲜蔬菜水果；B 族维生素丰富的各种粮谷、豆类、蛋类及瘦肉等；富含维生素 E 的绿叶蔬菜、粗粮及坚果类等。

2. 富含活性多糖的食物

已有研究发现多种活性多糖，如灵芝、猪苓、枸杞子、香菇、大枣、云芝及半枝莲等所含活性多糖具有良好的保肝护肝功效。

3. 其他富含保护肝脏活性成分的食物或药食兼用食物

目前报道的有丹参、甘草、葛根、绞股蓝、番茄、马齿苋、蒲公英和虫草等。丹参含丹参酚、丹参素和丹参酮等，能有效推迟和减轻缺血再灌注引起的不可逆肝损伤，减轻酒精所致肝细胞脂肪变性坏死及抑制甘油三酯含量。其他具有肝脏保护作用的功效成分包括甘草酸、葛根异黄酮类、绞股蓝皂苷及番茄中的类似药物奎宁的物质等。

此外，以嗜热链球菌、酵母提取物、牛磺酸和 γ-氨基丁酸 （GABA） 为主要原料，配以低聚木糖的功能食品，能有效预防治疗许多肝病，如脂肪肝、酒精肝之类。

八、　有助于促进面部皮肤健康功能

（一）　皮肤的组织学特征

1. 皮肤的结构与功能

皮肤是人体最大的器官之一，约占体重的 16%。由外往里依次为表皮、真皮和皮下组织（图 6-3）。

（1）表皮　由角质细胞（keratinocytes）与树突细胞（dendritic cells）组成。角质细胞可产生角质蛋白，形成的角质蛋白含高比例甘氨酸、丝氨酸和胱氨酸，通过胱氨酸交联的蛋白质链，保证表皮的高强度和低溶解度等特性。树突细胞中黑素细胞（melanocyte）来源于外胚叶的神经嵴，具有合成黑色素的作用。表皮实现皮肤的屏障保护作用；表皮内有黑色素，可抵御紫外线的辐射损伤。

（2）真皮　位于表皮下方，主要由结缔组织组成，包括胶原纤维、弹力纤维及基质。神

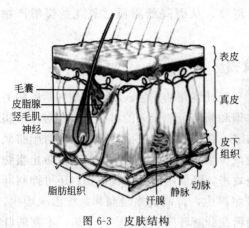

图 6-3　皮肤结构

经、血管、淋巴管、肌肉、毛囊、皮脂腺及大小汗腺均位于真皮结缔组织内。真皮厚度为表皮的15～40倍。胶原纤维、网状纤维和弹力纤维是维持皮肤一定弹性和强度的支撑骨架，它们发生变形会导致肌肉松弛下垂，形成皱纹。真皮的主要成分为酸性黏多糖，包括透明质酸及硫酸软骨素。其中透明质酸黏性强，能保持组织中水分，参与胶原蛋白和弹性纤维形成凝胶结构，使皮肤具有弹性。

（3）皮下组织　由脂肪小叶及小叶间隔组成。脂肪小叶中充满脂肪细胞，小叶间隔将脂肪细胞分为小叶、间隔的纤维结缔组织与真皮相连续，除胶原束外，还有大的血管网、淋巴管和神经。皮下组织富弹性，能保护肌肉和骨骼。

（4）皮肤附属器　包括毛发与毛囊、汗腺、皮脂腺与指（趾）甲等。皮脂腺遍布全身，以全浆分泌形式排出皮脂，其中以面部分泌居多，并受雄性激素和肾上腺皮质激素调节，青春期皮脂分泌活跃。皮脂能柔润皮肤和毛发，对皮肤起保护作用。皮脂分泌物中 C12～C16 游离脂肪酸发炎性最强，C16～C18 形成粉刺的作用最明显。

正常情况下，皮肤表面细胞不断死亡与脱落，又不断由生发层细胞繁殖替补，属生理性再生，一般 3～4 周更新一次。另一种是皮肤受损后的修复现象，称"补偿性再生"，其过程及修复时间长短因受伤面积、深度情况不同，一般小面积损伤，数天后即能愈合，不留瘢痕。

2. 皮肤的色泽

机体正常肤色是由血红蛋白、胡萝卜素和黑色素等综合作用的结果，包括皮肤内黑色素含量的多少和位置的深浅。肤色随种族、性别、年龄及职业等的差异而不同，日照、皮肤结构、身体代谢等因素也与肤色有一定关系。

黑色素由表皮基底层细胞产生，来源于酪氨酸，在酪氨酸酶的催化下，酪氨酸氧化聚合形成黑色素。黑色素与蛋白质结合形成黑色素颗粒贮存于皮肤中。亚洲黄种人皮肤内的黑色素主要分布在表皮基底层，上面的棘细胞层较少而皮肤呈黄色。白种人黑色素的分布情况与黄种人相同，只是黑色素的数量较少，皮肤呈白色。非洲黑人在表皮的基底层、棘细胞层及颗粒层均有黑色素而使得皮肤呈现黑色。

3. 皮肤的瑕疵

（1）痤疮　痤疮（acne）是毛囊皮脂腺单位的一种慢性炎症性皮肤病，好发于青少年，青春期后往往能自然减轻或痊愈。临床表现以好发于面部的粉刺、丘疹、脓疱、结节等多形性皮损为特点。

痤疮的发生主要与皮脂分泌过多、毛囊皮脂腺导管堵塞、细菌感染和炎症反应等因素密切相关。进入青春期后人体内雄激素特别是睾酮水平迅速升高，促进皮脂腺发育并产生大量皮脂。同时毛囊皮脂腺导管的角化异常造成导管堵塞，皮脂排出障碍，形成角质栓即微粉刺。毛囊中多种微生物尤其是痤疮丙酸杆菌大量繁殖并产生脂酶分解皮脂生成游离脂肪酸，同时趋化炎症细胞和介质，最终诱导并加重炎症反应。

痤疮的非炎症性皮损表现为开放性和闭合性粉刺。闭合性粉刺（又称白头）的典型皮损是约 1mm 大小的肤色丘疹，无明显毛囊开口。开放性粉刺（又称黑头）表现为圆顶状丘疹伴显著扩张的毛囊开口。粉刺进一步发展会演变成各种炎症性皮损，表现为炎性丘疹、脓疱、结节和囊肿。

食用过多脂类、辛辣食物或膳食缺乏维生素 B_2、维生素 B_6 和维生素 A，或过度疲劳、睡眠不足以及在高温和空气污染较严重的环境生活时，皮肤易受细菌感染，诱发痤疮使症状加剧。

（2）黄褐斑　黄褐斑（chloasma）也称肝斑，为面部的黄褐色色素沉着，多对称呈蝶形分布于颊部。多见于女性，血中雌激素水平高是主要原因，其发病与妊娠、长期口服避孕药、月经紊乱有关。也见于一些女性生殖系统疾病、结核、癌症、慢性乙醇中毒和肝病等患者。色斑深浅与季节、日晒和内分泌因素有关。日光可促使发病，精神紧张、熬夜和劳累可加重皮损，故应注意防晒，外出时可外搽含避光剂的膏霜类或撑遮阳伞等；注意休息，避免熬夜和精神紧张。

4. 皮肤的水油平衡

保持皮肤水油平衡是保证肌肤健康的重要因素。正常皮肤含水量 10%～20%，如果水分含量降低到 10% 以下，皮肤会失去光泽和弹性，变得干燥粗糙，出现细纹。长此以往，皮肤的屏障功能和自我修复能力降低，易产生皱纹，变得脆弱衰老。皮肤角质层含水溶性成分，使皮肤具有一定吸湿性，这些成分就是天然润湿因子，包括糖、有机酸、氨基酸和矿物质等。适时给皮肤补充天然润湿因子，可有效改善和提高皮肤含水量，维持皮肤柔软和弹性。

油脂具有润滑作用，适量油脂能避免皮肤干燥起皱，还具有防止水分流失的作用。但皮肤油脂分泌过多，不仅会使脸上泛油光，影响外观；如果不注意卫生，皮肤上的油脂反而会成为细菌的营养物引起皮肤病。

（二）　具有促进面部健康作用的食物

皮肤的健康受多因素影响，包括遗传、健康状况、营养水平、生活与工作环境等。皮肤虽然不能直接吸收食物，但是它可以从人体内摄取其所需的养分。

1. 充足的水分

足够的水分有助于正常的血液循环，输送营养物质并带走代谢废物，减少黑色素沉着，防止面部色斑生成。提供充足水分可使体内毒素迅速排出体外，减少毒素蓄积，使皮肤光洁有弹性。

2. 富含维生素、矿物质和膳食纤维的食物

各种维生素和黄酮类对维持皮肤水分和防止皮肤黄褐斑及炎症均有一定的作用。粗粮、豆类、蛋类、瘦肉及坚果类多富含 B 族维生素，特别是维生素 B_2，可防治脂溢性皮炎，鸡蛋富含维生素 A、维生素 D、维生素 E、维生素 B_2 及维生素 B_6 等，对皮肤健康有利。

富维生素 C 的新鲜蔬菜、水果等可抑制黑色素形成，减少黑斑的产生，对治疗青春痘也有一定作用。维生素 E 具有促进末端血管血液循环的作用，可调节激素的正常分泌，使粉刺症状得到减轻，富含维生素 E 的食物包括卷心菜、花菜、菜籽油、芝麻油等。

锌缺乏时会出现脂溢性皮炎、痤疮和脱毛症，因此，适当选用富锌的动物性食品红肉和贝类，如牡蛎、胰腺、肝、蛋、鱼以及粗粮、干豆、坚果等有利于皮肤健康。硒具有很好的抗氧化能力，能清除自由基，保护细胞膜结构和功能，修复分子损伤，防止色斑形成。苹果含硫元素能使肌肤滋润细腻。

膳食纤维能促进肠蠕动，加快代谢废物和毒素排出体外，从而防止色斑生成。

3. 其他有利于皮肤健康的食物

蜂蜜含丰富的果糖、葡萄糖、维生素 C 及 B 族维生素，可消除和减轻皮肤老化。

胡萝卜富含维生素 A 源可维持上皮组织正常机能，使其分泌出糖蛋白以保持肌肤湿润。一些青春痘（痤疮）患者是因为维生素 A 缺乏导致表皮新陈代谢不良所致。

番茄含番茄碱，有降压和消炎作用，含谷胱甘肽可抑制酪氨酶活性，使皮肤或内脏色素减退或消炎，防止细胞老化，保持皮肤洁净。

姜有刺激皮肤及毛发生长作用，生姜外搽可治斑秃和白癜风。

牛奶可促进皮肤表面角质的分解；花生有辅助消除酒刺作用，防治酒渣鼻有效。

九、 补充微量营养素

微量营养素主要包括维生素和矿物质，是人体生长发育和代谢必不可少的物质。缺乏某一种微量营养素会引起机体的不良反应甚至导致疾病。根据各国的防治经验，平衡膳食/膳食多样化、食物强化及应用营养素补充剂是改善人群微量营养素缺乏的主要措施。

平衡膳食是指人体的生理需要和膳食营养供给之间的平衡关系。包括氨基酸组成平衡、热量营养素平衡、各营养素摄入量平衡及酸碱平衡。如果平衡关系失调，膳食结构不适应人体生理需要，就会对人体健康产生不良影响，严重时甚至导致某些营养性疾病或慢性病。

食物强化指向食品中添加营养素以增强其营养价值的措施。食品强化的目的是弥补天然食品的营养缺陷、补充在加工贮存等过程中营养素的损失、适应不同人群生理及职业的需要等。例如，食物铁强化可快速改善缺铁性贫血。目前，食物强化是最为经济实用、易行有效的营养干预方式。其他强化食品有强化碘盐、强化钙奶和多维乳粉等。

随着社会经济的发展和公众对营养和健康的重视，微量营养素的补充受到越来越多的关注，它是解决我国微量营养素不足的有力措施。与此同时，客观上增加了部分人群微量营养素过量摄入的风险。目前国际上建议对各种营养素可能发生过量摄入的风险进行评估，从而对微量营养素的风险等级进行划分，作为国家制定或修改营养政策或相关标准的参考依据。我国关于营养素的风险评估工作在制定中国居民膳食营养素参考摄入量（DRI）中已经引入，并提出了大多数营养素的 RNI、AI 和 UL 值，在制定我国相应的营养政策、标准中起重要作用。

我国人群容易缺乏的一些微量营养素，如维生素 A、维生素 D、钙、铁、锌等都属于高风险等级者，因此，这类微量营养素添加的适宜量是今后关注的重点，需要进一步研究来确定。如何把握恰当的添加量，既补充人群不足，又不引起高摄入发生的过量风险，是今后我国微量营养素补充研究的主要方向。

（郑理）

思考题

1. 缺铁性贫血发病原因及主要危害是什么？

2. 请判断配方中原料为"黑木耳、海带、紫菜、香菇、山楂、大枣、乙二胺四乙酸铁钠、水"的保健食品最适合申报的保健功能是什么？

3. 简述钙代谢、骨密度和骨质疏松的关系。

4. 试述能预防或改善人体骨质疏松作用的物质和功效成分有哪些？

5. 咽喉的基本结构是什么？常见的咽喉疾病有哪些？其发病机制是什么？

6. 请判断配方中原料为"莲子、马齿苋、鱼腥草、冬凌草、胖大海、菊花、水"的保健食品最适合申报的保健功能是什么？

7. 简述胃肠道功能，调节胃肠功能作用的菌群有哪些？

8. 改善胃肠道功能的物质和功效成分有哪些种类？

9. 简述儿童的铅代谢特点。促进排铅的食物种类有哪些？

10. 缺氧时机体功能和代谢有哪些变化？

11. 试述有助于缓解机体缺氧的物质和功效成分有哪些？

12. 请判断配方中原料为"枸杞子、酸枣仁、红景天、黄芪、银杏、刺五加、三七、川芎和人参"的保健食品最适合申报的保健功能是什么？

13. 酒精性肝损伤主要有哪几类？对肝损伤有保护作用的物质和功效成分有哪些种类？

14. 皮肤的基本结构有哪些？皮肤的水油平衡在面部健康中的作用是什么？

15. 改善微量营养素缺乏的主要措施有哪些？

第七章 保健（功能）食品评价的基本原理和方法

1. 了解保健（功能）食品评价相关的法律法规，以及了解哪些食品可以注册申报保健食品及注册时需要做的检验项目。

2. 掌握保健（功能）食品安全性毒理学评价实验的四个阶段和具体内容；掌握保健食品功能性评价的方法和保健食品卫生学稳定性实验的条件和方法。

我国保健（功能）食品渊源久远，传统保健饮食和药膳已有几千年的历史。随着科学技术的飞速发展，使得通过改善饮食条件和食品组成，发挥食品本身的生理调节功能以达到提高人类健康水平成为可能。当今人类生存环境日趋恶化，疾病谱与过去相比发生了很大变化，人们更加关注疾病与饮食的关系，保健（功能）食品就是在这一背景下出现的。

我国保健（功能）食品的发展起步于 20 世纪 80 年代，到 20 世纪 90 年代中期已有了长足的发展，有 3000 多个保健食品生产企业，生产的保健食品 4000 多种。在保健食品发展初期，法律、法规和标准缺失，卫生监管不到位，出现了"真假不分，良莠不齐"的混乱局面，在各方强烈呼吁下，一系列与保健食品评价或管理相关的法律法规先后出台。

1994 年 8 月卫生部颁布了 GB 15193—1994《食品安全性毒理学评价程序和方法》，1996 年 3 月卫生部颁布了《保健食品的管理办法》，规定了保健食品的标准、功能评价、审批程序和监督管理办法。1996 年 7 月发布了《保健食品功能学评价程序和检验方法》，后有多次修订，2003 年 2 月卫生部颁布了《保健食品检验与评价技术规范实施手册》，将功能学、毒理学和功效成分及卫生指标检验评价方法三者合一。2003 年 9 月卫生部颁布了 GB/T 15193 —2003 "食品安全性毒理学评价程序"取代 1994 年的标准。2005 年 4 月国家食品药品监督管理局第 19 号令《保健食品注册管理办法（试行）》，2005 年 5 月国食药监注〔2005〕202 号文件"关于印发《营养素补充剂申报与审评规定（试行）》等 8 个相关规定的通告"。2003 年以前，保健食品和膳食补充剂由卫生部审批，产品批准文号为"卫食健字"，自 2004 年国家成立食品药品管理监督局后，保健食品和膳食补充剂由国家食品药品监督管理局审批，卫食健字号一律要重新审批转为国食健字号。新规定中保健食品批准证书有效期 5 年，国产保健食品批准文号格式为：国食健字 G＋4 位年代号＋4 位顺序号；进口保健食品批准文号格式为：国食健字 J＋4 位年代号＋4 位顺序号。

2013 年国家各部委进行了调整，原卫生部更名为"中华人民共和国国家卫生和计划生育委员会"，网站地址现改为 http：//www. nhfpc. gov. cn/，国家食品药品监督管理总局（CFDA）的网址为 http：//www. sda. gov. cn/WS01/CL0001/。

一、 可申请保健食品的产品及注册需要检验的项目

（一） 可以申请保健食品的产品

我国保健食品是经国家食品药品监督管理局批准生产和销售的保健食品，是指声称具有特定保健功能（27 种）或者营养素补充剂（指以补充维生素、矿物质而不以提供能量为目的的产品），其作用是补充膳食供给的不足，预防营养缺乏和降低发生某些慢性退行性疾病的危险性。所以申报保健食品的产品，必须具有食品属性、功能属性（特定的功能）和非药品属性。

目前国家批准的保健食品功能是根据卫生部 2003 年 5 月 1 日起实施的《保健食品检验与评审技术规范》规定的保健食品的申报功能设立的，共有 27 项功能：1. 增强免疫力功能 ▲；2. 改善睡眠功能 ▲；3. 缓解体力疲劳 ▲；4. 提高缺氧耐受力功能 ▲；5. 对辐射危害有辅助保护功能 ▲；6. 增加骨密度功能 ▲；7. 对化学肝损伤有辅助保护功能 ▲；8. 缓解视疲劳功能 ●；9. 祛痤疮功能 ●；10. 祛黄褐斑功能 ●；11. 改善皮肤水分功能 ●；12. 改善皮肤油分功能 ●；13. 减肥功能；14. 辅助降血糖功能；15. 改善生长发育功能；16. 抗氧化功能；17. 改善营养性贫血功能；18. 辅助改善记忆功能；19. 调节肠道菌群功能；20. 促进排铅功能；21. 促进消化功能；22. 清咽功能；23. 对胃黏膜有辅助保护功能；24. 促进泌乳功能；25. 通便功能；26. 辅助降血压功能；27. 辅助降血脂功能。

注：标有 ▲ 的项目只做动物实验；标有 ● 的项目只做人体试验；其他项目人体试验、动物实验均须做。

（二） 注册保健食品需要做以下检验项目

一般产品都需要进行安全性试验（毒理）、功能学试验（动物功能/人体试食试验）、稳定性试验、卫生学检验、功效/标志性成分鉴定试验。根据产品的功能和原料特性，还有可能要求申报的产品进行激素、兴奋剂检测、菌株鉴定试验、原料品种鉴定等。

对于营养素补充剂，不要求进行功能学试验。使用《维生素、矿物质化合物名单》（国食药监注〔2005〕202 号）以内的物品，其生产原料、工艺和质量标准符合国家有关规定的，一般不要求提供安全性毒理学试验报告。

卫生学检测，主要是对产品理化指标和微生物指标进行检测，如重金属、农药残留、崩解时限、pH 值、微生物等。

稳定性检测，是检测产品在声称的保质期内各项指标是否稳定，其检测项目与卫生学检测的项目相同。一般进行加速稳定性试验，及在产品放置于 38℃、相对湿度 75％条件下放置 1 个月、2 个月、3 个月时对各项指标进行检测。

安全性检测，是对产品安全性毒理学的检验。根据产品配方的不同，毒理学检测的项目有所不同。一般产品都应进行第一第二阶段的检测，有的产品还应做 90 天喂养或更深阶段的毒理学检查。

功能学检查，是根据国家标准或评委会认可的试验方法，对产品声称的功能进行检验。根据所申报的功能不同，要求进行动物功能实验和（或）人体试食试验。

二、 保健(功能)食品的毒理学评价

食品毒理学（food toxicology）是指应用毒理学方法研究食品中外源化学物的性质、来

源与形成、不良作用与可能的有益作用及其机制，并确定这些物质的安全限量和评定食品的安全性的科学。食品毒理学的作用就是从毒理学的角度，研究食品中可能含有的外源化学物质对食用者的毒作用机制，检验和评价食品（包括食品添加剂）的安全性或安全范围，从而达到确保人类健康的目的。

食品安全性评价是运用毒理学动物试验结果，并结合人群流行病学调查资料来阐明食品中某种特定物质的毒性及潜在危害，对人体健康的影响性质和强度，预测人类接触后的安全程度。

物质的毒性与被摄入人体内的数量有关，从某种意义上讲，只要数量达到一定数值，任何物质都可能表现出毒性，比如日本核泄漏造成海水污染，浙江慈溪一男性市民为"防辐射"过量食用碘盐死亡。相反，任何物质只要低于一定数量都不具有毒性，比如曾有喝卤水自杀的，但是从未发现过大量吃豆腐造成点豆腐用的卤水食入过量而致死的情况。

（一）　毒物的毒效应

1. 急性毒性

指机体一次给予受试化合物，低毒化合物可在 24h 内多次给予，经吸入途径和急性接触，通常连续接触 4h，最多连续接触不得超过 24h。在短期内发生的毒效应。食品毒理学研究的途径主要是经口给予受试物，方式包括灌胃、喂饲和吞咽胶囊等。

急性毒性研究的主要目的是探求化学物的致死剂量，以初步评估其对人类的可能毒害的危险性。

2. 蓄积毒性

指低于一次中毒剂量的外源化学物反复与机体接触一定时间后致使机体出现的中毒作用。一种外源化学物在体内蓄积作用的过程，表现为物质蓄积和功能蓄积两个方面。

3. 亚慢性、慢性毒性

亚慢性毒性指机体在相当于 1/20 左右生命期间，少量反复接触某种有害化学和生物因素所引起的损害作用。慢性毒性指外源化学物质长时间少量反复作用于机体后所引起的损害作用。

4. "三致"作用

指致突变、致畸、致癌作用。

（二）　食品安全性毒理学评价试验的四个阶段和内容

1. 第一阶段——急性毒性试验

一次性投较大剂量后观察动物的变化，观察期大约为 1 周，从而判定动物的致死量（LD）和半致死量（LD_{50}）。LD_{50} 是指实验动物死亡一半的投药量。如果投药量大于 5000mg/kg，无死亡，可认为该品毒性较低，无需做致死量精确测定。

2. 第二阶段——遗传毒性试验、30 天喂养试验和传统致畸试验

遗传毒性试验的组合应考虑原核细胞与真核细胞、体内试验与体外试验相结合的原则。从 Ames 试验或 V79/HGPRT 基因突变试验、骨髓细胞微核试验或哺乳动物骨髓细胞染色体畸变试验、TK 基因突变试验或小鼠精子畸形分析（或睾丸染色体畸变分析试验）中分别各选一项。

① 基因突变试验：鼠伤寒沙门菌/哺乳动物微粒体酶试验（Ames 试验）为首选，其次考虑选用 V79/HGPRT 基因突变试验，必要时可另选其他试验。

② 骨髓细胞微核试验或哺乳动物骨髓细胞染色体畸变试验。

③ TK 基因突变试验。

④ 小鼠精子畸形分析或睾丸染色体畸变分析。

⑤ 其他备选遗传毒性试验：显性致死试验、果蝇伴性隐性致死试验，非程序性 DNA 合成试验。

⑥ 30 天喂养试验。

⑦ 传统致畸试验。

3. 第三阶段——亚慢性毒性实验

实验期在 3 个月左右，检验该品的毒性对机体的重要器官或生理功能的影响包括繁殖和致畸实验

4. 第四阶段——慢性毒性实验

考查少量该品长期对机体的影响，确定最大无作用量（MNL），一般以寿命较短敏感的动物的一生为一个试验阶段，如用大白鼠试验 2 年，小白鼠试验 1.5 年。

（三） 保健（功能）食品毒性试验的原则

① 凡属创新的物质一般要求进行四阶段的试验。特别是对其中化学结构提示有慢性毒性、遗传毒性或致癌性可能者或产量大、使用范围广、摄入机会多者，必须进行全部四个阶段的毒性试验。

② 凡属与已知物质（指经过安全性评价并允许使用者）的化学结构基本相同的衍生物或类似物，则根据第一、二、三阶段毒性试验结果判断是否需进行第四阶段的毒性试验。

③ 凡属已知的化学物质，WHO 已公布每人每日容许摄入量（ADI），同时又有资料证明我国产品的质量规格与国外产品一致，则可先进行第一、二阶段毒性试验，若试验结果与国外产品的结果一致，一般不要求进行进一步的毒性试验，否则应进行第三阶段的毒性试验。

④ 食品新资源及其食品原则上应进行第一、二、三个阶段的毒性试验，以及必要的人群流行病学调查。必要时应进行第四阶段的试验。若根据有关文献资料及成分分析，未发现有或虽有但量甚少，不至构成对健康有害的物质，以及较大数量人群有长期食用史而未发现有害作用的天然动植物（包括作为调料的天然动植物的粗提制品）可先进行第一、二阶段的毒性试验，经初步评价后，决定是否需要进行进一步的毒性试验。

⑤ 凡属毒理学资料比较完整，WHO 已公布日允许摄入量或不需规定日允许摄入量者，要求进行急性毒性试验和一项致突变试验，首选 Ames 试验或小鼠骨髓微核试验。

⑥ 凡属有一个国际组织或国家批准使用，但 WHO 未公布日许量，或资料不完整者，在进行第一、二阶段毒性试验后作初步评价，以决定是否需进行进一步的毒性试验。

⑦ 对于由天然植物制取的单一组分、高纯度的添加剂，凡属新产品需先进行第一、二、三阶段的毒性试验，凡属国外已批准使用的，则进行第一、二阶段毒性试验。

⑧ 凡属尚无资料可查、国际组织未允许使用的，先进行第一、二阶段毒性试验，经初步评价后，决定是否需进行进一步试验。

（四） 保健(功能)食品毒理学评价的目的和结果判定

1. 毒理学试验的目的

(1) 急性毒性试验　测定 LD_{50}，了解受试物的毒性强度、性质和可能的靶器官，为进

一步进行毒性试验的剂量和毒性判定指标的选择提供依据。

（2）遗传毒性试验 对受试物的遗传毒性及是否具有潜在致癌作用进行筛选。

（3）致畸试验 了解受试物对胎仔是否具有致畸作用。

（4）短期喂养试验 对只需进行第一、二阶段毒性试验的受试物，在急性毒性试验的基础上，通过 30 天喂养试验，进一步了解其毒性作用，并可初步估计最大无作用剂量。

（5）亚慢性毒性试验——90 天喂养试验，繁殖试验 观察受试物以不同剂量水平经较长期喂养后对动物的毒性作用性质和靶器官，并初步确定最大作用剂量；了解受试物对动物繁殖及对子代的致畸作用，为慢性毒性和致癌试验的剂量选择提供依据。

（6）代谢试验 了解受试物在体内的吸收、分布和排泄速度及蓄积性，寻找可能的靶器官；为选择慢性毒性试验的合适动物种系提供依据；了解有无毒性代谢产物的形成。

（7）慢性毒性试验（包括致癌试验） 了解经长期接触受试物后出现的毒性作用，尤其是进行性或不可逆的毒性作用及致癌作用；最后确定最大无作用剂量，为受试物能否应用于食品的最终评价提供依据。

2. 毒理学试验结果的判定

（1）急性毒性试验 如 LD_{50} 剂量小于人的可能摄入量的 10 倍，则放弃该受试物用于食品，不再继续其他毒理学试验。如大于 10 倍者，可进入下一阶段毒理学试验。凡 LD_{50} 在人的可能摄入量的 10 倍左右时，应进行重复试验，或用另一种方法进行验证。

（2）遗传毒性试验 根据受试物化学结构、理化性质及对遗传物质作用终点的不同，兼顾体内外试验及体细胞和生殖细胞的原则，在鼠伤寒沙门菌/哺乳动物微粒体酶试验（Ames试验）、小鼠骨髓微核率测定、骨髓细胞染色体畸变分析、小鼠精子畸形分析和睾丸染色体畸变分析试验中选择四项试验，根据以下原则对结果进行判断。

如其中三项试验为阳性，则表示该受试物很可能具有遗传毒性作用和致癌作用，一般应放弃该受试物应用于食品；无需进行其他项目的毒理学试验。

如其中两项试验为阳性，且短期喂养试验显示该受试物具有显著的毒性作用，一般应放弃该受试物用于食品；如短期喂养试验显示有可疑的毒性作用，则经初步评价后，根据受试物的重要性和可能摄入量等，综合权衡利弊再作出决定。

如其中一项试验为阳性，则再选择其他备选遗传毒性试验"V79/HGPRT 基因突变试验、显性致死试验果蝇伴性隐性致死试验，程序外 DNA 修复合成（UDS）试验"中的两项遗传毒性试验；如再选的两项试验均为阳性，则无论短期喂养试验和传统致畸试验是否显示有毒性与致畸作用，均应放弃该受试物用于食品；如有一项为阳性，而在短期喂养试验和传统致畸试验中未见有明显毒性与致畸作用，则可进入第三阶段毒性试验。

如四项试验均为阴性，则可进入第三阶段毒性试验。

（3）短期喂养试验 在只要求进行两阶段毒性试验时，若短期喂养试验未发现有明显毒性作用，综合其他各项试验即可作出初步评价；若试验中发现有明显毒性作用，尤其是有剂量-反应关系时，则考虑进一步的毒性试验。

（4）90 天喂养试验、繁殖试验、传统致畸试验 根据这三项试验中所采用的最敏感指标所得的最大无作用剂量进行评价，原则是：①最大无作用剂量小于或等于人的可能摄入量的 100 倍者表示毒性较强，应放弃该受试物用于食品。②最大无作用剂量大于 100 倍而小于300 倍者，应进行毒性试验。③大于或等于 300 倍者则不必进行慢性毒性试验，可进行安全性评价。

（5）慢性毒性（包括致癌）试验　根据慢性毒性试验所得的最大无作用剂量进行评价，原则是：①最大无作用剂量小于或等于人的可能摄入量的 50 倍者，表示毒性较强，应放弃该受试物用与食品。②最大无作用剂量大于 50 倍而小于 100 倍者，经安全性评价后，决定该受试物可否用于食品。③最大无作用剂量大于或等于 100 倍者，则可考虑允许使用于食品。

（6）新资源食品、复合配方的饮料等　在试验中，若试样的最大加入量（一般不超过饲料的 5％）或液体试样最大可能的浓缩物加入量仍不能达到最大无作用剂量为人的可能摄入量的规定倍数时，则可综合其他的毒性试验结果和实际食用或饮用量进行安全性评价。

一般无需进行毒性试验的原料或成分，属于普通食品和卫生部规定的药食同源的物质，包括采用传统工艺及食用方式的食品原料，水提物，常规报用剂量，无不安全性报道的原料，来源及工艺和重量符合国家要求的营养强化剂或营养素补充剂。

需要进行一阶段和三项致突变毒性试验的原料或成分属于普通食品和卫生部规定的药食同源的物质且用水提以外的其他常用工艺生产的原料，服用量与常规量相同，需要做急性毒性和三项致突变试验；服用量大于常规用量的，还需加做 30 天喂养试验，必要时进行传统致畸试验和第三阶段毒性试验。

需要进行一、二阶段毒性试验的原料或成分：文献显示无危害，人群长期食用的原料，具有国际性毒理学评价结果的已知化学物质，产品质量规格与国外产品一致的原料，国外广泛食用且能提供安全性评价的资料，卫生部规定允许使用的动植物及其提取物或微生物。

需要进行一至三阶段毒性试验的情况：一、二阶段试验结果与国外产品不一致的，国外少数国家或地区食用的原料或成分，水提物大于常规服用量的，用水提以外的其他常用工艺生产的且大于常规用量的原料。

需进行一至四阶段毒性试验的原料或成分指国内外均无食用先例的原料。

三、 保健（功能）食品的功能评价

功效成分一般是指经科学研究或国内外文献证实，产品中含有从天然原料中提取或人工合成的一种或几种与所申报的保健功能直接相关的成分。标志性成分是指产品固有的特征性物质。功效（标志性）成分及其指标值由申报者自行提出。

（一） 确定功效成分或标志性成分及其指标值的一般原则

① 配方中各原料的投入量。

② 生产工艺及加工过程中对功效或标志性成分的影响。

③ 多次功效或标志性成分的检测结果。

④ 该功效或标志性成分检测方法的变异度。

⑤ 国内外有关该功效或标志性成分的安全性评价资料（不应选择有安全性问题的成分）。

⑥ 所选择确定的功效或标志性成分应有标准检验方法或经过验证可行的分析方法。

⑦ 功效或标志性成分的标准检验方法：《保健食品检验与评价技术规范》，2003 年版保健食品功效成分及卫生指标检验规范。

（二） 功能性评价的基本要求

1. 对受试样品的要求

应提供受试样品的原料组成和（或）尽可能提供受试样品的物理、化学性质（包括化学结构、纯度、稳定性等）有关资料。

受试样品必须是规格化的定型产品，即符合既定的配方、生产工艺及质量标准。

提供受试样品安全性毒理学评价的资料及卫生学检验报告，受试样品必须是已经过食品安全性毒理学评价确认为安全的食品。功能学评价的样品与毒理学评价、卫生学检验的样品必须为同一批次（安全性毒理学评价和功能学评价实验周期超过受试样品保质期的除外）。

应提供功效成分或特征成分、营养成分的名称及含量。

如需提供受试样品违禁药物检测报告时，应提交与功能学实验同一批次样品的违禁药物检测报告。

2. 对实验动物的要求

根据各种实验具体要求，合理选择实验动物。动物应达到清洁级实验动物的要求。常用大鼠和小鼠，品系不限，推荐使用近交系动物。动物的性别、年龄依实验需要进行选择。动物的数量要求为小鼠每组 10～15 只（单一性别），大鼠每组 8～12 只（单一性别）。

3. 对给受试样品剂量及时间的要求

各种动物实验至少应设 3 个剂量组，另设空白对照组，必要时可设阳性对照组。剂量选择应合理，尽可能找出最低有效剂量。在 3 个剂量组中，其中一个剂量应相当于人体推荐摄入量（折算为每千克体重的剂量）的 5 倍（大鼠）或 10 倍（小鼠），且最高剂量原则上不得超过人体推荐摄入量的 30 倍（特殊情况除外）。受试样品的功能实验剂量必须在毒理学评价确定的安全剂量范围之内。

给受试样品的时间应根据具体实验而定，一般为 7～30 天。当给予受试样品的时间不足30 天而实验结果阴性时，应延长至 30 天重新进行实验；当给予受试样品的时间超过 30 天而实验结果仍阴性时，则可终止实验（特殊情况除外）。

4. 对受试样品处理的要求

受试样品推荐量较大，超过实验动物最大灌胃、加入饮水或饲料中的承受量时，可考虑适当减少受试样品中的非功效成分含量。

对于含乙醇的受试样品，原则上应使用其定型的产品进行功能实验，其三个剂量组的乙醇含量与定型产品相同。如受试样品的推荐量较大，超过动物最大灌胃量时，允许将其进行浓缩，但最终的浓缩液体应恢复原乙醇含量。如乙醇含量超过 20%，允许将其含量降至20%。调整受试样品乙醇含量应使用原产品的酒基。

液体受试样品需要浓缩时，应尽可能选择不破坏其功效成分的方法。一般可选择 60～70℃减压浓缩。浓缩的倍数依具体实验要求而定。

对于以冲泡形式饮用的受试样品（如袋泡剂），可使用该受试样品的水提取物进行功能实验，提取的方式应与产品推荐饮用的方式相同。如产品无特殊推荐饮用方式，则采用下述提取条件：常压，温度 80～90℃，时间 30～60min，水量为受试样品体积的 10 倍以上，提取 2 次，将其合并浓缩至所需浓度。

5. 对给受试样品方式的要求

必须经口给予受试样品，首选灌胃。如无法灌胃则加入饮水或饲料中，应尽可能准确计算各途径受试样品的给予量。

6. 对合理设置对照组的要求

以载体和功效成分（或原料）组成的受试样品，当载体本身可能具有相同功能时，应将该载体作为对照。

对于通过补充营养素或促进营养素的消化、吸收、利用来达到改善生长发育或增加骨密度等功效的保健食品进行功能实验时，可以以我国人群营养素摄入水平及消化吸收资料为参考，将动物饲料中的营养素作相应调整来设定对照组。

(三)　人体试食试验的基本要求

1. 对保健食品的要求

受试样品必须符合本程序对受试样品的要求，并就其来源、组成、加工工艺和卫生条件等提供详细说明。

提供与试食试验同批次受试样品的卫生学检测报告，其检测结果应符合有关卫生标准的要求。

经过动物实验证实，确定其具有需验证的某种特定的保健功能。对照物品可以用安慰剂，也可以用具有验证保健功能作用的阳性物。

2. 试验前的准备

拟定计划方案及进度，组织有关专家进行论证，并经本单位伦理委员会批准。

根据试食试验设计要求，受试样品的性质、期限等，选择一定数量的受试者。试食试验报告中试食组合对照组有效例数不少于 50 人，且试验的脱离率一般不得超过 20%

开始试用前要根据受试样品性质，估计试用后可能产生的反应，并提出相应的处理措施。

3. 对受试者的要求

选择受试者必须严格遵照自愿的原则，根据所需要判定功能的要求进行选择。

确定受试对象后要进行谈话，使受试者充分了解试食试验的目的、内容、安排及有关事项，解答受试者提出的与试验有关的问题，消除可能产生的疑虑。

受试者必须有可靠的病史，以排除可能干扰试验目的的各种因素。

受试者应填写参加试验的知情同意书，并接受知情同意书上确定的陈述。

试食期限原则上不少于 30 天（特殊情况除外），必要时可以适当延长。

4. 对试验实施者的要求

以人道主义态度对待志愿受试者，以保障受试者的健康为前提。

进行人体试食试验的单位应是认定的保健食品功能学检验机构（以后重新认定是国家食品药品监督管理局）。如需进行与医院共同实施的人体试食试验，功能学检验机构必须选择三级甲等医院共同进行。

与负责人取得密切联系，指导受试者的日常活动，监督检查受试者遵守试验有关规定。

在受试者身上采集各种生物样品，应详细记录采集样品的种类、数量、次数、采集方法和采集时期。

负责人体试食试验的主要研究者应具有副高及以上职称。

5. 观察指标确定

受试前，应进行系统的常规体检：心电图、胸透和腹部 B 超检查，试验结束后，根据情况决定是否重复，心电图、胸透和腹部 B 超检查。

在受试期间应取得下列资料：①主观感觉（体力和精神的）；②进食情况；③生理指标（血压、心率等）、症状和体征；④常规的血液学和生化指标；⑤功效性指标；⑥给受试者以适当的物质奖励或经济补偿。

四、 保健食品的卫生学检验

（一） 基本原则

① 保健（功能）食品应保证不对人体产生任何急性、亚急性或慢性危害。

② 保健（功能）食品应通过科学实验（功效成分定性、定量分析，动物或人群功能试验），证实确实有效的功效成分和有明显、稳定的调节人体功能的作用，或通过动物（人群）试验，确有明显、稳定的调节人体功能的作用。

③ 保健（功能）食品的配方、生产工艺应有科学依据。

④ 生产保健（功能）食品的企业，应符合 GB 14881—2013 的规定，并应逐步健全质量保证体系。

（二） 技术要求

1. 原料和辅料

原料和辅料应符合相应国家标准或行业标准的规定，或有关规定。农药、兽药及生物毒素残留限量应符合相应国家标准的规定。放射性物质限量应符合 GB 14882—1994 的规定。

2. 外观和感官特性

保健（功能）食品应具有类属食品应的有基本形态、色泽、滋味、质地，不得有令人厌恶的气味和滋味。

3. 功能要求

保健（功能）食品至少应具有调节人体功能作用的某一种功能。

4. 理化要求

（1）净含量　单件定量包装产品的净含量与其标签标注的质量、体积之差不得超过本标准中的规定。

（2）功效成分　保健（功能）食品一般应含有与功能相对应的功效成分及功效成分的最低有效含量，必要时应控制有效成分的最高限量。

（3）营养素　保健（功能）食品除符合"功效成分"的规定外，还应含有类属食品应的有营养素。

（4）食品添加剂和食品营养强化剂的添加量　应符合 GB 2761—2011 和 GB 14880—2012 的规定。

（5）供婴幼儿、孕（产）妇食用的保健（功能）食品不得含有兴奋剂和激素，供运动员食用的保健（功能）食品不得含有 GB 15266—2009 规定的禁用药品。

5. 卫生要求

（1）有害金属及有害物质的限量　应符合类属产品国家卫生标准的规定，无与之对应的类属产品，铅、砷、汞的限量应符合本标准中的规定。

（2）微生物限量　应符合类属产品国家卫生标准规定，无与之对应的类属产品，微生物限量应按其产品形态符合本标准中的规定。

（三） 卫生学稳定性试验

对于申报的原料均是普通食品原料的样品只需做卫生学稳定性试验。卫生学稳定性试验包括卫生学试验报告、稳定性试验报告、功效（标志）成分试验报告和兴奋剂检验报告（仅申报减肥、缓解体力疲劳和促进生长发育等保健功能的样品才需在指定机构对样品进行兴奋剂和违禁药物检测)。

卫生学试验项目的确定：根据产品的详细配方和原料组成、主要工艺、剂型及其他相关资料，依据保健食品和各类食品相关国家、行业标准，确定卫生学检验项目。卫生学常用检验方法有 GB/T 5009—2003《食品卫生检验方法》理化部分、GB/T 4789—2003《食品卫生微生物检验》。确定卫生学试验检验项目的主要依据之一是 GB 16740—1997《保健(功能)食品通用标准》。

稳定性试验。采用加速试验，37~40℃、相对湿度 75% 下保存 90 天，每 30 天检测一次；稳定性试验报告包括 3 批次样品保温前、保温 30 天、60 天和 90 天的样品检验结果，规定保持期 2 年。对于需要冷（冻）藏保存不能进行保温加速试验的样品如益生菌、鲜蜂王浆、牛初乳类保健食品，采用在样品声称的保存条件下保存后进行稳定性试验，温度设定根据产品种类的不同进行考查，但是必须说明为什么要采用这个温度。至于影响因素，一般会设计光照、振荡、反复冻融、高温、高湿等试验条件。

稳定性试验检测指标选择的基本原则：功效或标志性成分，微生物指标，在稳定性试验中易发生变化的指标，卫生学试验已经检测，稳定性试验不必再检测的指标（如六六六、DDT、黄曲霉毒素、食品添加剂等），以及卫生学试验已检测，稳定性试验中一般也不会发生变化，但目前仍在稳定性试验中检测的指标（如重金属、灰分、净含量等）。

五、 部分保健功能的评价

为贯彻落实《中华人民共和国食品安全法》及实施条例对保健食品实行严格监管的要求，加强保健食品准入管理，切实提高准入门槛，国家食品药品监督管理局组织修订了抗氧化等 9 个功能的评价方法，已经保健食品安全专家委员会审议通过，2012 年 4 月 23 日发布了"国食药监保化〔2012〕107 号"文件"关于印发抗氧化功能评价方法等 9 个保健功能评价方法的通知"。自 2012 年 5 月 1 日起，对受理的申报注册保健食品的相关产品检验申请，保健食品注册检验机构应按照新发布的 9 个功能评价方法开展产品功能评价试验等各项工作。这 9 个修改的功能性评价有抗氧化功能评价，对胃黏膜损伤有辅助保护功能评价，辅助降血糖的功能评价，缓解视疲劳功能评价，改善缺铁性贫血功能评价，辅助降血脂功能评价，促进排铅功能评价，减肥功能评价及清咽功能评价。将主要内容和方法分述如下。

（一） 抗氧化的功能评价

1. 试验项目

（1）动物实验

①选 10 月龄以上大鼠或 8 月龄以上小鼠，也可用 D-半乳糖或乙醇建氧化损伤模型，实验设三个剂量组和一个溶剂对照组，受试样品给予时间 30 天，必要时可延长至 45 天。

②脂质氧化产物测定指标为丙二醛（MDA）或血清 8-表氢氧异前列腺素（8-isoprostane）。

a. 丙二醛（malondialdehyde，MDA）是细胞膜脂质过氧化的终产物之一，测其含量可间接估计脂质过氧化程度。可采用荧光法或比色法测定血中过氧化脂质降解产物丙二醛（MDA）含量，可见光分光光度测定组织中过氧化脂质降解产物丙二醛（MDA）含量。

b. 8-表氢氧异前列腺素（8-isoprostane）是体内脂质氧化应激反应稳定而具有特异性的标志物，其含量能间接反映因机体内自由基的产生而导致组织细胞的脂质过氧化程度。可用酶联免疫方法进行测定。

③蛋白质氧化产物测定指标为蛋白质羰基。测定原理：被氧化后的蛋白质羰基含量增

多，羰基可与 2,4-二硝基苯肼反应生成 2,4-二硝基苯腙，2,4-二硝基苯腙为红棕色的沉淀，将沉淀用盐酸胍溶解后即可在分光光度计上读取 370nm 下的吸光度值，从而测定蛋白质的羰基含量。

④抗氧化酶活力测定：超氧化物歧化酶（SOD）或谷胱甘肽过氧化物酶（GSH-Px）。SOD 催化超氧阴离子自由基（$O_2 \cdot^-$）生成 H_2O_2，再由其他抗氧化酶如 GSH-Px 和过氧化氢酶作用生成水，这样可清除 $O_2 \cdot^-$ 对细胞的毒害作用。SOD、GSH-Px 在动物某些器官和人体血红细胞中的含量均有明显的增龄变化，酶活性与生物年龄的增长成反比。消除自由基的能力与酶活性成正比。

血或组织中 SOD 活力测定原理：$O_2 \cdot^-$ 氧化羟胺的最终产物为亚硝酸盐，后者在对氨基苯磺酸及甲萘胺作用下呈现紫红色，在波长 530nm 处有极大吸收峰，可用分光光度法进行测定，当 SOD 消除 $O_2 \cdot^-$ 后形成的亚硝酸盐减少。

血或组织中 GSH-Px 活力测定原理：GSH-Px 活力以催化 GSH 氧化的反应速度及单位时间内 GSH 减少的量来表示，GSH 和 5,5′-二硫对硝基苯甲酸（DTNB）反应在 GSH-Px 催化下可生成黄色的 5-硫代 2-硝基苯甲酸阴离子，于 423nm 波长有最大吸收峰，测定该离子浓度，即可计算出 GSH 减少的量，由于 GSH 能进行非酶反应氧化，所以最后计算酶活力时，必须扣除非酶反应所引起的 GSH 减少。

⑤抗氧化物质还原性谷胱甘肽（GSH）：GSH 是一种低分子清除剂，它可清除 O_2^-、H_2O_2、LOOH。GSH 是谷氨酸、甘氨酸和半胱氨酸组成的一种三肽，是组织中主要的非蛋白质的巯基化合物，是 GSH-Px 和 GST 两种酶类的底物，为这两种酶分解氢过氧化物所必需，它能稳定含巯基的酶和防止血红蛋白及其他辅助因子受氧化损伤，缺乏或耗竭 GSH 会促使许多化学物质或环境因素产生中毒作用，GSH 量的多少是衡量机体抗氧化能力大小的重要因素。

血或组织中 GSH 测定原理：GSH-和 5,5′-二硫对硝基甲酸（DTNB）反应在 GSH-Px 催化下可生成黄色的 5-硫代 2-硝基甲酸阴离子，于 420nm 波长有最吸收峰，测定该离子浓度，即可计算 GSH 的含量。

（2）人体试食试验　分析指标包括 SOD、GSH-Px 和脂质氧化产物：丙二醛或血清 8-表氢氧异前列腺素（8-isoprostane）。

2. 试验原则

① 动物实验和人体试食试验所列的指标均为必测项目。

② 脂质氧化产物指标中丙二醛和血清 8-表氢氧异前列腺素任选其一进行指标测定，动物实验抗氧化酶指标中超氧化物歧化酶和谷胱甘肽过氧化物酶任选其一进行指标测定。

③ 氧化损伤模型动物和老龄动物任选其一进行生化指标测定。

④在进行人体试食试验时，应对受试样品的食用安全性作进一步的观察。

3. 结果判定

（1）动物实验　脂质氧化产物、蛋白质氧化产物、抗氧化酶、抗氧化物质四项指标中三项阳性，可判定该受试样品抗氧化功能动物实验结果阳性。

（2）人体试食试验　脂质氧化产物、超氧化物歧化酶、谷胱甘肽过氧化物酶三项指标中两项阳性，且对机体健康无影响，可判定该受试样品具有抗氧化功能的作用。

（二）　对胃黏膜损伤有辅助保护功能评价方法

1. 试验项目

(1) 动物实验

① 原理：在一定时间内给予一定量的受试样品，用对胃黏膜有损伤作用的物质(如酒精、吲哚美辛、甲醛、冰醋酸等)造成急性胃黏膜损伤模型，观察各剂量组胃黏膜的损伤程度；或用对胃黏膜有损伤作用的物质造成慢性胃溃疡模型，在一定时间内给予一定量的受试样品，观察各剂量组胃溃疡的面积和体积，反映受试样品对胃黏膜的保护作用。

② 胃黏膜大体损伤状况：在体视解剖显微镜下或肉眼下用游标卡尺测量胃黏膜的出血点或出血带的长度和宽度。因宽度所代表损伤的严重性远较长度大，故双倍积分。

③ 胃黏膜病理损伤积分：将每只动物胃黏膜损伤最严重的部位切下，固定于10％甲醛溶液，常规制片，HE染色，镜下观察。评分方法：以充血、出血、黏膜细胞变性坏死在整个黏膜上皮质的累及程度分为5级。各实验组胃黏膜损伤程度以损伤发生率（％）、损伤指数和损伤抑制率表示。

(2) 人体试食试验

① 安全性指标：包括精神、睡眠、饮食、大小便、血压等，血、尿、粪常规检查，肝、肾功能检查，胸透、心电图、腹部B超检查（仅在试验开始前检查一次）。

② 功效指标：胃痛、嗳气、反酸、腹胀、食欲缺乏、少食等临床症状。

胃镜检查与体征观察：体征观察剑突下压痛程度，分为轻度、中度和重度三个等级。

2. 试验原则

(1) 动物实验和人体试食试验所列指标均为必做项目。

(2) 无水乙醇、吲哚美辛致急性胃黏膜损伤模型或冰醋酸致慢性胃黏膜损伤模型任选其一进行动物实验。

(3) 在进行人体试食试验时，应对受试样品的安全性做进一步的观察。

3. 结果判定

(1) 动物实验　实验组与模型对照组比较，大体观察评分与病理组织学检查评分结果均表明胃黏膜损伤明显改善，可判定该受试样品动物实验结果为阳性。

(2) 人体试食试验　试食组与对照组比较，临床症状、体征积分明显减少，胃镜复查结果有改善，可判定该受试样品对胃黏膜有辅助保护功能。

（三）　辅助降血糖的功能评价

1. 试验项目

(1) 动物实验　分方案一（胰岛损伤高血糖模型）和方案二（胰岛素抵抗糖＼脂代谢紊乱模型）两种。

①方案一（胰岛损伤高血糖模型）

a. 原理：四氧嘧啶（或链脲佐菌素）是一种B细胞毒剂，可选择性地损伤多种动物的胰岛B细胞，造成胰岛素分泌低下，引起实验性糖尿病。

b. 测定指标：空腹血糖和糖耐量

②方案二（胰岛素抵抗糖＼脂代谢紊乱模型）

a. 原理：地塞米松诱导胰岛素抵抗糖＼脂代谢紊乱模型的原理是糖皮质激素具有拮抗胰岛素生物效应的作用，可抑制靶组织对葡萄糖的摄取和利用，促进蛋白质和脂肪的分解及糖异生作用，导致糖、脂代谢紊乱，胰岛素抵抗，诱发实验性糖尿病。四氧嘧啶诱导胰岛素抵抗糖\脂代谢紊乱模型的原理是高热量饲料喂饲基础上，辅以小剂量四氧嘧啶（$C_4H_2N_2O_4 \cdot H_2O$，相对分子质量160.08），造成糖、脂代谢紊乱，胰岛素抵抗，诱发实验性糖尿病。

b. 测定指标：空腹血糖，糖耐量，胰岛素，总胆固醇和甘油三酯。

（2）人体试食试验 测定指标有空腹血糖，餐后2h血糖，糖化血红蛋白（HbA1c）或糖化血清蛋白，总胆固醇和甘油三酯。

2. 试验原则

① 动物实验和人体试食试验所列指标均为必做项目。

② 根据受试样品作用原理不同，方案一和方案二动物模型任选其一进行动物实验。

③ 除对高血糖模型动物进行所列指标的检测外，应进行受试样品对正常动物空腹血糖影响的观察。

④ 人体试食试验应在临床治疗的基础上进行。

⑤ 应对临床症状和体征进行观察。

⑥ 在进行人体试食试验时，应对受试样品的食用安全性作进一步的观察。

3. 结果判定

（1）动物实验

① 方案一：空腹血糖和糖耐量二项指标中一项指标阳性，且对正常动物空腹血糖无影响，即可判定该受试样品辅助降血糖功能动物实验结果阳性。

② 方案二：空腹血糖和糖耐量二项指标中一项指标阳性，血脂（总胆固醇、甘油三酯）无明显升高，且对正常动物空腹血糖无影响，即可判定该受试样品辅助降血糖功能动物实验结果阳性。

（2）人体试食试验 空腹血糖、餐后2h血糖、糖化血红蛋白（或糖化血清蛋白）、血脂四项指标均无明显升高，且空腹血糖、餐后2h血糖两项指标中一项指标阳性，对机体健康无影响，可判定该受试样品具有辅助降血糖功能的作用。

（四） 缓解视疲劳功能评价方法

1. 人体试食试验项目

（1）要求和方法 受试者纳入标准为18～65岁、长期用眼、视力易疲劳者。试食组按推荐方法和推荐量服用受试物，对照组服用安慰剂。受试物服用时间为连续60天。分别于试食前后进行眼部症状及眼底检查，血、尿常规检查，肝、肾功能检查，症状询问、用眼情况调查；于试验前进行一次胸透、心电图、腹部B超检查。

（2）观察指标

①安全性指标：包括血、尿常规检查，体格检查，肝、肾功能检查，胸透或X线片、心电图、腹部B超检查（于试食前检查一次）。

②功效性指标：于试食开始及结束时检查。

a. 问卷调查：症状询问、用眼情况。

b. 眼科检查及判定标准：包括眼底检查、视力检查（近视、远视、散光等），眼酸痛、眼胀、畏光、视物模糊、眼干涩、异物感、流泪、全身不适8种症状中有3种改善，且其他症状无恶化即判定症状改善。

c. 明视持久度检查及判定标准：试食组自身比较或试食组与对照组组间比较，明视持久度差异有显著性（$P < 0.05$），且平均明视持久度提高大于等于10%为有效。

d. 视力。

2. 试验原则

① 受试样品试食时间为 60 天。

② 所列指标均为必做项目。

③ 在进行人体试食试验时，应对受试样品的食用安全性作进一步的观察。

3. 结果判定

① 试验组自身比较或试验组与对照组组间比较，症状改善且症状总积分差异有显著性 ($P<0.05$)。

② 试验组自身比较或试验组与对照组组间比较，明视持久度差异有显著性 ($P<0.05$)，且平均明视持久度提高大于等于 10%。

以上均具备可判定该受试物具有缓解视疲劳功能。

(五) 改善缺铁性贫血功能评价方法

1. 试验项目

(1) 动物实验

①原理：用低铁饲料喂饲动物可形成实验性缺铁性贫血模型，再给予受试样品，观察其对血液细胞学、血液生化学等指标的影响，可判定该受试样品对改善动物缺铁性贫血的作用。

②血红蛋白，可以采用氰化高铁法或标准曲线法进行测定。

a. 氰化高铁法测定原理：血红蛋白（haemoglobin，Hb）被铁氰化钾氧化后生成高铁血红蛋白，再与氰离子结合形成氰化高铁血红蛋白（红色），氰化高铁血红蛋白（红色）极为稳定，在 540nm 波长下，摩尔吸光系数为 44000，据此，用分光光度法测其光密度，运用吸光系数作血红蛋白的定量测定。

b. 标准曲线法测定原理：血红蛋白在铁氰化钾和氰化钾作用下生成极为稳定的氰化高铁血红蛋白（红色），其颜色深浅与血红蛋白的含量成正比。用分光光度计在 540nm 波长下，测定血红蛋白标准品和参考标准物质的吸光度，制成标准曲线，测得待测样品的吸光度后查标准曲线即可得血红蛋白的浓度。

③血细胞比容/红细胞游离原卟啉

a. 血细胞比容测定：使用全自动血细胞分析仪进行测定。

b. 红细胞内游离原卟啉的测定：采用荧光光度法。测定原理是在血红蛋白的合成过程中，幼红细胞中的原卟啉在血红素合成酶的作用下与铁结合，当铁供应不足时，红细胞内的原卟啉乃以游离形式累积起来超过正常水平。因此，检测红细胞内游离原卟啉（free erythrocyte protoporphyrin，FEP）的含量是检查缺铁性红细胞生成的有效方法。血液样品经生理盐水稀释后，分别以乙酸乙酯：乙酸混合液（4:1）和 0.5mol/L 盐酸提取分离血中游离原卟啉，在一定波长下测定其原卟啉的荧光强度而定量。

(2) 人体试食试验

①受试者纳入标准：受试者为小细胞低色素性贫血，且有明确的缺铁原因和临床表现的成人和儿童。

a. 成人纳入标准：男性 Hb 80~130g/L，女性 Hb 80~120g/L。

b. 儿童纳入标准：≤6 岁儿童 Hb 70~110g/L；7~18 岁青少年 80~120g/L。

②观察指标

a. 安全性指标：包括一般状况（包括精神、睡眠、饮食、大小便、血压等），血、尿、粪常规检查，肝、肾功能检查（儿童受试者不测定此项），腹部 B 超、胸透、心电图检查（各项指标在试验前检查一次，儿童受试者不测此项）。

b. 膳食调查：于试验开始前、结束前进行 3 天的询问法膳食调查，观察饮食因素对试验结果的影响。

③症状观察：食欲缺乏、乏力、烦躁、头晕、眼花、精神不集中、心慌、气短等。

④功效性指标：儿童观察指标为血红蛋白、红细胞内游离原卟啉。成人观察指标为血红蛋白、血清铁蛋白、血清运铁蛋白饱和度/红细胞内游离原卟啉。

血红蛋白测定同上。

血清铁蛋白放射免疫法的测定原理：人血清中的铁蛋白（SF）与加入的 ^{125}I 乏标记的 SF 竞争性地与抗铁蛋白抗体结合。用第二抗体分离结合部分，分别测定总放射性与沉淀物放射性计数。依据标准 SF 试剂作出标准曲线，从而可在曲线上查出相应样品血清的 SF 浓度。

红细胞游离原卟啉/红细胞运铁蛋白饱和度，后者为血清铁与血清总铁结合量的百分比。测定原理：血清中加入过量的铁，使血清中的运铁蛋白全部与铁结合，达到饱和，过剩的铁用碳酸镁吸附除去，然后按测血清铁的方法，测定总结合的铁量，即为总铁结和力。从中可计算出未饱和铁量及血清运铁蛋白饱和度。

2. 试验原则

① 动物实验和人体试食试验所列指标均为必做项目。

② 针对儿童的人体试食试验，只测血红蛋白和红细胞内游离原卟啉。

③ 在进行人体试食试验时，应对受试样品的食用安全性做进一步的观察。

3. 结果判定

(1) 动物实验　血红蛋白指标阳性，红细胞游离原卟啉/血细胞比容二项指标一项指标阳性，可判定该受试样品改善缺铁性贫血功能动物实验结果为阳性。

(2) 人体试食试验

① 针对改善儿童缺铁性贫血功能的，血红蛋白和红细胞内游离原卟啉二项指标阳性，可判定该受试样品具有改善缺铁性贫血功能作用。

② 针对改善成人缺铁性贫血功能的，血红蛋白指标阳性，血清铁蛋白、红细胞内游离原卟啉/血清运铁蛋白饱和度二项指标一项指标阳性，可判定该受试样品具有改善缺铁性贫血功能作用。

（六）　辅助降血脂功能评价方法

1. 试验项目

(1) 根据受试样品的作用机制，分成三种情况。

①辅助降低血脂功能：降低血清总胆固醇（TC）和血清甘油三酯（TG），采用混合型高脂血症动物模型进行试验。原理：用含胆固醇、蔗糖、猪油、胆酸钠的饲料喂养动物可形成脂代谢紊乱动物模型，再给予动物受试样品，可检测受试样品对高脂血症的影响，并可判定受试样品对脂质的吸收、脂蛋白的形成、脂质的降解或排泄产生的影响。

②辅助降低血清胆固醇功能：单纯降低 TC，采用高胆固醇血症动物模型进行试验。原理：用含有胆固醇、猪油、胆酸钠的饲料喂养动物可形成高胆固醇脂代谢紊乱动物模型，再给予动物受试样品，可检测受试样品对高胆固醇脂血症的影响，并可判定受试样品对脂质的

吸收、脂蛋白的形成、脂质的降解或排泄产生的影响。

③辅助降低血清甘油三酯功能：单纯降低血清甘油三酯。

（2）观察指标　包括体重，血清 TC 和 TG，血清高密度脂蛋白胆固醇（HDL-C）和血清低密度脂蛋白胆固醇（LDL-C）。

（3）人体试食试验

①受试者纳入标准：在正常饮食情况下，检测禁食12～14h 后的血脂水平，半年内至少有两次血脂检测，血清 TC 在 5.18～6.21mmol/L，并且血清 TG 在 1.70～2.25mmol/L，可作为辅助降低血脂功能备选对象；血清 TG 在 1.7～2.25mmol/L，并且血清 TC≤6.21mmol/L，可作为辅助降低甘油三酯功能备选对象；血清 TC 在 5.18～6.21mmol/L，并且血清 TG≤2.25mmol/L，可作为辅助降低胆固醇功能备选对象，在参考动物实验结果基础上，选择相应指标者为受试对象。

原发性高脂血症。

获得知情同意书，自愿参加试验者。

②测定指标：包括血清 TC、TG、HDL-C 和 LDL-C。

2. 试验原则

① 动物实验和人体试食试验所列指标均为必测项目。

② 根据受试样品的作用机制，可在动物实验的两个动物模型中任选一项。

③ 根据受试样品的作用机制，可在人体试食试验的三个方案中任选一项。

④ 在进行人体试食试验时，应对受试样品的食用安全性作进一步的观察。

3. 结果判定

（1）动物实验

①混合型高脂血症动物模型

辅助降血脂功能结果判定：模型对照组和空白对照组比较，血清 TG 升高，血清 TC 或 LDL-C 升高，差异均有显著性，判定模型成立。

各剂量组与模型对照组比较，任一剂量组血清 TC 或 LDL-C 降低，且任一剂量组血清 TG 降低，差异均有显著性，同时各剂量组血清 HDL-C 不显著低于模型对照组，可判定该受试样品辅助降低血脂功能动物实验结果阳性。

各剂量组与模型对照组比较，任一剂量组血清 TC 或 LDL-C 降低，差异均有显著性，同时各剂量组血清 TG 不显著高于模型对照组，各剂量组血清 HDL-C 不显著低于模型对照组，可判定该受试样品辅助降低血清胆固醇功能动物实验结果阳性。

各剂量组与模型对照组比较，任一剂量组血清 TG 降低，差异均有显著性，同时各剂量组血清 TC 或 LDL-C 不显著高于模型对照组，血清 HDL-C 不显著低于模型对照组，可判定该受试样品辅助降低血清甘油三酯功能动物实验结果阳性。

②高胆固醇血症动物模型：模型对照组和空白对照组比较，血清 TC 或 LDL-C 升高，血清 TG 差异无显著性，判定模型成立。

各剂量组与模型对照组比较，任一剂量组血清 TC 或 LDL-C 降低，差异有显著性，并且各剂量组血清 HDL-C 不显著低于模型对照组，血清 TG 不显著高于模型对照组，可判定该受试样品辅助降低血清胆固醇功能动物实验结果阳性。

（2）人体试食试验观察指标及判定标准

有效：血清总胆固醇（TC）降低＞10％；甘油三酯（TG）降低＞15％；高密度脂蛋白

胆固醇（HDL-C）上升＞0.104mmol/L。

无效：未达到有效标准者。

①辅助降低血脂功能结果判定：试食组自身比较及试食组与对照组组间比较，受试者血清 TC、TG、LDL-C 降低，差异均有显著性，同时血清 HDL-C 不显著低于对照组，试验组总有效率显著高于对照组，可判定该受试样品辅助降低血脂功能人体试食试验结果阳性。

②辅助降低血清胆固醇功能结果判定：试食组自身比较及试食组与对照组组间比较，受试者血清 TC 和 LDL-C 降低，差异均有显著性，同时血清 TG 不显著高于对照组，血清高密度脂蛋白胆固醇不显著低于对照组，试验组血清总胆固醇有效率显著高于对照组，可判定该受试样品辅助降低血脂功能人体试食试验结果阳性。

③辅助降低甘油三酯功能结果判定：试食组自身比较及试食组与对照组组间比较，受试者血清甘油三酯降低，差异有显著性，同时血清总胆固醇和低密度脂蛋白胆固醇不显著高于对照组，血清高密度脂蛋白胆固醇不显著低于对照组，试验组血清甘油三酯有效率显著高于对照组，可判定该受试样品辅助降低甘油三酯功能人体试食试验结果阳性。

（七） 促进排铅功能评价方法

1. 试验项目

（1）动物实验

① 实验原理：实验动物经口给予含铅化合物（推荐使用醋酸铅），可造成组织中铅含量增高。造模早期以肝、肾等组织中增高明显，之后骨组织中铅含量逐渐增高。比较给予实验动物受试样品后，模型动物组织中铅含量变化情况，以确定此受试样品是否具有促进机体排铅的作用。

② 测定指标：体重，血铅，骨铅和肝组织铅。

（2）人体试食试验

①受试者纳入标准：有密切铅接触史，血铅含量较高的自愿受试者。推荐选择属于血铅负荷偏高的人群，即血铅在 $200\sim400\mu g/L$（$1\sim2\mu mol/L$）范围内，或尿铅在 $70\sim120\mu g/L$（$0.34\sim0.58\mu mol/L$）范围内者。

②受试样品的剂量和使用方法：试食组按推荐服用方法和服用量每日服用受试样品，对照组可服用安慰剂或采用空白对照。受试样品给予时间 30 天，必要时可延长至 45 天。试验期间受试者不改变生活、工作环境，不改变原来生活、饮食习惯。

③观察指标

a. 安全性指标：一般状况（包括精神、睡眠、饮食、大小便、血压等），血、尿、粪常规检查，肝、肾功能检查，胸透、心电图、腹部 B 超检查（各项指标于试验前检查一次）；尿钙、尿锌测定：测定时间、次数和方法同尿铅；总尿钙、总尿锌为试验开始后 3 次尿钙或尿锌测定值之和。

b. 功效性指标：临床症状观察包括准确记录受试者试食前后的主观症状，主要观察头晕、失眠、四肢无力等症状。血铅、尿铅含量测定包括采集试食试验前、试验后血液，以及试食前及试食第 10 天（如进行 45 天试验则为第 15 天）、第 20 天（如进行 45 天试验则为第 30 天）和结束时的 24h 尿液样本（亦可以晨尿代替 24h 尿，但需用尿肌酐进行校正），测定血铅、尿铅含量。总尿铅为试验开始后三次尿铅测定值之和。

尿钙。

尿锌。

2. 试验原则

① 动物实验和人体试食试验所列指标均为必做项目。

② 应对临床症状、体征进行观察。

③ 应对尿铅进行多次测定，以了解体内铅的排出情况。

④ 在进行人体试食试验时，应对受试样品的食用安全性作进一步的观察。

3. 结果判定

(1) 动物实验　实验组与模型对照组比较，骨铅含量显著降低，同时血铅或肝铅显著降低，可判定该受试样品动物实验结果为阳性。

(2) 人体试食试验　试食组与对照组组间比较，至少两个观察时点尿铅排出量增加且显著高于试验前，或总尿铅排出量明显增加。同时，对总尿钙、总尿锌的排出无明显影响，或总尿钙、总尿锌排出增加的幅度小于总尿铅排出增加的幅度，可判定该受试样品具有促进排铅功能。

(八) 减肥功能评价方法

1. 试验项目

(1) 动物实验

① 试验原理：本方法是以高热量食物诱发动物肥胖，再给予受试样品（肥胖模型），或在给予高热量食物同时给予受试样品（预防肥胖模型），观察动物体重、体内脂肪含量的变化。

② 观察指标：体重、体重增重、摄食量、摄入总热量（摄食量×每千克饲料热量）、食物利用率、体内脂肪重量（睾丸及肾周围脂肪垫）、脂肪/体重。

(2) 人体试食试验

① 原理：单纯性肥胖受试者食用受试样品，观察体重、体内脂肪含量的变化及对机体健康有无损害。

② 受试者纳入标准：受试对象为单纯性肥胖人群，成人 BMI≥30，或总脂肪百分率达到男 >25%、女 >30% 的自愿受试者。

③ 受试样品的剂量和使用方法：a. 不替代主食的减肥功能受试样品：试食组按推荐服用方法、服用量服用受试产品，对照组可服用安慰剂或采用空白对照。按盲法进行试食试验。受试样品给予时间至少 60 天。b. 替代主食的减肥功能受试样品：替代主食的减肥功能受试样品，建议取代每天 1～2 餐主食，并能保证消费者同时摄取充足的营养素，应鼓励增加果蔬摄入量。受试者按推荐方法和推荐剂量服用受试样品，受试样品给予时间至少 35 天。

④ 功效性指标：体重，身高，腰围（脐周）、臀围，并计算体质指数（BMI），或者按标准体重计算超重度。

⑤ 体内脂肪含量的测定：体内脂肪总量和脂肪占体重百分率，用水下称重法或电阻抗法。

⑥ 皮下脂肪厚度：B超测定法或皮卡钳法。

2. 试验原则

① 动物实验和人体试食试验所列指标均为必做项目。

② 动物实验中大鼠肥胖模型法和预防大鼠肥胖模型法任选其一。

③ 减少体内多余脂肪，不单纯以减轻体重为目标。

④ 引起腹泻或抑制食欲的受试样品不能作为减肥功能食品。

⑤ 每日营养素摄入量应基本保证机体正常生命活动的需要。

⑥ 对机体健康无明显损害。

⑦ 实验前应对同批受试样品进行违禁药物的检测。

⑧ 以各种营养素为主要成分替代主食的减肥功能受试样品可以不进行动物实验，仅进行人体试食试验。

⑨ 不替代主食的减肥功能试验，应对试食前后的受试者膳食和运动状况进行观察。

替代主食的减肥功能试验，除开展不替代主食的设计指标外，还应设立身体活动、情绪、工作能力等测量表格，排除服用受试样品后无相应的负面影响产生。结合替代主食的受试样品配方，对每日膳食进行营养学评估。

在进行人体试食试验时，应对受试样品的食用安全性作进一步的观察。

3. 结果判定

(1) 动物实验　实验组的体重或体重增重低于模型对照组，体内脂肪重量或脂/体比低于模型对照组，差异有显著性，摄食量不显著低于模型对照组，可判定该受试样品动物减肥功能实验结果阳性。

(2) 人体试食试验

① 不替代主食的减肥功能受试样品：试食组自身比较及试食组与对照组组间比较，体内脂肪重量减少，皮下脂肪四个点中任两个点减少，腰围与臀围之一减少，且差异有显著性，运动耐力不下降，对机体健康无明显损害，并排除膳食及运动对减肥功能作用的影响，可判定该受试样品具有减肥功能的作用。

② 替代主食的减肥功能受试样品：试食组试验前后自身比较，其体内脂肪重量减少，皮下脂肪四个点中至少有两个点减少，腰围与臀围之一减少，且差异有显著性（$P < 0.05$），微量元素、维生素营养学评价无异常，运动耐力不下降，情绪、工作能力不受影响，并排除运动对减肥功能作用的影响，可判定该受试样品具有减肥功能作用。

（九）　清咽功能评价方法

1. 试验项目

(1) 动物实验

① 大鼠棉球植入实验：实验原理：采用棉球作为异物植入动物局部皮下，可引起与临床某些炎症后期病理变化相似的肉芽组织增生。比较给予受试样品后，实验组动物与对照组动物肉芽肿重量的差异，以确定受试样品是否具有干预慢性炎症（肉芽肿形成）的作用。

② 大鼠足趾肿胀实验：实验原理：一定量致炎剂注入大鼠后肢足趾皮下，可造成足趾肿胀。测定足趾容积，比较致炎剂作用前后实验组和对照组足趾容积的变化，以确定受试样品是否具有干预急性炎症（足趾肿胀）的作用。

③ 小鼠耳肿胀实验：实验原理：二甲苯为无色澄清液体，涂抹于小鼠耳郭后，由于其刺激作用，可引起鼠耳局部毛细血管充血，通透性增加，导致急性炎症。比较实验组和对照组二甲苯作用后耳肿胀率的差异，以确定受试样品是否具有干预急性炎症（小鼠耳肿胀）的作用。

(2) 人体试食试验　咽部症状、体征。

①受试者纳入标准

a. 体征：慢性咽炎人群，主观症状有咽痛、咽痒、咽干、干咳、异物感、多言加重等。

b. 咽部症状：咽部黏膜水肿、黏膜充血、咽后壁淋巴滤泡增生、分泌物附着。

具有上述中至少一项检查所见的自愿受试者，即可纳入观察。

②受试样品的剂量和使用方法：试食组按推荐服用方法和服用量每日服用受试产品，对照组服用安慰剂或采用空白对照，也可使用具有清咽功能的保健食品作为对照。受试样品给予时间 15～30 天。试验期间受试者不改变生活、工作环境，不改变原来生活、饮食习惯。

③功效性指标

a. 症状观察：准确记录受试者试食前后的咽部主观症状。主要咽部症状包括咽痛、咽痒、咽干、干咳、异物感多言加重等，按症状轻重计算积分（1 度——1 分，2 度——2 分，3 度——3 分），统计积分变化和症状改善率。

b. 体征观察：咽部检查包括咽部黏膜充血、黏膜水肿、咽后壁淋巴滤泡增生、分泌物等体征。按检查结果的轻、中、重分为Ⅰ、Ⅱ、Ⅲ级，分别记录试食前后体征变化，计算体征积分和改善率。

观察指标功效判定：有效为症状减轻 1 度，咽部体征检查结果减轻Ⅰ级。无效为症状、体征均无明显改变。

2. 试验原则

① 动物实验和人体试食试验所列指标均为必做项目。

② 应对临床症状、体征进行观察。

③ 在进行人体试食试验时，应对受试样品的食用安全性作进一步的观察。

3. 结果判定

（1）动物实验　大鼠棉球植入实验结果阳性，同时大鼠足趾肿胀实验或小鼠耳肿胀实验结果任意一项阳性，可判定该受试样品清咽功能动物实验结果为阳性。

（2）人体试食试验　试食组自身比较及试食组与对照组组间比较，咽部症状及体征有明显改善，症状及体征的改善率明显增加，可判定该受试样品具有清咽功能。

（唐春红）

思考题

1. 什么样的产品可以申报保健食品？
2. 注册保健食品需要检验哪些项目？
3. 涉及保健食品评价的法律法规有哪些？
4. 哪些食品可以注册申报保健食品？注册保健食品时需要做哪些检验项目？
5. 保健食品安全性毒理学评价试验的四个阶段和具体内容有哪些？
6. 保健食品功能性评价和卫生学稳定性实验的目的和方法是什么？

第八章 中国保健（功能）食品法律法规体系

教学目标：

了解我国保健（功能）食品法律法规体系及沿革。熟悉我国保健食品管理的四大法律法规体系。掌握保健食品注册管理的基本内容。

一、我国保健（功能）食品法律法规体系概述

（一）概述

我国保健（功能）食品管理的依据主要包含四个部分，即法律、法规、规章及规范性文件。

法律是指由全国人大及其常委会经过特定的立法程序制定的规范性法律文件。它的地位和效力仅次于宪法。食品法律分为两种：一种是由全国人大制定的食品法律，称为基本法；另一种是由全国人大常委会制定的食品基本法律以外的食品法律。

法规是国务院根据宪法和法律，在其职权范围内制定的有关国家食品行政管理活动的规范性法律文件，其地位和效力仅次于宪法和法律，是将法律规定的相关制度具体化，是对法律的细化和补充。

规章是国务院行政部门或各省、自治区、直辖市及省、自治区人民政府所在地和经国务院批准的较大的市的人民政府，依据食品法律在其职权范围内制定和发布的食品管理方面的规范性文件。

规范性文件指行政机关为实施法律、执行政策，在法定权限内制定的除法规、规章以外的具有普遍约束力的行政措施、行政决定及命令。在一定程度上，规范性文件也是行政机关开展行政管理的依据。

现阶段，我国保健（功能）食品管理相关法律为《中华人民共和国食品安全法》，法规为《食品安全法实施条例》，规章为《保健食品注册管理办法（试行）》，规范性文件有《保健食品功能学评价程序和检验方法》、《保健食品评审技术规程》、《保健食品通用卫生要求》、《保健食品标识规定》等。我国保健（功能）食品管理的主要依据见表 8-1。

表 8-1 我国保健食品管理的主要依据

序号	制度名称	发布时间
1	《中华人民共和国食品卫生法》	1995.10.30
2	《保健食品管理办法》	1996.03.15
3	《保健食品标识规定》	1996.07.18
4	《保健食品评审技术规程》	1996.07.18
5	《保健食品通用卫生要求》	1996.07.18
6	《保健（功能）食品通用标准》	1997.05.01

续表

序号	制度名称	发布时间
7	《保健食品良好生产规范》	1999.01.01
8	《卫生部健康相关产品评审委员会章程》	1999.03.15
9	《卫生部健康相关产品检验机构工作制度》	1999.03.15
10	《卫生部健康相关产品检验机构认定与管理办法》	1999.03.15
11	《卫生部健康相关产品审批工作人员手则》	1999.03.15
12	《卫生部健康相关产品审批工作程序》	1999.03.26
13	《卫生部保健食品申报与受理规定》	1999.04.13
14	《真菌类保健食品评审规定》	2001.03.23
15	《益生菌类保健食品评审规定》	2001.03.23
16	《卫生部关于限制以野生动植物及其产品为原料生产保健食品的通知》	2001.06.07
17	《卫生部关于限制以甘草、麻黄草、苁蓉和雪莲及其产品为原料生产保健食品的通知》	2001.07.05
18	《卫生部关于不再审批以熊胆粉和肌酸为原料生产的保健食品的通告》	2001.09.14
19	《卫生部关于印发核酸类保健食品评审规定的通知》	2002.01.23
20	《卫生部关于进一步规范保健食品原料管理的通知》	2002.02.28
21	《卫生部关于印发以酶制剂等为原料的保健食品评审规定的通知》	2002.04.14
22	《保健食品检验与评价技术规范(2003年版)》	2003.02.14
23	《保健食品注册管理办法(试行)》	2005.04.30
24	《保健食品注册申请申报资料项目要求(试行)》	2005.05.20
25	《国家食品药品监督管理局关于印发＜营养素补充剂申报与审评规定(试行)＞等8个相关规定的通告》	2005.05.20
26	《保健食品广告审查暂行规定》	2005.05.24
27	《保健食品样品试制和试验现场核查规定(试行)》	2005.06.10
28	《药品医疗器械保健食品广告复审制度(暂行)》	2006.09.30
29	《药品、医疗器械、保健食品广告发布企业信用管理办法》	2007.10.16
30	《中华人民共和国食品安全法》	2009.02.28
31	《中华人民共和国食品安全法实施条例》	2009.07.08
32	《保健食品审评专家管理办法》	2010.07.19
33	《保健食品生产企业日常监督现场检查工作指南》	2010.08.06
34	《保健食品经营企业日常监督现场检查工作指南》	2010.08.06
35	《保健食品再注册技术审评要点》	2010.09.26
36	《保健食品产品技术要求规范》	2010.10.22
37	《保健食品注册申报资料项目要求补充规定》	2011.01.12
38	《保健食品注册检验复核检验管理办法》	2011.04.11
39	《保健食品注册检验复核检验规范》	2011.04.11
40	《保健食品注册检验机构遴选管理办法》	2011.04.11
41	《保健食品注册检验机构遴选规范》	2011.04.11
42	《国家食品药品监督管理局保健食品安全专家委员会章程》	2011.12.13
43	《保健食品生产企业原辅料供应商审核指南》	2011.12.15
44	《保健食品化妆品监督行政执法文书规范(试行)》	2011.12.19
45	《保健食品行政许可受理审查要点》	2011.12.23
46	《国家食品药品监督管理局关于印发抗氧化功能评价方法等9个保健功能评价方法的通知》	2012.04.23
47	《国家食品药品监督管理局保健食品化妆品指定实验室管理办法》	2012.06.11
48	《保健食品化妆品快速检测方法认定指南》	2012.06.29

(二)　保健(功能)食品的管理法规溯源

1995年10月以前,国家卫生行政主管部门一直未出台保健食品行政或法律法规对保健食品进行规范。部分保健食品依据1987年卫生部发布的《中药保健药品的管理规定》,经各省级卫生行政部门审批成为"药健字"中药保健药品,部分保健食品依据1990年7月卫生部颁布的《新资源卫生管理办法》，以新资源食品名义接受管理。

1.《保健食品管理办法》时期——1995 年 10 月到 2005 年 4 月

1995 年 10 月 30 日全国人大常委会修订实施了《中华人民共和国食品卫生法》（以下简称《食品卫生法》），首次赋予保健食品法律地位。《食品卫生法》第 22 条规定由卫生部对保健食品进行管理。

1996 年 3 月卫生部根据《食品卫生法》出台了《保健食品管理办法》。该办法第一次明确了保健食品的法定定义，并对保健食品从配方到产品、从生产到销售、从质量到包装等方面的管理作了详细规定。《保健食品管理办法》是《食品卫生法》有关健康食品部分的具体实施办法，它的出台标志着保健食品的管理逐步走上了法制化的轨道。

1999 年 1 月 1 日卫生部发布 GB 17405—1998《保健食品良好生产规范》，标志我国保健（功能）食品的生产、销售、管理进一步纳入法制管理轨道。同年，《卫生部健康相关产品评审委员会章程》、《卫生部健康相关产品检验机构工作制度》、《卫生部健康相关产品检验机构认定与管理办法》、《卫生部健康相关产品审批工作程序》及《卫生部保健食品申报与受理规定》等系列规章的相继出台，表明我国已基本构建了保健食品审评框架。

2000 年 3 月，国家药监局发布《关于开展中药保健药品整顿工作的通知》，全面启动中药保健药品的整顿工作，"药健字"号退出保健品市场。

2001 年起，我国开始了针对保健食品原料的法规建设工作。《真菌类保健食品评审规定》、《益生菌类保健食品评审规定》、《卫生部关于限制以野生动植物及其产品为原料生产保健食品的通知》、《卫生部关于限制以甘草、麻黄草、苁蓉和雪莲及其产品为原料生产保健食品的通知》以及《卫生部关于不再审批以熊胆粉和肌酸为原料生产的保健食品的通告》等规章相继出台。

2002 年，相继颁布《卫生部关于印发核酸类保健食品评审规定的通知》、《卫生部关于进一步规范保健食品原料管理的通知》和《卫生部关于印发以酶制剂等为原料的保健食品评审规定的通知》公布了可用及禁用于保健食品的物品名单，在源头上控制了产品食用安全性。

2003 年 4 月，国家食品药品监督管理局（SFDA）挂牌成立。2003 年 10 月，保健食品的审批由卫生部改为 SFDA 受理。2004 年 6 月正式启动"国食健字"保健食品注册评审工作。所有的保健食品必须获得《保健食品批准证书》和批准文号"国食健字"才能进行生产、经营，并使用保健食品的标识（图 8-1）。

2.《保健食品注册管理办法》时期——2005 年 4 月至今

伴随保健食品审评主体由卫生部向国家食品药品监督管理局的转移、《中华人民共和国行政许可法》的颁布实施、社会经济发展及产品注册过程中出现的新情况和新问题，迫切需要对过去颁布的法律法规及规范性文件进行整合，形成一部完整的注册管理法规。

2005 年 4 月 30 日国家食品药品监督管理局颁布了《保健食品注册管理办法（试行）》，并于 2005 年 7 月 1 日正式实施。《保健食品注册管理办法》不仅给出了保健食品的明确定义，对保健食品的申请与审批、原料与辅料、标签与说明书、试验与检验、再注册、复审、法律责任等作出了具体规定。同时发布了《营养素补充剂申报与审评规定（试行）》等 8 个规定及《保健食品注册申报资料项目要求》、《保健食品样品试制和试验现场的核查规定》等规定，进一步补充完善了《保健食品注册管理办法》的内容。

与《保健食品管理办法》相比，《保健食品注册管理办法（试行）》秉承了行政许可法

保健食品

卫食健字 (年份)第 ∗∗∗ 号
中华人民共和国卫生部批准

2003年以前的国产保健食品
批准文号、保健食品标识

保健食品

卫食健进字 (年份)第 ∗∗∗ 号
中华人民共和国卫生部批准

2003年以前的进口保健食品
批准文号、保健食品标识

保健食品

国食健字G200 ∗∗∗∗∗
国家食品药品监督管理局批准

2004年以后的国产保健食品
批准文号、保健食品标识

保健食品

国食健字J200 ∗∗∗∗∗
国家食品药品监督管理局批准

2004年以后的进口保健食品
批准文号、保健食品标识

图 8-1　我国保健食品标示

的立法理念，在许多方面体现了"公平、公正、便民、高效和救济"的原则。关于保健食品管理的这一系列法规标准文件，结束了我国长期以来对保健食品管理无法可依的局面，便于更好地控制保健食品安全，明确保健食品功效。

二、　我国保健食品的管理

通过一系列的法律法规的建设，基本构建了我国保健食品管理的四大法律法规体系，包括生产体系、评估体系、市场体系和监控体系。

（一）　生产体系

主要是原料使用法规和生产方面法规。

1. 原料方面

保健食品的原料十分广泛，既有来源于陆生动植物的，也有来源于海洋生物及矿物质的，不仅原料来源较为复杂，且原料的品质也缺乏严格的质量标准。原料来源的不可控制，给保健食品的安全增添了诸多危险因素。保健食品的安全性主要是依赖于原料组成的安全性，只有原料的安全性得到切实保障，保健食品产品的安全性才可以得到基本保证。

为了从源头上规范保健食品管理，原料使用法规主要依据 2002 年 2 月 28 日发布的《卫生部关于进一步规范保健食品原料管理的通知》，通知中明确规定了申报保健食品中，根据生产原料的不同要按照与之有关的规定执行，如依据《营养素补充剂申报与审评规定》、《真菌类保健食品申报与审评规定（试行）》、《益生菌类保健食品申报与审评规定（试行）》、《核酸类保健食品申报与审评规定（试行）》、《野生动植物类保健食品申报与审评规定（试行）》、《氨基酸螯合物等保健食品申报与审评补充规定》和《保健食品申报与审评补充规定（试行）》等，还大量借鉴食品药品规范如《食品添加剂使用卫生标准》、《食品添加剂卫生管理办法》、《食品强化剂卫生使用标准》、《食物成分表》、《中华人民共和国药典》等。此外，通知中还印发了"既是食品又是药品的物品名单"、"可用于保健食品的物品名单"和"保健食品禁用物品名单"。

我国保健食品的主要功能集中在免疫调节、调节血脂和抗疲劳三项。这些保健食品的原料主要有两个来源：一是通过提取或合成人体所需营养素或其他生物活性成分来改善机体某方面缺陷，达到改善机体的功能；二是利用传统中医药理论中"药食同源"特点进行组方，并用现代加工技术提取和加工成的具有我国特色的特定保健功能食品。

根据近几年来的统计结果，已批准的保健食品中，既是食品又是药品的物品原料中使用较多的 20 种为枸杞子、茯苓、山药、山楂、葛根、决明子、酸枣仁、蜂蜜、黄精、大枣、荷叶、桑葚、菊花、金银花、龙眼肉、桑叶、薏苡仁、栀子、麦芽；可用于保健食品的物品原料中使用较多的 20 种为西洋参、黄芪、人参、当归、银杏叶、淫羊藿、五味子、珍珠、芦荟、丹参、红景天、三七、马鹿茸、刺五加、制何首乌、红花、生何首乌、泽泻、党参、熟地黄。

2. 生产方面

为加强对保健食品生产企业的监管，卫生部参照《药品生产质量管理规范》和《食品企业通用卫生规范》，于 1998 年出台了《保健食品良好生产规范》。该规范对保健食品生产企业的人员、设计与设施、原料、生产过程、成品贮存与运输、品质和卫生管理方面进行了规定。生产保健食品必须符合该规范的相关规定，且以该规范为基础，企业应制定相关的生产技术规范及危害分析关键控制点（HACCP）。

为更好地贯彻执行《保健食品良好生产规范》，卫生部制定了《保健食品良好生产规范审查方法和评价准则》，并与 2003 年 4 月 2 日起实施，该准则具体化了良好的生产规范内容，对良好的生产设备、合理的生产过程、完善的质量管理和严格的检测系统进行了明确要求，同时规定了保证产品质量稳定、安全的卫生要求，包括卫生标准操作程序和危害分析关键控制点等内容，使各类保健食品生产厂有具体细化的规范标准可依，在生产过程中尽可能减少污染，保证产品质量。保健食品残留物最高限量标准、产品质量标准主要依据《保健（功能）食品通用标准》（GB 16740—1997）并参考《食品中农药最大残留限量》（GB 2763—2014）、《食品中污染物限量》（GB 2762—2012）等国家或行业标准规范。取样检测依据卫生部《健康相关产品国家卫生监督抽检规定》(2005)。

（二） 评估体系

《保健食品注册管理办法（试行）》规定，申请注册的保健食品应当按照国家食品药品监督管理局颁布的保健食品检验与评价技术规范，以及其他有关部门颁布和企业提供的检验方法对样品进行安全性毒理学试验、功能学试验、功效成分或标志性成分检测、卫生学试验、稳定性试验等。申报的功能不在国家食品药品监督管理局公布范围内的，还应当对其功能学检验与评价方法及其试验结果进行验证，并出具试验报告。

国家食品药品监督管理局确定的检验机构负责申请注册的保健食品的安全性毒理学试验、功能学试验［包括动物实验和（或）人体试食试验］、功效成分或标志性成分检测、卫生学试验、稳定性试验等；并承担样品检验和复核检验等具体工作。

1. 安全性毒理学评价

保健食品安全性毒理学评价的依据为国家食品药品监督管理局 2003 年颁布的《保健食品检验与评价技术规范》。保健食品安全性毒理学评价程序分为四个阶段，分别为急性毒性试验、遗传毒性试验、亚慢性毒性试验和慢性毒性试验（表8-2）。

表8-2 我国保健食品安全性毒理学评价程序及方法

项目	第一阶段	第二阶段	第三阶段	第四阶段
急性毒性试验①	√			
遗传毒性试验②		√		
30天喂养试验		√		
传统致畸试验		√		
90天喂养试验			√	
繁殖试验			√	
代谢试验			√	
慢性毒性试验				√
（包括致癌试验）				

① 急性毒性试验方法包括：经口急性毒性试验（LD_{50}）、联合毒性试验、一次最大耐受量试验。

② 遗传毒性试验方法包括：基因突变试验、骨髓细胞微核试验、骨髓细胞染色体畸变试验、TK基因突变试验、小鼠精子畸形试验、小鼠睾丸染色体畸变试验、显性致死试验、非程序性DNA合成试验、果蝇伴性隐性致死试验等。

2. 保健功效评估

我国允许用于保健食品功能声称的产品经历了四个发展阶段。

（1）第一阶段——1996年7月18日至1997年7月1日　1996年7月18日卫生部发布《保健食品功能学评价程序和检验方法》确定保健食品可申报功能12项，即免疫调节、延缓衰老、改善记忆、促进生长发育、抗疲劳、减肥、耐缺氧、抗辐射、抗突变、抑制肿瘤、调节血脂、改善性功能。这些功能有的在下一次调整申报功能时，成为可申报的功能，而有的却从来没有进入过可申报功能的范围。另外，还存在一个功能多个名字的现象，如免疫调节功能有"免疫调节"、"调节体液免疫"、"调节非特异性免疫"、"调节细胞免疫"四种不同表述；改善骨质疏松功能有"改善骨质疏松"、"预防骨质疏松"、"增加骨密度"三种不同表述。

（2）第二阶段——1997年7月1日至2000年1月14日　1997年7月1日《卫生部关于保健食品管理中若干问题的通知》中规定，除卫生部已公布的12类保健食品功能外，根据企业申请并经卫生部同意，下列功能也可作为保健食品功能受理：调节血糖、改善胃肠道功能（具体功能应予明确）、改善睡眠、改善营养性贫血、对化学性肝损伤有保护作用、促进泌乳、美容（具体功能应予明确）、改善视力、促进排铅、清咽润喉、调节血压、改善骨质疏松。除上述24项功能之外，卫生部也批准了其他功能，如抗氧化、预防白细胞降低、预防脂溢性脱发、促进头发生长、阻断N-亚硝基化合物的合成、保护乙醇引起的肝损伤、阻断亚硝胺合成等。

（3）第三阶段——2000年1月14日至2003年5月1日　2000年1月14日《卫生部关于调整保健食品功能受理和审批范围的通知》中规定，保健食品功能受理和审批范围作如下调整：取消了改善性功能和抑制肿瘤两项功能，允许申报的保健食品功能声称为22种，即免疫调节、调节血脂、调节血糖、延缓衰老、改善记忆、改善视力、促进排铅、清咽润喉、调节血压、改善睡眠、促进泌乳、抗突变、抗疲劳、耐缺氧、抗辐射、减肥、促进生长发育、改善骨质疏松、改善营养性贫血、对化学性肝损伤有辅助保护作用、美容（祛痤疮、祛黄褐斑、改善皮肤水分和油分）、改善胃肠道功能（调节肠道菌群、促进消化、润肠通便、对胃黏膜有辅助保护作用）。除上述保健食品功能外的其他功能暂停受理和审批。同一配方保健食品申报和审批功能不超过两个。不再受理已获《保健食品批准证书》的保健食品增补功能的审批。

(4) 第四阶段——2003 年 5 月 1 日至今 卫生部 2003 年 5 月 1 日起实施《保健食品检验与评价技术规范》再次将保健食品功能调整为：增强免疫力、辅助降血脂、辅助降血糖、抗氧化、辅助改善记忆、缓解视疲劳、促进排铅、清咽、辅助降血压、改善睡眠、促进泌乳、缓解体力疲劳、提高缺氧耐受力、对辐射危害有辅助保护、减肥、改善生长发育、增加骨密度、改善营养性贫血、对化学肝损伤有辅助保护、祛痤疮、祛黄褐斑、改善皮肤水分、改善皮肤油分、调节肠道菌群、促进消化、通便、对胃黏膜损伤有辅助保护 27 项功能。

2005 年 7 月 1 日国家食品药品监督管理局颁布施行的《保健食品注册管理办法（试行）》明确"补充维生素、矿物质为目的的食品"即"营养素补充剂"，也属于保健食品的范畴。并规定允许申报新功能，但至今无新功能保健食品获得批准。目前有 10 种矿物质、14 种维生素作为营养素补充剂管理。功能表述包括：补钙、镁、碘、铁、锌、硒；补维生素 A、维生素 B_1、维生素 B_2、B 族维生素、维生素 C、维生素 D、维生素 E 等多种维生素；微量元素、矿物质、营养素、β-胡萝卜素、叶酸、AA、膳食纤维、蛋白质等 20 多种功能。

2003 年版的《保健食品检验与评价技术规范》对 27 种保健功效的评价方法及检验方法做了详细规定，涉及内容包括试验项目、试验原则、结果判断、检验方法等。2012 年 4 月 23 日发布的"国食药监保化〔2012〕107 号"文件中"关于印发抗氧化功能评价方法等 9 个保健功能评价方法的通知"对相关 9 个可申报的保健功能评价及方法进行了新的规定，详见第七章。

大陆保健食品已公告的 27 种保健功效试验项目列表见表 8-3。

表 8-3 我国保健食品已公告的 27 种保健功效试验项目列表

序号	保健功效分类	试验项目	
		动物实验	人体试食试验
1	增强免疫力功能	√	×
2	辅助降血脂功能	√	√
3	辅助降血糖功能	√	√
4	抗氧化功能	√	√
5	辅助改善记忆功能	√	√
6	缓解视疲劳功能	×	√
7	促进排铅功能	√	×
8	清咽功能	√	√
9	辅助降血压功能	√	√
10	改善睡眠功能	√	×
11	促进泌乳功能	√	√
12	缓解体力疲劳功能	√	×
13	提高缺氧耐受力功能	√	×
14	对辐射危害有辅助保护功能	√	×
15	减肥功能	√	√
16	改善生长发育功能	√	×
17	增加骨密度功能	√	×
18	改善营养性贫血功能	√	√
19	对化学性肝损伤的辅助保护作用	√	×
20	祛痤疮功能	×	√
21	祛黄褐斑功能	×	√
22	改善皮肤水分功能	×	√

序号	保健功效分类	试验项目	
		动物实验	人体试食试验
23	改善皮肤油分功能	×	√
24	调节肠道菌群功能	√	√
25	促进消化功能	√	√
26	通便功能	√	√
27	对胃黏膜损伤有辅助保护功能	√	√

以上 27 种保健功效中，有 7 种保健功效评价只需采用动物实验，有 5 种保健功效评价只需采用人体试食试验，有 15 种保健功效评价既需采用动物实验又需通过人体试食试验。

为贯彻落实《中华人民共和国食品安全法》及其实施条例对保健食品实行严格监管的要求，进一步规范功能声称，严格准入门槛，国家食品药品监督管理局在组织调研、论证的基础上，起草了《保健食品功能范围调整方案（征求意见稿）》（简称《调整方案》），并于 2011 年 8 月和 2012 年 6 月两次向社会公众及各相关单位征求意见。在《调整方案》中，建议修改部分保健功效名称，如"增强免疫力"改为"有助于增强免疫力"，"辅助降血脂"改为"有助于降低血脂"。建议将"祛痤疮功能"、"祛黄褐斑功能"、"改善皮肤水分功能"合并为 1 项，改为"有助于促进面部皮肤健康功能"；将"调节肠道菌群功能"、"促进消化功能"、"通便功能"、"对胃黏膜损伤有辅助保护功能"合并为 1 项，改为"有助于改善胃肠道功能"。同时，建议取消"改善皮肤油分"、"改善生长发育"、"对辐射危害有辅助保护"、"辅助降血压"等 4 种保健功效。调整之后，共将保留 18 种保健功效。

（三）　市场体系

市场准入法规主要体现在《保健食品注册管理办法》中有关首次申报、转让相关条款。

标签管理规定主要依据《保健食品标识规定》，广告监督依据《食品广告管理办法》、《保健食品广告审查暂行规定》等。

1. 保健食品广告的管理

保健食品广告的管理主要依据是 2005 年 7 月 1 日国家食品药品监督管理局颁布的《保健食品广告审查暂行规定》以及《药品医疗器械保健食品广告复审制度（暂行）》、《食品广告管理法》等。

《保健食品广告审查暂行规定》中第七条对广告申请的要求为：国务院有关部门明令禁止生产、销售的保健食品，其广告申请不予受理。国务院有关部门清理整顿已经取消的保健功能，该功能的产品广告申请不予受理。第八条对保健食品广告中不得出现的 17 种情形和内容作出规定，见表 8-4。保健食品广告批准文号有效期为 1 年。保健食品广告批准文号有效期届满，申请人需要继续发布广告的，应当依照《保健食品广告审查暂行规定》向省、自治区、直辖市（食品）药品监督管理部门重新提出发布申请。

表 8-4　我国保健食品广告中不得出现的情形和内容

序号	保健食品广告中不得出现的情形和内容
1	含有表示产品功效的断言或者保证
2	含有使用该产品能够获得健康的表述
3	通过渲染、夸大某种健康状况或者疾病，或者通过描述某种疾病容易导致的身体危害，使公众对自身健康产生担忧、恐惧，误解不使用广告宣传的保健食品会患某种疾病或者导致身体健康状况恶化
4	用公众难以理解的专业化术语、神秘化语言、表示科技含量的语言等描述该产品的作用特征和机制
5	利用和出现国家机关及其事业单位、医疗机构、学术机构、行业组织的名义和形象，或者以专家、医务人员和消费者的名义和形象为产品功效作证明

序号	保健食品广告中不得出现的情形和内容
6	含有无法证实的所谓"科学或研究发现"、"实验或数据证明"等方面的内容
7	夸大保健食品功效或扩大适宜人群范围,明示或者暗示适合所有症状及所有人群
8	含有与药品相混淆的用语,直接或者间接地宣传治疗作用,或者借助宣传某些成分的作用明示或者暗示该保健食品具有疾病治疗的作用
9	与其他保健食品或者药品、医疗器械等产品进行对比,贬低其他产品
10	利用封建迷信进行保健食品宣传
11	宣称产品为祖传秘方
12	含有无效退款、保险公司保险等内容
13	含有"安全"、"无毒副作用"、"无依赖"等承诺
14	含有最新技术、最高科学、最先进制法等绝对化的用语和表述
15	声称或者暗示保健食品为正常生活或者治疗病症所必需
16	含有有效率、治愈率、评比、获奖等综合评价内容
17	直接或者间接怂恿任意、过量使用保健食品

2. 保健食品标识的管理

我国保健食品的标签标识管理主要依据为 1996 年卫生部先后发布的《保健食品注册管理办法（试行）》和《保健食品标识规定》。《保健食品注册管理办法（试行）》第四章专门对申请注册的保健食品的标签和说明书作了规定。《保健食品标识规定》中对保健食品标识规定，"食品标识即通常所说的食品标签，包括食品包装上的文字、图形、符号以及说明物。借以显示或说明食品的特征、作用、保存条件与期限、食用人群与食用方法，以及其他有关信息"。该规定要求保健食品标识与产品说明书的所有标识中的保健食品名称、保健作用、功效成分、适宜人群和保健食品批准文号必须与卫生部颁发的《保健食品批准证书》所载明的内容相一致。标识内容应与产品的质量要求相符，不得以误导性的文字、图形、符号描述或暗示某一保健食品或保健食品的某一性质与另一产品的相似或相同。不得以虚假、夸张或欺骗性的文字、图形、符号描述或暗示保健食品的保健作用，也不得描述或暗示保健食品具有治疗疾病的功用。

（四） 监控体系

1. 保健食品注册审批

保健食品注册是指国家食品药品监督管理局根据申请人的申请，依照法定程序、条件和要求，对申请注册的保健食品的安全性、有效性、质量可控性以及标签说明书内容等进行系统评价和审查，并决定是否准予其注册的审批过程；包括对产品注册申请、变更申请和技术转让产品注册申请的审批。

2003 年 10 月，原由卫生部承担的保健食品审批职能划转国家食品药品监督管理局。此后，由国家食品药品监督管理局主管全国保健食品注册管理工作，负责对保健食品的审批。国家食品药品监督管理局药品注册司保健食品处具体承担保健食品的行政审批工作。国家食品药品监督管理局保健食品评审中心受国家食品药品监督管理局的委托负责组织保健食品的技术评审。审评形式仍沿用评审委员会制度，依据《卫生部健康相关产品评审委员会章程》进行。由保健食品专家库专家具体承担技术评审工作。

保健食品的注册申请为两级审批。省、市、自治区的食品药品监督管理局承担初审，国家食品药品监督管理局负责终审。初审主要是形式审查。省、市、自治区的食品药品监督管理局受理申请后至国家食品药品监督管理局发放保健食品批准证书的全过程属于政府行为。

而申请人在省、市、自治区的食品药品监督管理局受理前，向认定的检测机构进行的各类试验的过程，均不属于政府行为。

国产保健食品注册申请流程见图 8-2。

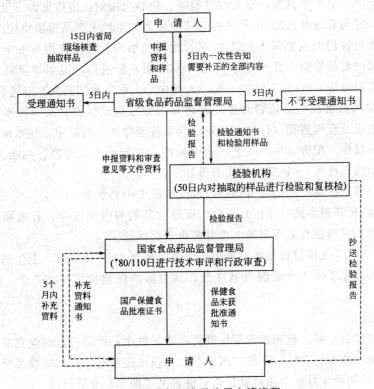

图 8-2　国产保健食品注册申请流程

* 需要补充资料的注册申请，其审查时限在原审查时限的基础上延长 30 日

进口保健食品注册申请流程见图 8-3。

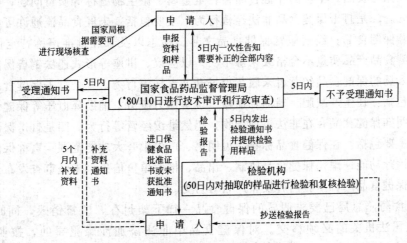

图 8-3　进口保健食品注册申请流程

* 需要补充资料的注册申请，其审查时限在原审查时限的基础上延长 30 日。
延长审查时限，从收到最后一次补充资料之日起开始计算

《保健食品注册管理办法（试行）》对申请人提供申请资料的规定为：申请人申请保健

食品注册应当按照规定如实提交规范完整的材料和反映真实情况，并对其申报材料实质内容的真实性负责。

认定的检验机构负责申请注册的保健食品的安全性毒理学试验、功能学试验、功效成分或标志性成分检测、卫生学试验、稳定性试验等。检验机构的认定依据为《卫生部健康相关产品检验机构认定与管理办法》，工作依据为《卫生部健康相关产品检验机构工作制度》。目前保健食品功能检验仍由卫生部认定的 30 家检测机构承担。检测机构的安全性及功能学检测严格依据《保健食品检验与评价技术规范（2003 版）》进行，卫生学及稳定性试验也参考《食品卫生检验方法》（GB/T 5009—2003）、《中华人民共和国药典》等进行。

技术审评由国家食品药品监督管理局聘请有关专家组成保健食品审评专家库来具体执行。专家库的组成及管理遵循《保健食品审评专家管理办法》的规定。技术审评的重点及主要内容包括研发报告、配方、生产工艺、企业标准、试验报告（毒理、功能、功效/标志性成分、卫生学和稳定性等）、标签和说明书等。

行政审查由国家食品药品监督管理局行政受理服务中心负责。

《保健食品注册管理办法（试行）》规定保健食品的有效期 5 年。有效期届满需要延长有效期的，申请人应当在有效期届满 3 个月前申请再注册。

自 1996 年 7 月开展保健食品的审批工作以来，截至 2014 年 3 月，卫生部及国家食品药品监督管理局共批准 13981 个保健食品注册，其中国产保健食品 13267 个，进口保健食品 714 个。

2. 违法监督

为加强保健食品监管，整顿和规范保健食品市场秩序，严厉打击保健食品非法生产、非法经营、非法添加和非法宣传（下称"四非"）等违法违规行为，国家食品药品监督管理总局于 2013 年 5 月初至 9 月底全面部署打击保健食品"四非"专项行动。

打击保健食品"四非"行为。一是打击保健食品非法生产行为，主要包括：地下黑窝点生产保健食品；企业未经许可生产保健食品；在生产过程中偷工减料、掺杂掺假或者不按照批准内容生产保健食品；生产的保健食品存在重金属、微生物超标等质量问题；违法违规委托生产等行为。二是打击保健食品非法经营行为，主要包括：未经食品流通许可或保健食品流通许可经营保健食品；经营假冒保健食品文号、标志以及未经批准声称特定保健功能产品；经营保健食品产品质量不合格或来源不明；以会议、讲座等形式违法销售保健食品；市场开办者对入场的保健食品经营者未履行市场开办责任等行为。三是打击保健食品非法添加行为，主要包括：在生产减肥、辅助降血糖、缓解体力疲劳、辅助降血压等保健食品中非法添加药物；明知保健食品存在非法添加药物，仍然继续经营等行为。四是打击保健食品非法宣传行为，主要包括：在保健食品标签、说明书、广告中夸大功能范围；宣称保健食品具有疾病预防或治疗功能；虚构保健食品监制、出品、推荐单位信息；未经审查发布保健食品广告；不按照保健食品广告审查内容发布广告等行为。

目前，食药监总局已要求假冒的保健食品一律下架封存，监督销毁，同时要追查源头，该移交司法机关的必须移交。对保健食品中非法添加涉嫌犯罪的，按照最高人民法院、最高人民检察院发布的《关于办理危害食品安全刑事案件适用法律若干问题的解释》，一律移送公安机关依法追究刑事责任。对发布保健食品虚假广告等违法违规宣传的，一律移交工商行政管理部门。对违法添加的产品追查源头，非法经营的，一律按照法律法规的上限处罚。

3. 主要监管要求

（1）产品　经 FDA 批准注册后方可上市销售。

（2）原料　除普通食品原料，包括药食同源物品外，还制定了可用于保健食品物品名单、可用于保健食品真菌益生菌名单及营养素补充剂的化合物名单。使用新的原料应展开毒理学评价，符合要求后可使用。

（3）功能声称　按照相应评价程序、方法和要求进行。经批准后方可声称。

（4）标签　包括产品主要原料、保健功能、功效成分/标志性成分及含量、适宜人群和不适宜人群、食用方法及食用量、规格和注意事项等。在标签说明书上应注明"本品不能代替药物"字样。

（5）生产经营　企业应符合 GMP 要求。

（张宁宁）

思考题

1. 什么是保健食品法律法规体系？
2. 什么是保健食品注册？
3. 我国保健食品广告中不得出现的情形和内容有哪些？

附　录

附录 1　前卫生部公布保健（功能）食品可用和禁用原料名单

1. 卫生部公布的 87 中既是食品又是药品的物品名单（按笔画顺序排列）（卫法监发〔2002〕51 号）

丁香、八角茴香、刀豆、小茴香、小蓟、山药、山楂、马齿苋、乌梢蛇、乌梅、木瓜、火麻仁、代代花、玉竹、甘草、白芷、白果、白扁豆、白扁豆花、龙眼肉（桂圆）、决明子、百合、肉豆蔻、肉桂、余甘子、佛手、杏仁（甜、苦）、沙棘、牡蛎、芡实、花椒、赤小豆、阿胶、鸡内金、麦芽、昆布、枣（大枣、酸枣、黑枣）、罗汉果、郁李仁、金银花、青果、鱼腥草、姜（生姜、干姜）、枳椇子、枸杞子、栀子、砂仁、胖大海、茯苓、香橼、香薷、桃仁、桑叶、桑葚、橘红、桔梗、益智仁、荷叶、莱菔子、莲子、高良姜、淡竹叶、淡豆豉、菊花、莴苣、黄芥子、黄精、紫苏、紫苏子、葛根、黑芝麻、黑胡椒、槐米、槐花、蒲公英、蜂蜜、榧子、酸枣仁、鲜白茅根、鲜芦根、蝮蛇、橘皮、薄荷、薏苡仁、薤白、覆盆子、藿香。

2. 卫生部公布的 114 种可用于保健食品的中草药名单（按笔画顺序排列）（卫法监发〔2002〕51 号）

人参、人参叶、人参果、三七、土茯苓、大蓟、女贞子、山茱萸、川牛膝、川贝母、川芎、马鹿胎、马鹿茸、马鹿骨、丹参、五加皮、五味子、升麻、天门冬、天麻、太子参、巴戟天、木香、木贼、牛蒡子、牛蒡根、车前子、车前草、北沙参、平贝母、玄参、生地黄、生何首乌、白及、白术、白芍、白豆蔻、石决明、石斛（需提供可使用证明）、地骨皮、当归、竹茹、红花、红景天、西洋参、吴茱萸、怀牛膝、杜仲、杜仲叶、沙苑子、牡丹皮、芦荟、苍术、补骨脂、诃子、赤芍、远志、麦门冬、龟甲、佩兰、侧柏叶、制大黄、制何首乌、刺五加、刺玫果、泽兰、泽泻、玫瑰花、玫瑰茄、知母、罗布麻、苦丁茶、金荞麦、金樱子、青皮、厚朴、厚朴花、姜黄、枳壳、枳实、柏子仁、珍珠、绞股蓝、胡芦巴、茜草、荜茇、韭菜籽、首乌藤、香附、骨碎补、党参、桑白皮、桑枝、浙贝母、益母草、积雪草、淫羊藿、菟丝子、野菊花、银杏叶、黄芪、湖北贝母、番泻叶、蛤蚧、越橘、槐实、蒲黄、蒺藜、蜂胶、酸角、墨旱莲、熟大黄、熟地黄、鳖甲。

3. 卫生部公布的 11 种可用于保健食品的真菌菌种名单（卫法监发〔2001〕84 号）

酿酒酵母（*Saccharomyces cerevisiae*）

产朊假丝酵母（*Cadida atilis*）

乳酸克鲁维酵母（*Kluyveromyces lactis*）

卡氏酵母（*Saccharomyces carlsbergensis*）

蝙蝠蛾拟青霉（*Paecilomyces hepiali* Chen et Dai. sp. Nov）

蝙蝠蛾被毛孢（*Hirsutella hepiali* Chen et Shen）

灵芝（*Ganoderma lucidum*）

紫芝（*Ganoderma sinensis*）

松杉灵芝（*Ganoderma tsugae*）

红曲霉（*Monacus anka*）

紫红曲霉（*Monacus purpureus*）

4. 卫生部公布的 9 种可用于保健食品的益生菌菌种名单（卫法监发〔2001〕84 号）

两歧双歧杆菌（*Bifidobacterium bifidum*）

婴儿双歧杆菌（*B. infantis*）

长双歧杆菌（*B. longum*）

短双歧杆菌（*B. breve*）

青春双歧杆菌（*B. adolescentis*）

保加利亚乳杆菌（*Lactobacillus. bulgaricus*）

嗜酸乳杆菌（*L. acidophilus*）

干酪乳杆菌干酪亚种（*L. Casei* subsp. Casei）

嗜热链球菌（*Streptococcus thermophilus*）

5. 卫生部公布的 59 种保健食品禁用的物品名单（卫法监发〔2002〕51 号）

八角莲、八里麻、千金子、土青木香、山莨菪、川乌、广防己、马桑叶、马钱子、六角莲、天仙子、巴豆、水银、长春花、甘遂、生天南星、生半夏、生白附子、生狼毒、白降丹、石蒜、关木通、农吉利、夹竹桃、朱砂、米壳（罂粟壳）、红升丹、红豆杉、红茴香、红粉、羊角拗、羊踯躅、丽江山慈姑、京大戟、昆明山海棠、河豚、闹羊花、青娘虫、鱼藤、洋地黄、洋金花、牵牛子、砒石（白砒、红砒、砒霜）、草乌、香加皮（杠柳皮）、骆驼蓬、鬼臼、莽草、铁棒槌、铃兰、雪上一枝蒿、黄花夹竹桃、斑蝥、硫黄、雄黄、雷公藤、颠茄、藜芦、蟾酥。

附录 2　保健食品注册管理办法

http：//www. sda. gov. cn/WS01/CL0053/24516. html

（CFDA 国家食品药品监督管理总局第 19 号令）

补充 1：关于保健食品再注册申请等有关问题的通知

http：//www. sda. gov. cn/WS01/CL0847/59181. html（食药监办许函〔2011〕65 号）

补充 2：保健食品管理办法

http：//www. sda. gov. cn/WS01/CL0056/10749. html

（1996 年 3 月 15 日卫生部令第 46 号）

附录 3　保健食品标识规定

http：//www. foodmate. net/law/shipin/1634. html

http：//www. shfda. gov. cn/gb/node2/node3/node295/node328/userobject8ai1754. html

补充 3：关于印发保健食品命名规定和命名指南的通知

（保健食品命名规定、保健食品命名指南）

http：//www. sda. gov. cn/WS01/CL0847/69935. html

附录 4　保健食品评审技术规程

http：//www. shfda. gov. cn/gb/node2/node3/node1107/node2206/node328/userobject8ai1756.html

附录5　保健食品功能学检验机构认定与管理办法

http：//www.foodmate.net/law/shipin/4533.html

补充4：关于征求《保健食品试验检验机构认定管理办法（征求意见稿）》意见的函（保健食品试验检验机构认定管理办法）

http：//www.gov.cn/gzdt/2009-08/04/content_1383251.htm

附录6　保健食品功能学评价程序和检验方法

http：//www.shfda.gov.cn/gb/node2/node3/node1107/node2206/node328/userobject8ai1755.html

参考文献

[1] 郑建仙. 功能性食品学 [M]. 第2版. 北京：中国轻工出版社，2011.

[2] Mingrou Guo 著，于国萍，程建军等译. 功能性食品学 [M]. 北京：中国轻工业出版社，2011.

[3] 车云波. 功能食品加工技术 [M]. 北京：中国计量出版社，2013.

[4] 黄爱萍，胡文舜，郑少泉. 天然生物活性物质及其功能食品的研究进展 [J]. 南方农业学报，2013，44（3）：497-500.

[5] 江连洲，王辰，李杨，等. 我国营养与功能食品开发研究现状 [J]. 中国食物与营养，2010（1）：26-29.

[6] 荒井综一. 日本功能食品科技发展现状 [J]. 中国食品学报，2009，3（3）：1-4.

[7] 赵洪静，余超，白鸿，等. 欧洲功能食品与健康声称管理概况 [J]. 中国食品卫生杂志，2008，20（3）：260-263.

[8] 刘洪宇，邓少伟，钮正睿，等. 日本保健功能食品管理制度及特定保健用食品批准情况概要 [J]. 中国药事，2012，26（5）：521-525.

[9] 张立峰，刘庆富，宁海凤. 大豆低聚糖对肠道菌群的调节作用 [J]. 食品工业科技，2013，4.

[10] 李小定，荣建华，吴谋成. 真菌多糖生物活性研究进展 [J]. 食用菌学报，2002.，9（4）：50-58.

[11] 陶遵威，郑夺，邸明磊，等. 植物多糖的研究进展 [J]. 药物评价研究，2010.33（2）：148-151.

[12] 殷涌光，韩玉珠，丁宏伟. 动物多糖的研究进展 [J]. 食品科学，2006，27（3）：256-263.

[13] 贾贞，王丹，游松. 谷胱甘肽的研究进展 [J]. 沈阳药科大学学报，2009.26（3）：238-242.

[14] 宋晓凯主编. 天然药物化学 [M]. 北京：化学工业出版社.2004.

[15] 惠锦. 二十八烷醇抗缺氧效应的初步研究 [D]. 重庆：第三军医大学，2007，9.

[16] 刘冬英，傅锦坚，孟佩佩，等. 茶氨酸研究进展 [J]. 国际医药卫生导报，2009，15.

[17] 于波，黄建，霍军生，等. 中国营养强化剂生产及应用 [J]. 卫生研究，2008，37.

[18] 杨月欣，李宁，等. 营养功能成分应用指南 [M]. 北京：北京大学医学出版社，2011.

[19] 赵余庆，吴春福，等. 食疗与保健食品原料功能因子手册 [M]. 北京：中国医药科技出版社，2013.

[20] 凌关庭主编. 保健食品原料手册 [M]，北京：化学工业出版社，2002.

[21] 杨月欣，王雷，王献仁，等. 1996—2007年中国保健食品原料调查分析——营养素和中草药原料状况分析 [J]. 卫生与研究，2010.39（2）：129-132.

[22] 叶鹏飞，张美萍，王康宇，等. 灵芝主要成分及其药理作用的研究进展综述 [J]. 食药用菌.2013，21（3）：258-161.

[23] 昝俊锋. 茯苓三萜成分抗肿瘤活性研究与茯苓药材质量分析 [D]. 湖北中医药大学，2012，5.

[24] 张文，吴清平，吴军林. 螺旋藻营养保健价值及开发应用进展 [J]. 食品发酵与科技，2013，49（3）：89-92.

[25] 孔维宝，李龙囡，张继，等. 小球藻的营养保健功能及其在食品工业中的应用 [J]. 食品科学，2010，31（09）：323-328.

[26] 牟春琳，郝晓华，刘鑫，等. 类胡萝卜素细胞工厂——杜氏藻养殖研究进展 [J]. 海洋科学进展，2010，28（04）：554-561.

[27] 陈长洲主编. 天然保健食品与食疗的研究与应用 [M]. 北京：中国医药科技出版社，2006.

[28] 蒋爱民，赵丽芹. 食品原料学 [M]. 北京：北京大学出版社，2007.

[29] 杨淑芬，夏燕青，戴静. 杜氏藻的特性及其开发应用前景 [J]. 资源开发与市场，2009，25（3）：241-244

[30] 刘静，徐立，黄先智. 蚕蛹的生物活性成分及药理作用研究进展 [J]. 食品科学，2012，33（17）：303-307.

[31] 张波. 我国保健食品原料的特点及其在食品中的应用 [J]. 食品科学，2011，32（21）：298-300.

[32] B. A. 鲍曼，R. M. 拉塞尔主编. 荫士安等译，现代营养学 [M]. 第8版. 北京：化学工业出版社，2004.

[33] 姚泰 主编. 生理学 [M]. 第7版. 北京：人民卫生出版社，2001.

[34] 中国成人血脂异常防治指南制订联合委员会. 中国成人血脂异常防治指南 [J]. 中华心血管病杂志，2007，35（5）：390-416.

[35] Gareth Williams，Gema Fruhbeck 主编. 文秀英，卢学勉，卢坤主译. 肥胖症：从基础到临床 [M]. 北京：北京大学医学出版社，2012.

[36] 中国肥胖问题工作组. 中国成年人超重和肥胖预防控制指南 [M]. 北京：人民卫生出版社.2003

[37] Ardawi M S M，Qari M H，Rouzi A A，et al. Vitamin D status in relation to obesity, bone mineral density, bone turn-

over markers and vitamin D receptor genotypes in healthy Saudi pre- and postmenopausal women [J]. Osteoporosis International, 2011, 22 (2): 463-475.

[38] Bai T, Ma P, Li C, et al. Role of ascorbic acid in enhancing hypoxia tolerance in roots of sensitive and tolerant apple rootstocks [J]. Scientia Horticulturae, 2013, 164: 372-379.

[39] Bailey R, Dodd K W, Gahche J J, et al. Total folate and folic acid intake from foods and dietary supplements in the united States: 2003-2006 [J]. The American Journal of Clinical Nutrition, 2010, 91 (1): 231-237.

[40] Best C, Neufingerl N, Del Rosso J M, et al. Can multi - micronutrient food fortification improve the micronutrient status, growth, health, and cognition of schoolchildren? A systematic review [J]. Nutrition reviews, 2011, 69 (4): 186-204.

[41] Bone H G, Bolognese M A, Yuen C K, et al. Effects of denosumab treatment and discontinuation on bone mineral density and bone turnover markers in postmenopausal women with low bone mass [J]. Clinical Endocrinology and Metabolism, 2011, 96 (4): 972-980.

[42] C Murray R, K Chennupati S. Chronic streptococcal and non-streptococcal pharyngitis [J]. Infectious Disorders-Drug Targets (Formerly Current Drug Targets-Infectious Disorders), 2012, 12 (4): 281-285.

[43] Cai D S, Zhou H, Liu W W, et al. Protective Effects of Bone Marrow-Derived Endothelial Progenitor Cells and Houttuynia Cordata in Lipopolysaccharide-Induced Acute Lung Injury in Rats [J]. Cellular Physiology and Biochemistry, 2013, 32 (6): 1577-1586.

[44] Calles C, Schneider M, Macaluso F, et al. Infrared A radiation influences the skin fibroblast transcriptome: mechanisms and consequences [J]. Journal of Investigative Dermatology, 2010, 130 (6): 1524-1536.

[45] Carla C, Adam G, Elizabeta N, et al. Treatment with minihepcidin peptide improves anemia and iron overload in a mouse model of thalassemia intermedia [J]. Blood, 2013, 122 (21): 431.

[46] Carrott P W, Markar S R, Hong J, et al. Iron-deficiency anemia is a common presenting issue with giant paraesophageal hernia and resolves following repair [J]. Journal of Gastrointestinal Surgery, 2013, 17 (5): 858-862.

[47] Cojocari D, Weljie A, Wen J, et al. The unfolded protein response promotes tolerance to extreme hypoxia through autophagy dependent maintenance of cellular metabolism [J]. Cancer Research, 2012, 72 (8 Supplement): 4109.

[48] Curhan G C, Willett W C, Rimm E B, et al. A prospective study of dietary calcium and other nutrients and the risk of symptomatic kidney stones [J]. New England Journal of Medicine, 1993, 328 (12): 833-838.

[49] De Almeida C A N, De Mello E D, Ramos A P R, et al. Assessment of drinking water fortification with iron plus ascorbic acid or ascorbic acid alone in daycare centers as a strategy to control iron-deficiency anemia and iron deficiency: a randomized blind clinical study [J]. Journal of Tropical Pediatrics, 2014, 60 (1): 40-46.

[50] Fan G B, Wu P L, Wang X M. Changes of oxygen content in facial skin before and after cigarette smoking [J]. Skin Research and Technology, 2012, 18 (4): 511-515.

[51] Farina E K, Kiel D P, Roubenoff R, et al. Protective effects of fish intake and interactive effects of long-chain polyunsaturated fatty acid intakes on hip bone mineral density in older adults: the Framingham Osteoporosis Study [J]. The American journal of clinical nutrition, 2011, 93 (5): 1142-1151.

[52] Fitzpatrick L A, Dabrowski C E, Cicconetti G, et al. The effects of ronacaleret, a calcium-sensing receptor antagonist, on bone mineral density and biochemical markers of bone turnover in postmenopausal women with low bone mineral density [J]. The Journal of Clinical Endocrinology & Metabolism, 2011, 96 (8): 2441-2449.

[53] Freitinger Skalická Z, Zölzer F, Beránek L, et al. Indicators of oxidative stress after ionizing and/or non-ionizing radiation: Superoxid dismutase and malondialdehyde [J]. Journal of Photochemistry and Photobiology B: Biology, 2012, 117: 111-114.

[54] Geiselhart A, Lier A, Walter D, et al. Disrupted signaling through the fanconi anemia pathway leads to dysfunctional hematopoietic stem cell biology: underlying mechanisms and potential therapeutic strategies [J]. Anemia, 2012, doi: 10.1155/2012/265790.

[55] Grimnes G, Joakimsen R, Figenschau Y, et al. The effect of high-dose vitamin D on bone mineral density and bone turnover markers in postmenopausal women with low bone mass-a randomized controlled 1-year trial [J]. Osteoporosis International, 2012, 23 (1): 201-211.

［56］ Gupta S K，Agarwal S S，Kaushal R，et al. Prevalence of anemia among rural population living in and around of rural health and training center，Ratua Village of Madhya Pradesh ［J］. Muller Journal of Medical Sciences and Research，2014，5 (1)：15-18.

［57］ Gutierrez O M，Farwell W R，Kermah D，et al. Racial differences in the relationship between vitamin D，bone mineral density，and parathyroid hormone in the National Health and Nutrition Examination Survey ［J］. Osteoporosis International，2011，22 (6)：1745-1753.

［58］ Hamet P. The evaluation of the scientific evidence for a relationship between calcium and hypertension ［J］. The Journal of nutrition，1995，125 (2 Suppl)：311S-400S.

［59］ Han X X，Sun Y Y，Ma A G，et al. Moderate NaFeEDTA supplementation improves both hematologic status and oxidative stress in anemic pregnant women ［J］. The FASEB Journal，2011，25：971-979.

［60］ Hart P H，Gorman S，Finlay-Jones J J. Modulation of the immune system by UV radiation：more than just the effects of vitamin D? ［J］. Nature Reviews Immunology，2011，11 (9)：584-596.

［61］ Hässig M，Wullschleger M，Naegeli H P，et al. Influence of non ionizing radiation of base stations on the activity of redox proteins in bovines ［J］. BMC veterinary research，2014，10 (1)：136.

［62］ Hou Y，Jiang J G. Origin and concept of medicine food homology and its application in modern functional foods［J］. Food Funct，2013，4 (12)：1727-1741.

［63］ Haynes R C，Murad F. Agents affecting calcification：calcium，parathyroid hormone，calcitonin，vitamin D，and other compounds ［J］. The Pharmacological Basis of Therapeutics，Seventh Edition. New York：Macmillan，1985：1517-1543.

［64］ Jeong J K，Seo J S，Moon M H，et al. Hypoxia-inducible factor-1 alpha regulates prion protein expression to protect against neuron cell damage ［J］. Neurobiology of aging，2012，33 (5)：1006.

［65］ Jimenez J A，Rodriguez S，Gamboa R，et al. Diphyllobothrium pacificum infection is seldom associated with megaloblastic anemia ［J］. The American Journal of Tropical Medicine and Hygiene，2012，87 (5)：897-901.

［66］ Karaoglu L，Pehlivan E，Egri M，et al. The prevalence of nutritional anemia in pregnancy in an east anatolian province，Turkey ［J］. BMC Public Health，2010，10：329.

［67］ Madara J L. Functional morphology of epithelium of the small intestine ［J］. Comprehensive Physiology，2011.

［68］ Mao X L，Chen G Y，He Q，et al. Effect of ethanol extracts from 4 Chinese crude drugs on chloasma ［J］. Central South Pharmacy，2011，9：604-607.

［69］ Milaneschi Y，Hoogendijk W，Lips P，et al. The association between low vitamin D and depressive disorders［J］. Molecular psychiatry，2013，19 (4)：444-451.

［70］ Naik M M，Dubey S K. Lead resistant bacteria：Lead resistance mechanisms，their applications in lead bioremediation and biomonitoring ［J］. Ecotoxicology and environmental safety，2013，98：1-7.

［71］ Narayanan D L，Saladi R N，Fox J L. Review：Ultraviolet radiation and skin cancer ［J］. International journal of dermatology，2010，49 (9)：978-986.

［72］ Orwoll E，Teglbjærg C S，Langdahl B L，et al. A randomized，placebo-controlled study of the effects of denosumab for the treatment of men with low bone mineral density ［J］. The Journal of Clinical Endocrinology & Metabolism，2012，97 (9)：3161-3169.

［73］ Pontius A T，Smith P W. An antiaging and regenerative medicine approach to optimal skin health ［J］. Facial Plastic Surgery，2011，27 (01)：029-034.

［74］ Qu X，Huang X，Xiong P，et al. Does helicobacter pylori infection play a role in iron deficien cy anemia? A meta-analysis ［J］. World Journal of Gastroenterology，2010，16 (7)：886-896.

［75］ Rendic S，Guengerich F P. Summary of information on the effects of ionizing and non-ionizing radiation on cytochrome P450 and other drug metabolizing enzymes and transporters ［J］. Current drug metabolism，2012，13 (6)：787.

［76］ Shapiroa C L，Halabib S，Harsb V，et al. Zoledronic acid preserves bone mineral density in premenopausal women who develop ovarian failure due to adjuvant chemotherapy：Final results from CALGB trial 79809 ［J］. European Journal of Cancer，2011，47 (5)：683-689.

［77］ Sohn K C，Kang S J，Kim J W，et al. Effects of Calcium Gluconate，a Water Soluble Calcium Salt on the Collagen-Induced DBA/1J Mice Rheumatoid Arthritis [J]. Biomolecules & therapeutics, 2013, 21 (4): 290.

[78] Tsormpatsidis E, Henbest R G C, Battey N H, et al. The influence of ultraviolet radiation on growth, photosynthesis and phenolic levels of green and red lettuce: potential for exploiting effects of ultraviolet radiation in a production system [J]. Annals of Applied Biology, 2010, 156 (3): 357-366.

[79] Vollset S M, Clarke R, Lewington S, et al. Effects of folic acid supplementation on overall and site-speciffic cancer incidence during the randomized trials: meta-analyses of data on 50 000 individuals [J]. The Lancet, 2013, 381 (9871): 1029-1036.

[80] Wang X, Yang F, Liu C, et al. Dietary supplementation with the probiotic Lactobacillus fermentum I5007 and the antibiotic aureomycin differentially affects the small intestinal proteomes of weanling piglets [J]. The Journal of nutrition, 2012, 142 (1): 7-13.

[81] Xiao-jie P, Pei-gan L, Feng Z, et al. Analysis on the pair-herb compatibility of orally taken decoctions to treat chloasma [J]. Chinese Journal of Aesthetic Medicine, 2011, 2: 61.

[82] 陈东风, 孙文静, 熊吉. 药物性肝损伤的诊断与治疗 [J]. 中华肝脏病杂志, 2012, 20 (3): 170-172.

[83] 陈洪雨, 马蕾, 杨建乔, 等. 山楂膳食纤维改善功能性便秘及预防铅中毒作用 [J]. 食品科学, 2013, 34 (15): 232-235.

[84] 陈竞, 许洁, 杨艳华, 等. 复合氨基酸胶囊提高缺氧氧耐受力研究 [J]. 中国食品卫生杂志, 2006, 18 (4): 329-330.

[85] 崔立红, 彭丽华, 杨云生. 功能性胃肠病发病机制的研究进展 [J]. 胃肠病学和肝病学杂志, 2013, 22 (005): 488-491.

[86] 郭菁菁, 杨秀芬. 黄酮类化合物对动物实验性肝损伤保护作用的研究进展 [J]. 中国药理学通报, 2008, 24 (1): 5-10.

[87] 何宁, 刘英华, 姜淑卿, 等. 当归鸡精口服液改善营养性贫血功能研究 [J]. 现代预防医学, 2012, 39 (010): 2423-2425.

[88] 黄萍, 罗珍, 郭重仪, 等. 猴头菇多糖胃黏膜保护作用研究 [J]. 中药材, 2012, 34 (10): 1588-1590.

[89] 霍君生, 张丁. 乙二胺四乙酸铁钠强化酱油对学生贫血状况的改善 [J]. 卫生研究, 2001, 30 (5): 296-298.

[90] 雷庆龄, 戴碧涛, 宪莹, 等. 儿童营养性缺铁性贫血的危险因素分析 [J]. 中国当代儿科杂志, 2014, 16 (1): 16-19.

[91] 刘平, 李宗军, 许爱清. 胃肠道微生态系统及其功能研究 [J]. 中国微生态学杂志, 2010 (3): 277-278.

[92] 孟宪军, 迟玉杰主编. 功能食品 [M]. 北京: 中国农业大学出版社 2010.

[93] 朴建华, 赖建强, 荫士安, 等. 中国居民贫血状况研究 [J]. 营养学报, 2005, 27 (4).

[94] 王恒禹, 刘玥, 姜猛, 等. 多糖在食品工业中的应用现状 [J]. 食品科学, 2013, 34 (21): 431-438.

[95] 夏琳, 周新民, 吴开春, 等. 中药所致的肝损害 [J]. 临床内科杂志, 2012, 29 (2): 82-84.

[96] 杨云生, 彭丽华, 王巍峰. 重视功能性胃肠病的诊治与研究 [J]. 解放军医学杂志, 2013, 38 (6): 437-441.

[97] 周开国, 付研. 胃肠道屏障功能障碍的研究进展 [J]. 中华普通外科杂志, 2012, 27 (006): 514-517.

[98] Rowe C A, Nantz M P, Bukowski J F, et al. Specific formulation of Camellia sinensis prevents cold and flu symptoms and enhances CDT cell function: a randomized, double-blind, placebo-controlled study [J]. J. Amer. Coll Nutr, 2007, 26 (5): 445-452.

[99] Haskell C F, Kennedy D O, Milne A L, et al. A9 Cognitive and mood effects of caffeine and theanine alone and in combination [J]. Behav. Pharmaco, 2005, 16 (suppl 1): S26.

[100] Milbury P E, Richer A C. Understanding the antioxidant controversy: scrutinizing the "fountain of youth" [M]. Greenwood Publishing Group, 2008.

[101] Pandi-Perumal S. R, Daniel P. Cardinali. Melatonin: Biological Basis of Its Function in Health and Disease [M]. Landes Bioscience, 2006.

[102] 艾志录, 鲁茂林. 食品标准与法规 [M]. 南京: 东南大学出版社, 2006.

[103] 赵黎明, 刘兵, 夏泉鸣, 等. 中国保健食品现状和发展趋势 [J]. 中国食物与营养, 2010, 10: 4-7.

[104] 张李伟, 赵洪静, 白鸿, 等. 中国保健食品法律法规体系发展与研究现状 [J], 中国食品卫生杂志, 2008, 3 (20): 232-235.

[105] 徐海滨, 严卫星. 保健食品原料安全评价技术与标准的研究简介 [J]. 中国食品卫生杂志, 2004, 6 (16):

481-484.

[106] 张波.我国保健食品原料的特点及安全学问题 [J]，食品科学，2011，21（32）：298-300.

[107] 中央政府门户网站.《中国特色社会主义法律体系》白皮书发布（全文）[EB/OL].http：//www.gov.cn/jrzg/ 2011-10/27/content _ 1979498.htm.2011-10-27/2013-8-14.

[108] 国家食品药品监督管理局网站.国家食品药品监督管理总局通报保健食品打"四非"专项行动飞行检查、专项抽检和暗访情况 [EB/OL].http：//www.sda.gov.cn/WS01/CL0051/80854.html.2013-5-24/2013-8-20.

[109] 国家食品药品监督管理局网站.关于征求《保健食品功能范围调整方案（征求意见稿）》意见的函[EB/OL].ht- tp：//www.sda.gov.cn/WS01/CL0780/64433.html.2011-8-1/2013-8-20.

[110] 国家食品药品监督管理局网站.关于再次征求《保健食品功能范围调整方案（征求意见稿）》意见的函 [EB/OL].http：//www.sfda.gov.cn/WS01/CL0780/72295.html.2012-6-4/2013-8-20.

食品科学与工程/食品质量与安全　专业系列教材

食品专业英语	许学书	
食品加工安全控制	金征宇	国家"十二五"重点图书
食品安全学(第二版)	钟耀广	国家级"十二五"规划教材
食品安全实验	陈福生	国家级"十二五"规划教材
食品营养学	李铎	国家级"十二五"规划教材
新编营养学	陈辉	
食品营养学	石瑞	
食品营养学	李凤林	
食品质量与安全	刘雄　陈宗道	
食品卫生学	钱和	国家级"十二五"规划教材
食品安全与质量管理学	刁恩杰	
水产品营养与安全	林洪	
食品免疫学导论	江汉湖	教育部教学指导委员会推荐教材
食品免疫学	胥传来　金征宇	
食品法律法规与标准	吴澎　赵丽芹	
食品工厂设计与环境保护	王颉	
食品科学与工程专业实验及工厂实习	卢晓黎	教育部教学指导委员会推荐教材
食品工厂建筑概论	于秋生	
食品无菌加工技术与设备	殷涌光	教育部教学指导委员会推荐教材
微生物油脂学	何东平	教育部教学指导委员会推荐教材
谷物加工工程	刘英	教育部教学指导委员会推荐教材
谷物科学与生物技术	吴非	
食品工业生态学	张文学	教育部教学指导委员会推荐教材
油脂精炼与加工工艺学	何东平	教育部教学指导委员会推荐教材
食品试验设计与 SPSS 应用	王颉	
畜产品加工学	张柏林	
微生物学实验	袁丽红	
食品微生物学实验	刘素纯	
食品微生物学检验	周建新	
食品工艺学实验	马俪珍	
食品工艺学实验技术	赵征	
躲不开的食品添加剂	孙宝国	国家"十二五"重点图书
健康饮食知多少	汪东风	
饮食与健康	张琪林	
食品文化概论	庞杰	
中国饮食文化	吴澎	